工业和信息化人才培养规划教材

PHP+Ajax+jQuery
网站开发项目式教程

传智播客高教产品研发部 编著

人民邮电出版社

北京

图书在版编目（CIP）数据

PHP+Ajax+jQuery网站开发项目式教程 / 传智播客高
教产品研发部编著. -- 北京：人民邮电出版社，2016.2（2023.1重印）
工业和信息化人才培养规划教材
ISBN 978-7-115-41075-7

Ⅰ. ①P… Ⅱ. ①传… Ⅲ. ①PHP语言－程序设计－教
材②计算机网络－程序设计－教材③JAVA语言－程序设计
－教材 Ⅳ. ①TP312

中国版本图书馆CIP数据核字(2016)第009369号

内 容 提 要

PHP 是一种运行于服务器端并完全跨平台的嵌入式脚本编程语言，是目前 Web 应用开发的主流语言之一。本书是面向初学者推出的一本项目式教程，通过丰富的项目，全面讲解了 PHP 网站的开发技术。

本书共 8 个项目，41 个任务。首先，通过成熟开源项目的部署，让初学者深刻地了解到基于 PHP 和 MySQL 的项目运行过程；然后，完成学生星座判断、个性标签制作、用户头像上传、登录验证码等多个任务，将 PHP 的基础语法、Web 表单与会话技术、文件与图像技术运用到项目开发中，达到学用结合的目的；接着，通过员工信息管理以及新闻发布系统的开发，全面学习面向对象编程和 PHP 如何操作 MySQL 数据库；再接着，完成瀑布流布局、三级联动、无刷新分页、JSONP 跨域请求等多个任务，学会使用 jQuery 和 Ajax 技术完成项目特效。最后，综合运用本书所学的知识和 MVC 框架，开发电子商务网站，让读者融会贯通、迅速积累项目开发经验。

本书附有配套视频、源代码、习题、教学课件等资源，为了帮助初学者更好地学习本书所讲解的内容，还提供了在线答疑，希望更多的读者提供帮助。

本书适合作为高等院校本、专科计算机相关专业程序设计或者 Web 应用开发的教材，也可作为 PHP 技术基础的培训教材，同时也是一本适合广大计算机编程爱好者的优秀读物。

♦ 编　著　传智播客高教产品研发部
责任编辑　范博涛
责任印制　杨林杰

♦ 人民邮电出版社出版发行　北京市丰台区成寿寺路 11 号
邮编 100164　电子邮件 315@ptpress.com.cn
网址 http://www.ptpress.com.cn
固安县铭成印刷有限公司印刷

♦ 开本：787×1092　1/16
印张：20.5　　　　　　　　2016 年 2 月第 1 版
字数：526 千字　　　　　2023 年 1 月河北第 13 次印刷

定价：43.00 元

读者服务热线：(010)81055256　印装质量热线：(010)81055316
反盗版热线：(010)81055315
广告经营许可证：京东市监广登字20170147号

序言　FOREWORD

本书的创作公司——江苏传智播客教育科技股份有限公司（简称"传智教育"）作为第一个实现 A 股 IPO 上市的教育企业，是一家培养高精尖数字化专业人才的公司，公司主要培养人工智能、大数据、智能制造、软件开发、区块链、数据分析、网络营销、新媒体等领域的人才。公司成立以来贯彻国家科技发展战略，始终以前沿技术为讲授内容，已向我国高科技企业输送数十万名技术人员，为企业数字化转型、升级提供了强有力的人才支撑。

公司的教师团队由一批来自互联网企业或研究机构，且拥有 10 年以上开发经验的 IT 从业人员组成，他们负责研究、开发教学模式和课程内容。公司具有完善的课程研发体系，一直走在整个行业的前列，在行业内树立起了口碑。公司在教育领域有 2 个子品牌：黑马程序员和院校邦。

一、黑马程序员——高端 IT 教育品牌

"黑马程序员"的学员多为大学毕业后想从事 IT 行业，但各方面条件还不成熟的年轻人。"黑马程序员"的学员筛选制度非常严格，包括了严格的技术测试、自学能力测试，还包括性格测试、压力测试、品德测试等。百里挑一的筛选制度确保了学员质量，从而降低了企业的用人风险。

自"黑马程序员"成立以来，教学研发团队一直致力于打造精品课程资源，不断在产、学、研 3 个层面创新自己的执教理念与教学方针，并集中"黑马程序员"的优势力量，有针对性地出版了计算机系列教材百余种，制作教学视频数百套，发表各类技术文章数千篇。

二、院校邦——院校服务品牌

院校邦以"协万千名校育人、助天下英才圆梦"为核心理念，立足于中国职业教育改革，为高校提供健全的校企合作解决方案，其中包括原创教材、高校教辅平台、师资培训、院校公开课、实习实训、协同育人、专业共建、传智杯大赛等，形成了系统的高校合作模式。院校邦旨在帮助高校深化教学改革，实现高校人才培养与企业发展的合作共赢。

（一）为大学生提供的配套服务

1. 请同学们登录"高校学习平台"，免费获取海量学习资源。该平台可以帮助同学们解决各类学习问题。

高校学习平台

2. 针对学习过程中存在的压力等问题，院校邦面向学生量身打造了 IT 学习小助手——邦小苑，可提供教材配套学习资源。同学们快来关注"邦小苑"微信公众号。

"邦小苑"微信公众号

（二）为教师提供的配套服务

1. 院校邦为所有教材精心设计了"教案+授课资源+考试系统+题库+教学辅助案例"的系列教学资源。教师可登录"高校教辅平台"免费使用。

高校教辅平台

2. 针对教学过程中存在的授课压力等问题，教师可扫描下方二维码，添加"码大牛"老师微信，或添加码大牛老师 QQ（2770814393），获取最新的教学辅助资源。

码大牛老师微信号

三、意见与反馈

为了让教师和同学们有更好的教材使用体验，您如有任何关于教材的意见或建议，请扫码下方二维码进行反馈，感谢您对我们工作的支持。

调查问卷

PHP 是一种运行于服务器端并完全跨平台的嵌入式脚本编程语言，具有开源免费、易学易用、开发效率高等特点，是目前 Web 应用开发的主流语言之一。

PHP 广泛应用于动态网站开发，在互联网中常见的网站类型，如门户、微博、论坛、电子商务、SNS（社交）等都可以用 PHP 实现。目前，从各大招聘网站的信息来看，PHP 的人才需求量还远远没有被满足。PHP 程序员还可以通过混合式开发 App 的方式，将业务领域扩展到移动端的开发（兼容 Android 和 iOS），未来发展前景广阔。

为什么要学习本书

对于网站开发而言，在浏览器端使用 HTML、CSS、JavaScript 语言，在服务器端使用 PHP 语言、MySQL 数据库，就能够完整开发一个网站。

本书涉及技术包括 PHP、MySQL、JavaScript、Ajax 和 jQuery 等，其中 Ajax 和 jQuery 是现代 Web 开发中必不可少的两个利器，前者实现了浏览器与服务器的异步交互，极大增强和优化了网站的功能性和用户体验，后者是简化 Web 前端开发的工具库，帮助开发者以简洁的代码完成复杂的 JavaScript 网页效果。对于 Web 开发者而言，同时掌握 PHP、Ajax 和 jQuery 等技术已经成为互联网公司的人才选拔标准。

如何使用本书

本书面向具有 HTML+CSS 网页制作、JavaScript 编程基础的读者，配合本书的同系列教材《HTML+CSS+JavaScript 网页制作案例教程》《MySQL 数据库入门》可以更好地学习。

本书采用"项目驱动式"的教学方式，将一个项目分成了多个任务，以实现任务的方式将知识点运用到实际开发中，达到了学用结合的效果。接下来对教材中所有涉及的项目进行简单介绍，具体如下。

● 项目一：PHP 网站搭建

通过 PHP 成熟项目的部署，让读者体验真实项目的运行过程，学会项目开发环境搭建等相关知识，激发学习的兴趣。

● 项目二：学生信息管理

主要讲解 PHP 基本语法，以及函数、数组的使用。在项目中，按照从简到难的梯度依次完成"展示学生资料""计算学生年龄"等任务，达到学以致用的效果。

● 项目三：网站用户中心

涉及的知识有 HTTP 协议、Web 表单应用、Cookie 与 Session、文件与图像等，通过精心安排的任务，让读者轻松将这些知识应用到项目开发中。

● 项目四：面向对象网站开发

在项目中，以"员工信息管理"为例，从面向过程思想过渡到面向对象思想。涉及知识包括类与对象、面向对象三大特征、魔术方法、抽象类与接口、异常处理等，帮助读者将面向对象的思想应用到网站开发中。

● 项目五：新闻发布系统

主要讲解了 MySQL 数据库的基础知识，以及 PHP 操作数据库的 MySQL 和 PDO 扩展，并将知识应用到项目开发中。PDO 是 PHP 新版本推荐使用的扩展，在项目中着重使用了 PDO 扩展进行开发。

● 项目六：jQuery 个人主页

主要包括"个性相册""焦点图""瀑布流"等任务，涵盖了 jQuery 的选择器、DOM 文档操作、事件、动画及插件等知识，使读者迅速掌握 jQuery 的关键技术，具备查手册也能自学的基础。

● 项目七：Ajax 商品发布

主要包括表单验证、进度条文件上传、跨域请求、在线编辑器等任务，讲解了 Ajax 对象、数据交换格式（XML 与 JSON）、jQuery 的 Ajax 方法等知识，帮助读者开发用户体验更好的 Web 应用。

● 综合项目：电子商务网站

本项目是对前面所学知识的综合运用，在开发项目时融入了 MVC 思想，使读者具有独立编写 MVC 框架的能力，并通过电子商务网站的实战开发，让读者迅速积累开发经验。

在上面提到的项目中，项目一至项目三主要讲解了 PHP 环境搭建、项目部署、PHP 基础知识、Web 表单处理、会话技术、图像和文件技术，这些是 Web 开发中必不可缺的知识，要求读者深入掌握，为后面知识的学习奠定好基础。项目四和项目五主要讲解了 PHP 网站开发中的核心技术，基于面向对象方式的网站开发，要求理论联系实际，能够独自完成书中项目的实现。项目六和项目七通过 jQuery 和 Ajax 的讲解，让读者可以轻松完成 Web 前端中诸如焦点图、瀑布流、表单验证等功能的实现，极大提升 Web 开发能力。最后的综合项目，通过编写 MVC 框架，深入了解框架的底层实现原理，完成电子商务网站的开发。

在学习的过程中难免会遇到困难和不解，建议读者不要纠结于某个地方，可以先往后学习，通常来讲，通过逐渐的学习，前面不懂和疑惑的知识也能够理解了。在学习编程语言的过程中，一定要多动手实践，如果在实践的过程中遇到问题，建议多思考，理清思路，认真分析问题发生的原因，并在问题解决后总结经验。

致谢

本书的编写和整理工作由传智播客教育科技有限公司高教产品研发部完成，主要参与人员有吕春林、韩冬、乔治铭、李德晓、高美云、张绍娟、陈欢、马丹、王哲、韩忠康、孙静、王超平等，全体人员在这近一年的编写过程中付出了很多辛勤的汗水，在此一并表示衷心的感谢。

意见反馈

尽管我们尽了最大的努力，但教材中难免会有不妥之处，欢迎各界专家和读者朋友们来信来函给予宝贵意见，我们将不胜感激。您在阅读本书时，如发现任何问题或有不认同之处可以通过电子邮件与我们取得联系。

请发送电子邮件至：itcast_book@vip.sina.com

传智播客教育科技有限公司高教产品研发部
2015 年 11 月 26 日于北京

专属于教师和学生
的在线教育平台

让IT学习更简单

学生扫码关注"邦小苑"
获取教材配套资源及相关服务

让IT教学更有效

教师获取教材配套资源

教师大纲　　教学设计　　教学PPT

考试系统　　教学辅助案例　　在线编程

教师扫码添加"码大牛"
获取教学配套资源及教学前沿资讯
添加QQ/微信2011168841

4

PART 1

项目一
PHP 网站搭建

学习目标

● 熟悉 PHP 语言的特点，理解 PHP 的工作流程
● 掌握 PHP 开发环境的搭建，学会服务器的基本配置
● 掌握 PHP 项目的部署，学会搭建虚拟主机网站

项目描述

在互联网时代，网站是人们信息传递、交流的重要平台。常见的网站类型有新闻、搜索、视频、购物、微博、论坛等。由于网站的内容需要频繁更新，访客可以自己发布内容，因此动态网站就诞生了。PHP（Hypertext Preprocessor）是一种开发动态网站的编程语言，它运行于服务器端，支持 MySQL 等数据库。当浏览器请求一个 PHP 脚本时，服务器就会通过 PHP 程序处理网页，然后将处理结果发送给浏览器。

本项目是 PHP 初学者需要完成的第一个项目。通过项目，读者将学到 PHP 的工作流程、开发环境搭建、服务器的配置等，并通过 PHP 开源建站软件将本机部署成一个社区网站。下面通过图 1-1 展示本项目的整体学习流程。

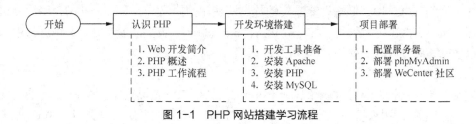

图 1-1　PHP 网站搭建学习流程

任务一　认识 PHP

1. Web 开发简介

PHP 是一种 Web 开发语言。在学习 PHP 之前，先来认识一下什么是 Web 技术。Web 的本意是蜘蛛网，在计算机领域中称为网页。Web 是一个由许多互相链接的超文本文件组成的系统，通过互联网访问。在这个系统中，每个有用的文件称为一个"资源"。这些资源通过超

文本传输协议（HyperText Transfer Protocol，HTTP）传送给用户，而用户通过访问链接来获得资源。

在 Web 开发中有许多重要的基础知识，如软件架构、URL 地址、HTTP 协议等，下面分别进行讲解。

（1）软件架构

软件开发有两种基本的软件架构：B/S 架构和 C/S 架构。B/S（Browser/Server）架构，表示浏览器/服务器的交互；C/S（Client/Server）架构，表示客户端/服务器的交互。下面通过图 1-2 来展示它们的区别。

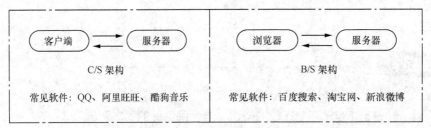

图 1-2　C/S 与 B/S 架构

Web 开发是基于 B/S 架构的软件开发。基于 B/S 架构的 Web 应用可以在个人电脑、手机等装有浏览器的智能设备上浏览，用户可以注册、登录及发布内容。B/S 架构的软件在升级、维护方面都是在服务器端进行的，用户只需要刷新网页即可浏览最新内容，因此 B/S 架构的软件更易维护。

（2）URL 地址

在 Internet 上的 Web 服务器中，每一个网页文件都有一个访问标记符，用于唯一标识它的访问位置，以便浏览器可以访问到，这个访问标记符称为统一资源定位符（Uniform Resource Locator，URL）。URL 中包含了 Web 服务器的主机名、端口号、资源名以及使用的网络协议，具体示例如下。

http://www.itcast.cn:80/index.html

在上面的 URL 中，"http"表示传输数据所使用的协议，"www.itcast.cn"表示要请求的服务器主机名，"80"表示要请求的端口号，"index.html"表示请求的资源名称。其中，端口号可以省略，省略时默认使用 80 端口进行访问。

（3）HTTP

超文本传输协议（HyperText Transfer Protocol，HTTP）是浏览器与 Web 服务器之间数据交互需要遵循的一种规范。它是由 W3C 组织推出的，专门用于定义浏览器与 Web 服务器之间数据交换的格式。

对于 Web 开发者而言，HTTP 是一个重要的理论基础，在项目开发的过程中有大量的应用。

2.PHP 概述

超文本预处理器（Hypertext Preprocessor，PHP）是一种在服务器端执行的脚本语言，用于开发动态网站。相比静态网站而言，动态网站不仅需要设计网页，还需要通过数据库和编程使网站的内容可以根据不同情况动态变更，从而增强网页浏览者与 Web 服务器之间的信息交互。

在学习网站开发时，读者应该对网页制作有所了解。网页的本质是超文本标记语言（HyperText Markup Language，HTML），而 PHP（超文本预处理器）能够在服务器端动态生成 HTML。通常开发者只要写好 HTML 模板，在数据变化的位置嵌入 PHP 代码，就能实现动态网页。具体示例如图 1-3 所示。

```
<html>                          <html>
<body>                          <body>
 <div><?php echo 20+30; ?></div>  <div>50</div>
</body>                         </body>
</html>                        </html>

   PHP 代码嵌入 HTML            运行结果
```

图 1-3　PHP 代码嵌入 HTML

图 1-3 左侧是一个典型的 PHP 嵌入 HTML 的代码，其中 PHP 的代码写在"<?php　?>"标记中，该行代码用于计算"20+30"的结果。当 PHP 程序执行后，得到的结果为右侧的 HTML 代码。

PHP 最初为 Personal Home Page 的缩写，表示个人主页，于 1994 年由 Rasmus Lerdorf 创建。程序最初用来显示 Rasmus Lerdorf 的个人履历以及统计网页流量。后来又用 C 语言重新编写，加入表单解释器，并可以访问数据库，成为 PHP 的第二版：PHP/FI（FI 即 Form Interpreter，表单解释器）。

从 PHP/FI 到现在的最新版本 PHP 7.0，PHP 经过多次重新编写和改进，发展十分迅猛，一跃成为当前最流行的服务器端 Web 程序开发语言。

3.PHP 工作流程

PHP 是运行于服务器端的脚本语言，实现了数据库与网页之间的数据交互。一个完整的 PHP 网站系统由以下几部分组成。

● 操作系统：网络中的服务器也是一台计算机，因此需要操作系统。PHP 有着良好的跨平台性，支持 Windows、Linux 等操作系统。

● Web 服务器：当一台计算机中安装操作系统后，还需要安装 Web 服务器软件才能进行 HTTP 访问。常见的 Web 服务器软件有 Apache、IIS、Nginx 等。

● 数据库：用于网站数据的存储与管理。PHP 支持多种数据库，包括 MySQL、SQL Server、Oracle、DB2 等。

● PHP 软件：用于解析 PHP 脚本文件、访问数据库等，是运行 PHP 代码所必需的软件。

● 浏览器：是浏览网页的客户端。由于 PHP 脚本是在服务器端运行的，因此通过浏览器看到的是经过 PHP 处理后的 HTML 结果。

为了使读者更直观地了解 PHP 的工作流程，接下来通过一个图例进行演示，如图 1-4 所示。

从图 1-4 中可以看出，浏览器请求的 URL 地址为"http://www.php.test/test.php"，这表示浏览器与服务器使用 HTTP 进行通信，请求的服务器为"www.php.test"，端口号 80（默认），请求的资源为"test.php"。当 HTTP 请求发送后，服务器端监听 80 端口的 Apache 软件就会收到请求，由于请求的是一个 PHP 脚本，因此先由 PHP 处理"test.php"脚本文件，将处理后的 HTML 结果通过 HTTP 响应返回浏览器。PHP 在处理脚本时可以和数据库进行交互，通过专业的数据库软件可以更好地管理网站中的数据。

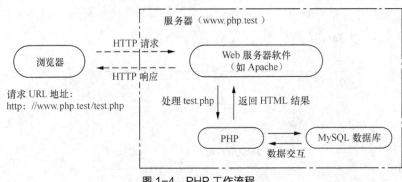

图1-4　PHP工作流程

在学习网站开发时，还需要对相关的技术有一个广泛了解。下面通过表 1-1 列举网站开发涉及的一些常用技术。

表 1-1　PHP 网站开发涉及的技术

技术	用途
HTML+CSS	编写用于显示到浏览器中的网页
JavaScript/jQuery	编写浏览器端的脚本程序
PHP	编写服务器端的脚本程序
HTTP	规定了浏览器端与服务器端的通信协议
Ajax	实现浏览器端与服务器端的异步通信
XML/JSON	浏览器与服务器之间数据交换的数据格式
SQL	用于操作关系型数据库（如 MySQL）
Windows/Linux	服务器操作系统，是 Web 服务器运行的基础
Apache/Nginx/…	Web 服务器软件，提供 Web 访问
MySQL/MariaDB/…	数据库管理系统，用于管理网站的数据库

在表 1-1 中，HTML、CSS、JavaScript 需要配合网页设计类的书籍进行学习，MySQL 数据库（包括 SQL 语言）需要配合专业的 MySQL 书籍进行学习。本书将对 Apache、MySQL 软件的安装与使用、基本 SQL 语句的编写进行简要讲解，针对服务器端脚本语言 PHP、浏览器端 jQuery 库、异步通信技术 Ajax，以及数据交换格式 JSON 等技术进行详细讲解。

任务二　开发环境搭建

1. 准备开发工具

在开发 PHP 动态网站之前，需要先在本机中搭建开发环境。由于 PHP 是一种运行于服务器端的语言，并且需要访问数据库，因此需要在本机中安装服务器软件来运行 PHP 程序。在开发时，需要选用合适的代码编辑器和浏览器。接下来，介绍一些在 PHP 开发过程中需要用到的工具。

（1）服务器软件

目前流行的 Web 服务器软件平台主要有 LAMP、J2EE 和.Net，其中 LAMP 平台开发的项目在软件方面的投资较低，开发速度快，受到了整个 IT 界的关注。LAMP 是一个由开源软件组成的平台，由 Linux 操作系统、Apache 服务器、MySQL 数据库和 PHP 软件组成，如图 1-5 所示。其中 Apache、MySQL 和 PHP 也可以在 Windows 操作系统中运行，Windows 用户可以很方便地在本机部署 PHP 网站开发环境。

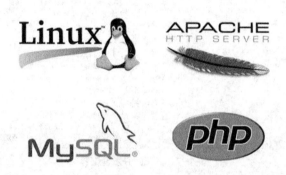

图 1-5　LAMP 软件平台

（2）代码编辑器

代码编辑器是一种专门为编写代码而设计的文本编辑工具，为开发人员提供了语法高亮、错误检查、智能补全等功能，提高代码编写的效率。常用的 PHP 代码编辑器有 EditPlus、NotePad++、NetBeans、PHPStorm 和 ZendStudio 等。其中 EditPlus 和 NotePad++的特点是小巧，占用资源较少，建议读者在初学阶段使用，有一定基础后再使用较为复杂的编辑器。EditPlus 的软件界面如图 1-6 所示。

图 1-6　EditPlus 编辑器

（3）浏览器

浏览器是访问网站必备的工具，目前流行的浏览器有 IE（Internet Explorer）、Google Chrome、火狐（FireFox）、Safari 等。由于浏览器的种类和版本众多，网站的开发人员应对各类常见浏览器进行测试，避免出现兼容问题而影响用户体验。

在网站的开发阶段，建议使用对 Web 标准执行比较严格的火狐浏览器。目前该浏览器的新版本集成了非常实用的开发者工具，可以很方便地对网页进行调试。用户可以通过 F12 键启动开发者工具，如图 1-7 所示。

图 1-7　火狐的开发者工具

从图 1-7 中可以看出，火狐浏览器提供了查看器、控制台、调试器、样式编辑器等多种工具，其中"网络"页面显示了打开网页时发送的每个请求的详细信息。

2. 安装 Apache

Apache HTTP Server（简称 Apache）是 Apache 软件基金会发布的一款 Web 服务器软件，由于其开源、跨平台和安全性的特点被广泛使用。目前 Apache 有 2.2 和 2.4 两种版本。本书以 Apache 2.4 版本为例，讲解 Apache 软件的安装步骤。

（1）获取 Apache

Apache 在官方网站（http://httpd.apache.org）上提供了软件源代码的下载，但是没有提供编译后的软件下载。可以从 Apache 公布的其他网站中获取编译后的软件。以 Apache Lounge 网站为例，该网站提供了 VC10、VC11、VC14 等编译版本的软件下载，如图 1-8 所示。

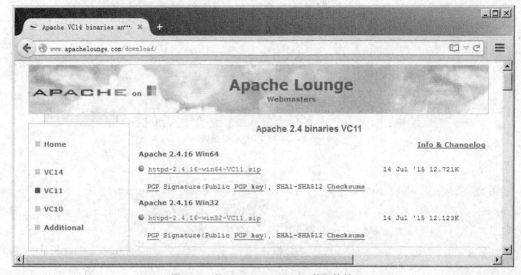

图 1-8　从 Apache Lounge 获取软件

在网站中找到"httpd-2.4.16-win32-VC11.zip"这个版本进行下载。VC11 是指该软件使用 Microsoft Visual C++ 2012 进行编译，在安装 Apache 前需要先在 Windows 系统中安装 Microsoft Visual C++ 2012 运行库。目前最新版本的 Apache 已经不支持 XP 系统，XP 用户可以选择 VC9 编译的旧版本 Apache 使用。

（2）解压文件

首先创建"C:\web\apache2.4"作为 Apache 的安装目录，然后打开"httpd-2.4.16-win32-VC11.zip"压缩包，将里面的"Apache24"目录中的文件解压到"C:\web\apache2.4"路径下，如图 1-9 所示。

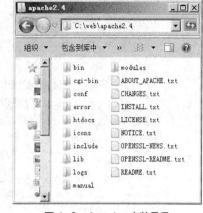

图 1-9　Apache 安装目录

在查看 Apache 目录结构后，下面通过表 1-2 对 Apache 常用的目录进行介绍。

表 1-2　Apache 目录说明

目录名	说　　明
bin	Apache 可执行文件目录，如 httpd.exe、ApacheMonitor.exe 等
cig-bin	CGI 网页程序目录
conf	Apache 配置文件目录
htdocs	默认站点的网页文档目录
logs	Apache 日志文件目录，主要包括访问日志 access.log 和错误日志 error.log
manual	Apache 帮助手册目录
modules	Apache 动态加载模块目录

在表 1-2 中，htdocs 和 conf 是需要重点关注的两个目录。当 Apache 服务器启动后，通过浏览器访问本机时，就会看到 htdocs 目录中的网页文档。而 conf 目录是 Apache 服务器的配置目录，包括主配置文件 httpd.conf 和 extra 目录下的若干个辅配置文件。默认情况下，辅配置文件是没有开启的。

（3）配置 Apache

在安装 Apache 前，需要先进行配置。Apache 的配置文件位于"conf\httpd.conf"，使用文本编辑器可以打开它。安装前的具体配置步骤如下。

① 配置安装目录

在配置文件中执行文本替换，将"c:/Apache24"全部替换为"c:/web/apache2.4"，如图 1-10 所示。

② 配置服务器域名

搜索"ServerName"，找到下面一行配置。

```
#ServerName www.example.com:80
```

上述代码开头的"#"表示该行是注释文本，应删去"#"使其生效，如下所示。

```
ServerName www.example.com:80
```

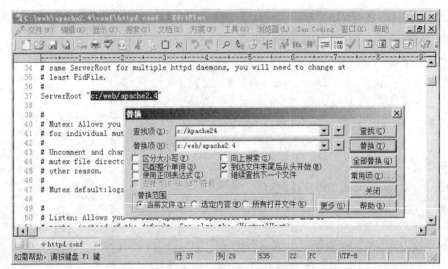

图 1-10 Apache 安装目录

经过上述操作后，Apache 已经配置完成。为了使读者更好地理解 Apache 配置文件，下面通过表 1-3 对其常用的配置项进行解释。

表 1-3 Apache 的常用配置

配置项	说　明
ServerRoot	Apache 服务器的根目录，即安装目录
Listen	服务器监听的端口号，如 80、8080
LoadModule	需要加载的模块
ServerAdmin	服务器管理员的邮箱地址
ServerName	服务器的域名
DocumentRoot	网站根目录
ErrorLog	用于记录错误日志

对于上述配置，读者可根据实际需要进行修改，但要注意，一旦修改错误，会造成 Apache 无法安装或无法启动，建议在修改前先备份 "httpd.conf" 配置文件。

（4）开始安装

Apache 的安装是指将 Apache 安装为 Windows 系统的服务项，可以通过 Apache 的服务程序 "httpd.exe" 来进行安装，具体步骤如下。

① 启动命令行工具

打开【开始菜单】→选择【所有程序】→选择【附件】→找到【命令提示符】并单击鼠标右键，选择【以管理员身份运行】方式，启动命令行窗口。

② 在命令模式下，切换到 Apache 安装目录下的 bin 目录：

```
cd C:\web\apache2.4\bin
```

③ 输入以下命令代码开始安装。

```
httpd.exe -k install
```

在上述代码中，"httpd.exe –k install"为安装命令，"C:\web\apache2.4\bin"为可执行文件 httpd.exe 所在的目录。安装效果如图 1-11 所示。

图 1-11　通过命令行安装 Apache

④ 如果需要卸载 Apache，可以使用"httpd.exe –k uninstall"命令进行卸载。

（5）启动 Apache 服务

将 Apache 安装后，就可以作为 Windows 的服务项进行启动或关闭了。Apache 提供了服务监视工具"Apache Service Monitor"，用于管理 Apache 服务，程序位于"bin\Apache Monitor.exe"。

打开"ApacheMonitor.exe"，Windows 系统任务栏右下角状态栏会出现 Apache 的小图标管理工具，在图标上单击鼠标左键可以弹出控制菜单，如图 1-12 所示。

从图 1-12 中可以看出，通过 Apache Service Monitor 可以快捷地控制 Apache 服务的启动、停止和重新启动。单击【Start】可以启动服务，当图标由红色变为绿色时，表示启动成功。

通过浏览器访问本机站点"http://localhost"，如果看到图 1-13 所示的画面，说明 Apache 正常运行。

图 1-12　启动 Apache 服务

图 1-13　在浏览器中访问 localhost

图 1-13 所示的"It works!"是 Apache 默认站点下的首页，即"htdocs\index.html"这个网页的显示结果。读者可以将其他网页放到"htdocs"目录下，然后通过"http://localhost/网页文件名"进行访问。

3. 安装 PHP

安装 Apache 之后，开始安装 PHP 模块，它是开发和运行 PHP 脚本的核心。在 Windows 中，PHP 有两种安装方式：一种方式是使用 CGI 应用程序；另一种方式是作为 Apache 模块使用。其中，第二种方式较为常见。接下来，讲解 PHP 作为 Apache 模块的安装方式。

（1）获取 PHP

PHP 的官方网站（http://php.net）提供了 PHP 最新版本的下载，如图 1-14 所示。

从图 1-14 中可以看出，PHP 目前正在发布 5.4、5.5、5.6 三个版本，比 5.4 更早的版本已经停止维护。本书选择使用 PHP 5.5.28 版本进行讲解。需要注意的是，PHP 提供了 Thread Safe

（线程安全）与 Non Thread Safe（非线程安全）两种选择，在与 Apache 搭配时，应选择"Thread Safe"版本。

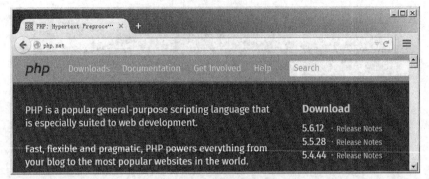

图 1-14　PHP 官方网站

（2）解压文件

将从 PHP 网站下载到的"php-5.5.28-Win32-VC11-x86.zip"压缩包解压，保存到"C:\web\php5.5"目录中，如图 1-15 所示。

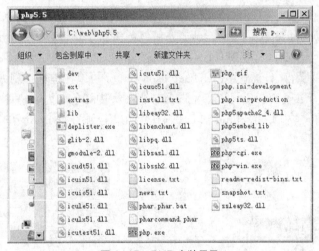

图 1-15　PHP 安装目录

图 1-15 所示是 PHP 的目录结构，其中"ext"是 PHP 扩展文件所在的目录，"php.exe"是 PHP 的命令行应用程序，"php5apache2_4.dll"是用于 Apache 的 DLL 模块。"php.ini-development"是 PHP 预设的配置模板，适用于开发环境。"php.ini-production"也是配置模板，适合网站上线时使用。

（3）配置 PHP

PHP 提供了开发环境和上线环境的配置模板，模板中有一些内容需要手动进行配置，以避免以后使用过程中出现问题。具体步骤如下。

① 创建 php.ini

在 PHP 的初学阶段，选择开发环境的配置模板。复制一份"php.ini-development"文件，并命名为"php.ini"，该文件将作为 PHP 的配置文件。

② 配置扩展目录

使用文本编辑器打开"php.ini"，搜索文本"extension_dir"找到下面一行配置。

```
;extension_dir = "ext"
```

在 PHP 配置文件中，以分号开头的一行表示注释文本，不会生效。这行配置用于指定 PHP 扩展所在的目录，应将其修改为以下内容。

```
extension_dir = "c:\web\php5.5\ext"
```

③ 配置 PHP 时区
搜索文本"date.timezone"，找到下面一行配置。

```
;date.timezone =
```

时区可以配置为 UTC（协调世界时）或 PRC（中国时区）。配置后如下所示。

```
date.timezone = PRC
```

（4）在 Apache 中引入 PHP 模块
打开 Apache 配置文件"C:\web\apache2.4\conf\httpd.conf"，添加对 Apache 2.x 的 PHP 模块的引入，具体代码如下所示。

```
LoadModule php5_module "c:/web/php5.5/php5apache2_4.dll"
<FilesMatch "\.php$">
    setHandler application/x-httpd-php
</FilesMatch>
PHPIniDir "c:/web/php5.5"
```

在上述代码中，第 1 行配置表示将 PHP 作为 Apache 的模块来加载；第 2 ~ 4 行配置是添加对 PHP 文件的解析，告诉 Apache 将以".php"为扩展名的文件交给 PHP 处理；第 5 行是配置 php.ini 的位置。配置代码添加后如图 1-16 所示。

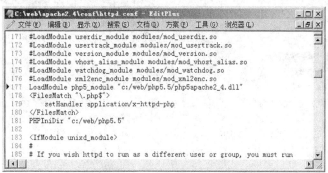

图 1-16　httpd.conf 配置文件

接下来配置 Apache 的索引页。索引页是指访问一个目录时，自动打开哪个文件作为索引页。例如，访问"http://localhost"实际上访问到的是"http://localhost/index.html"，这是因为"index.html"是默认索引页，所以可以省略索引页的文件名。

在配置文件中搜索"DirectoryIndex"，找到以下代码。

```
<IfModule dir_module>
    DirectoryIndex index.html
</IfModule>
```

上述代码第 2 行的 "index.html" 即默认索引页，将 "index.php" 也添加为默认索引页：

```
<IfModule dir_module>
    DirectoryIndex index.html index.php
</IfModule>
```

上述配置表示在访问目录时，首先检测是否存在 "index.html"，如果有，则显示，否则就继续检查是否存在 "index.php"。如果一个目录下不存在索引页文件，Apache 会显示该目录下所有的文件和子文件夹（前提是允许 Apache 显示目录列表）。

（5）重新启动 Apache 服务器

修改 Apache 配置文件后，需要重新启动 Apache 服务器，才能使配置生效。先单击右下角 Apache 服务器图标，选择【Apache2.4】，单击【Restart】就可以重启成功，如图 1-17 所示。

（6）测试 PHP 模块是否安装成功

以上步骤已经将 PHP 安装为 Apache 的一个扩展模块，并随 Apache 服务器一起启动。如果想检查 PHP 是否安装成功，可以在 Apache 服务器的 Web 站点目录 "C:\web\apache2.4\htdocs" 下，使用文本编辑器创建一个名为 "test.php" 的文件，并在文件中写入下面的内容。

```php
<?php
    phpinfo();
?>
```

上述代码用于将 PHP 的配置信息输出到网页中。将代码编写完成后保存为 ".php" 扩展名，如图 1-18 所示。

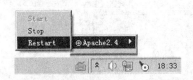

图 1-17　重新启动 Apache 服务器

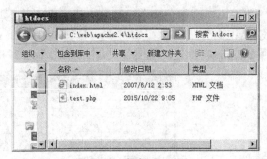

图 1-18　保存 test.php

然后使用浏览器访问地址 "http://localhost/test.php"。如果看到图 1-19 所示的 PHP 配置信息，说明上述配置成功。否则，需要检查上述配置操作是否有误。

4. 安装 MySQL

MySQL 是一个关系型数据库管理系统，由瑞典 MySQL AB 公司开发，目前属于甲骨文（Oracle）公司所有。由于 MySQL 具有体积小、速度快、开源免费等特点，许多中小型网站都选择使用 MySQL 作为数据库服务器。

MySQL 软件目前使用双授权政策，分为社区版和商业版。社区版是通过 GPL 协议授权的开源软件，包含 MySQL 的最新功能，而商业版只包含稳定之后的功能。本书以 MySQL 5.5 社区版为例，讲解 MySQL 的安装和基本使用。

（1）获取 MySQL

MySQL 的官方网站（www.mysql.com）提供了软件的下载，在网站中找到 MySQL 5.5 社区版（MySQL Community Server）的下载地址，如图 1-20 所示。

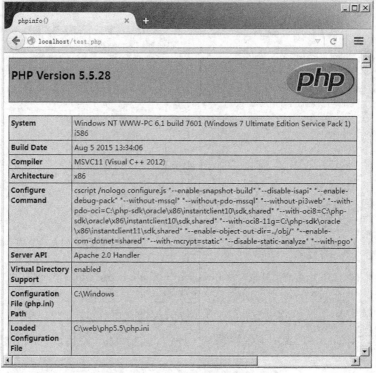

图 1-19　测试 PHP 是否安装成功

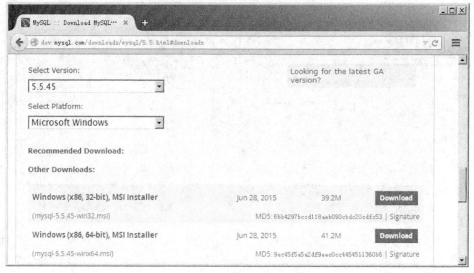

图 1-20　MySQL 官方网站

MySQL 提供了 MSI（安装版）和 ZIP（压缩包）两种打包的下载版本。本书以 MSI 版本为例进行讲解。

（2）安装 MySQL

① 双击从 MySQL 网站下载到的"mysql-5.5.45-win32.msi"安装文件，会弹出 MySQL 安装向导界面，如图 1-21 所示。

② 单击图中的【Next】按钮进行下一步操作，然后会显示用户许可协议界面，如图 1-22 所示。

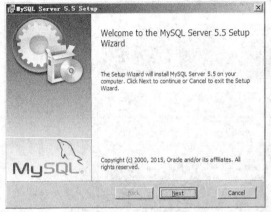 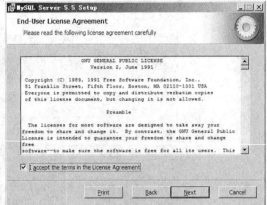

图 1-21　MySQL 安装界面　　　　　图 1-22　MySQL 许可协议

③ 勾选图 1-22 中所示的 "I accept the terms in the License Agreement"（我同意许可协议）选项，然后单击【Next】按钮，进入选择安装类型界面，如图 1-23 所示。

④ 在图 1-23 所示的界面中，MySQL 有三种安装类型，"Typical"表示典型安装，"Custom"表示定制安装，"Complete"表示完全安装。为了熟悉安装过程，这里选择定制安装，如图 1-24 所示。

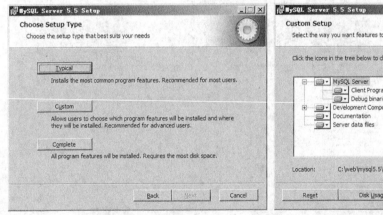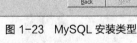 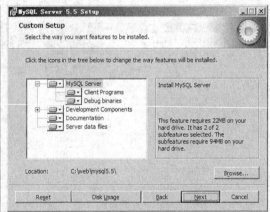

图 1-23　MySQL 安装类型　　　　　图 1-24　MySQL 定制安装

在图 1-24 所示的界面中，可以选择所需组件和安装目录。"MySQL Server"是 MySQL 软件的安装目录，将其修改为 "C:\web\mysql5.5"。"Server data files"是数据库文件的保存目录，也将其修改为 "C:\web\mysql5.5"（MySQL 会自动将数据库文件放入 "data" 子目录中）。

⑤ 修改安装目录后，单击【Next】按钮进入下一步，然后单击【Install】按钮即可进行安装，如图 1-25 所示。

⑥ 等待安装进度条完成后，会弹出 MySQL 介绍窗口。继续单击【Next】按钮，就会显示 MySQL 的安装完成界面，如图 1-26 所示。

⑦ 从图 1-26 中可以看出，MySQL 的安装已经完成。此时，勾选"Launch the MySQL Instance Configuration Wizard"选项并单击【Finish】按钮，可以进入 MySQL 的配置向导界面。

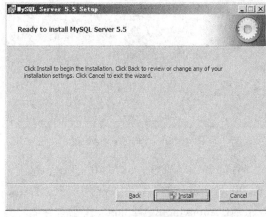
图 1-25　准备安装界面

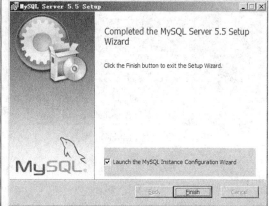
图 1-26　安装完成界面

（3）配置 MySQL

① MySQL 安装完成后，还需要进行配置。可以通过配置向导（文件位于"C:\web\mysql5.5\bin\ MySQLInstanceConfig.exe"）来完成对 MySQL 的配置，如图 1-27 所示。

② 单击图 1-27 中的【Next】按钮，进入选择配置类型界面，如图 1-28 所示。

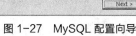
图 1-27　MySQL 配置向导

图 1-28　选择配置类型

在图 1-28 所示的界面中，MySQL 向导提供了两种配置类型，"Detailed Configuration"是详细配置，"Standard Configuration"是标准配置。这里选择标准配置即可。

③ 单击【Next】按钮进入设置 Windows 选项界面，这一步会将 MySQL 安装为 Windows 服务，并配置环境变量，如图 1-29 所示。

在图 1-29 所示的界面中，勾选"Install As Windows Service"（安装为 Windows 服务）、"Launch the MySQL Server automatically"（设置 MySQL 服务器自启动）和"Include Bin Directory in Windows PATH"（将 MySQL 的 bin 目录添加到系统环境变量中）。

④ 单击【Next】按钮进入安全设置页面，如图 1-30 所示。

图 1-29　设置 MySQL 服务　　　　　　　　图 1-30　MySQL 安全设置

在图 1-30 所示的界面中，"Modify Security Settings"用于设置 root 用户的密码，这里设置为"123456"；"Enable root access from remote machines"表示是否允许 root 用户在远程机器上登录，考虑到安全性，不建议勾选该项；"Create An Anonymous Account"用于创建匿名账户，不需要勾选该项。

⑤ 单击【Next】按钮后完成设置，进入准备执行配置的界面，如图 1-31 所示。

⑥ 单击图 1-31 所示界面中的【Execute】按钮，让配置向导执行一系列的配置任务，配置完成后会显示相关的摘要信息，如图 1-32 所示。

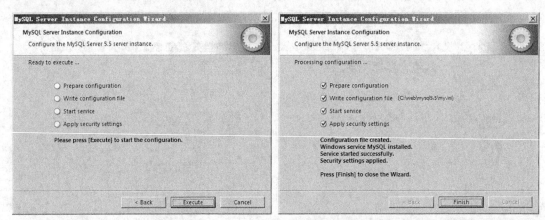

图 1-31　准备执行界面　　　　　　　　　　图 1-32　MySQL 配置完成

在图 1-32 中，配置向导显示了 MySQL 配置文件已经创建，MySQL 服务已经安装，服务已经启动，安全设置已经应用。单击【Finish】按钮关闭向导即可。

（4）管理 MySQL 服务

正确安装 MySQL 并进行配置之后，MySQL 服务就已经启动了，可以通过 Windows 服务管理器手动启动或停止 MySQL 服务，如图 1-33 所示。

当正确启动 MySQL 服务后，本机就是一台 MySQL 服务器，通过 IP 地址和端口号 3306 即可访问 MySQL 服务。

（5）访问 MySQL 数据库

当 MySQL 服务启动后，就可以通过 MySQL 管理工具访问数据库了。常用的 MySQL 管理工具有 Navicat for MySQL、phpMyAdmin 等，也可以使用 MySQL 自带的命令行工具进行管理。下面以 MySQL 命令行工具为例进行讲解。

计算机管理
文件(F) 操作(A) 查看(V) 帮助(H)
计算机管理(本地)
系统工具
任务计划程序
事件查看器
共享文件夹
本地用户和组
性能
设备管理器
存储
磁盘管理
服务和应用程序
服务
WMI 控件
名称 描述 状态 启动类型 登录为
Multimedia Cla... 基... 已启动 自动 本地系统
MySQL 已启动 自动 本地系统
Net.Msmq Liste... 通...
Net.Pipe Liste... 通...
Net.Tcp Listen... 通...
Net.Tcp Port S... 提...
Netlogon 为...
Network Access... 网...
Network Connec... 管... 已启动
Network List S... 识... 已启动
Network Locati... 收... 已启动
启动(S)
停止(O)
暂停(U)
恢复(M)
重新启动(E)
所有任务(K)
刷新(F)
属性(R)
帮助(H)
扩展 标准

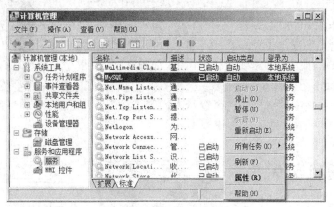

图 1-33　管理 MySQL 服务

① 打开命令提示符窗口，输入命令启动 MySQL 命令行工具并登录 root 用户，具体命令如下。

```
mysql –h localhost –u root –p
```

在上述命令中，“mysql”是启动 MySQL 命令行工具的命令，它表示运行“C:\web\mysql5.5\bin\mysql.exe”这个程序；“-h localhost”表示登录的服务器主机地址为 localhost（本地服务器），也可以换成服务器的 IP 地址，如 127.0.0.1；“-u root”表示以 root 用户的身份登录；“-p”表示该用户需要输入密码才能访问。

② 当输入上述命令后，程序会提示“Enter password”（请输入密码），输入前面配置好的密码“123456”即可。成功登录 MySQL 服务器后，效果如图 1-34 所示。

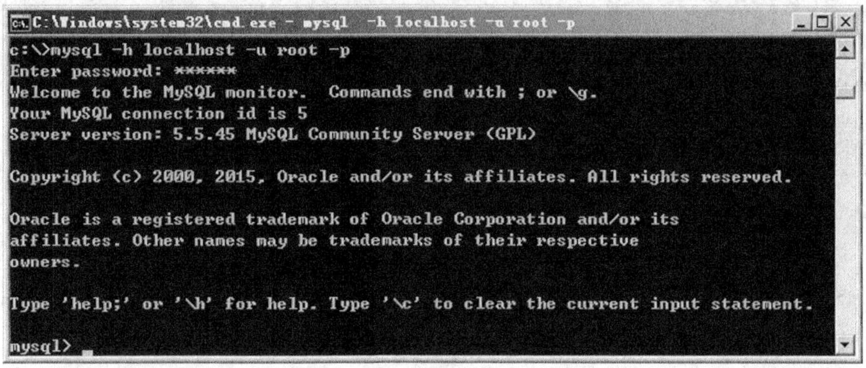

C:\Windows\system32\cmd.exe - mysql -h localhost -u root -p
c:\>mysql -h localhost -u root -p
Enter password: ******
Welcome to the MySQL monitor. Commands end with ; or \g.
Your MySQL connection id is 5
Server version: 5.5.45 MySQL Community Server (GPL)
Copyright (c) 2000, 2015, Oracle and/or its affiliates. All rights reserved.
Oracle is a registered trademark of Oracle Corporation and/or its
affiliates. Other names may be trademarks of their respective
owners.
Type 'help;' or '\h' for help. Type '\c' to clear the current input statement.
mysql>

图 1-34　登录 MySQL 数据库

③ 当成功登录 MySQL 数据库后，可通过 SQL 语句查看数据库中现有的数据库，具体命令如下。

```
show databases;
```

当上述 SQL 语句执行后，命令行的提示结果如图 1-35 所示。

从图 1-35 中可以看出，已经有了 4 个数据库存在于 MySQL 数据库中。这些是 MySQL 自带的数据库，与 MySQL 的功能有关，建议读者不要随意修改。

④ MySQL 的使用

MySQL 是通过 SQL 语句管理数据的，在基于 PHP+MySQL 的网站开发中，需要使用 SQL 语句对数据库进行添加、删除、修改、查询等操作。本书后面的章节会对常用 SQL 语句进行简要讲解，建议读者搭配 MySQL 相关的书籍或教材学习这方面的内容。

⑤ 退出 MySQL 数据库

如果要退出 MySQL 服务器，在命令行中输入 "exit" 和 "quit" 命令即可。

图 1-35　显示所有数据库

任务三　项目部署

在搭建好 PHP+Apache+MySQL 环境后，接下来就可以下载网络中的开源软件，在本机上部署一个网站。在真实环境中，需要有一个独立的 IP 和域名才能让网站上线；而在开发阶段，只需要网站能够在本机和局域网内被访问就足够了。本节通过更改 hosts 文件的方式，让读者通过虚拟的域名来访问本机上的网站。

1. 配置虚拟主机

虚拟主机是 Apache 提供的一个功能，通过虚拟主机可以在一台服务器上部署多个网站。虽然服务器的 IP 地址是相同的，但是当用户使用不同域名访问时，访问到的不是相同的网站。接下来分步骤讲解 Apache 的虚拟主机配置，具体操作步骤如下。

（1）修改 hosts 文件，实现网站的域名访问。在 Windows 中以管理员身份运行文本编辑器，然后执行【文件】→【打开】命令，打开 "C:\Windows\System32\drivers\etc" 文件夹下的 "hosts" 文件，在该文件中配置 IP 地址和域名的映射关系，具体如下。

```
127.0.0.1 www.php.test
127.0.0.1 ask.php.test
127.0.0.1 www.admin.com
```

在上述配置中，"127.0.0.1" 是本机的 IP 地址，后面的是域名。"127.0.0.1 www.php.test" 表示当访问 "www.php.test" 这个域名时，自动解析到 "127.0.0.1" 这个 IP 地址上。经过上述配置之后，就可以在浏览器上直接输入域名来访问本机的 Web 服务器。需要注意的是，这种域名解析方式只对本机有效。

（2）修改 httpd.conf 文件，启用虚拟主机辅配置文件。在 Apache 的配置文件 "httpd.conf" 中找到如下所示的一行配置，取消注释即可。

```
#Include conf/extra/httpd-vhosts.conf
```

在上述配置中，"Include" 表示从另一个文件中加载配置，后面是配置文件的路径。接下来，在辅配置文件 "httpd-vhosts.conf" 中进行虚拟主机的配置。

（3）打开 "conf/extra/httpd-vhosts.conf" 虚拟主机配置文件，将该文件中原有的配置全部注释起来，然后重新编写如下的配置。

```
<VirtualHost *:80>
    DocumentRoot "C:/web/apache2.4/htdocs"
```

```
    ServerName www.php.test
</VirtualHost>
<VirtualHost *:80>
    DocumentRoot "C:/web/apache2.4/htdocs/ask"
    ServerName ask.php.test
</VirtualHost>
```

上述配置实现了两个虚拟主机，分别是"www.php.test"和"ask.php.test"，并且这两个虚拟主机的文档目录被指定在不同的目录下。接下来创建"C:\web\apache2.4\htdocs\ask"文件夹，并在文件夹中放一个简单的网页，然后重启 Apache 使配置文件生效。

（4）在浏览器中访问这两个域名，会看到不同的两个网站，如图 1-36 所示。

图 1-36　访问虚拟主机

（5）继续编辑"httpd-vhosts.conf"，配置一个带有访问权限的虚拟主机，如下所示。

```
<VirtualHost *:80>
    DocumentRoot "c:/web/www.admin.com"
    ServerName www.admin.com
    <Directory "c:/web/www.admin.com">
        Require local
    </Directory>
</VirtualHost>
```

上述配置将虚拟主机"www.admin.com"的文档目录指定到"C:/web/www.admin.com"目录下，并通过<Directory>指令为其配置了目录访问权限。在 Apache 中，默认站点目录"htdocs"的访问权限是公开的，而其他目录禁止访问，如果将站点部署到其他目录，就需要配置访问权限。其中"Require local"表示只允许本地访问，"Require all granted"表示允许所有的访问，"Require all denied"表示拒绝所有的访问。

（6）在浏览器中访问"www.admin.com"进行测试。当用户没有访问权限时，效果如图 1-37 左图所示；当用户有权限访问并且该目录下存在"index.html"时，效果如图 1-37 右图所示。

图 1-37　测试目录访问权限

（7）启用 Apache 的目录浏览功能。修改 "httpd-vhosts.conf"，具体配置如下。

```
<Directory "C:/web/www.admin.com">
    Options indexes
</Directory>
```

在上述配置中，"Options indexes" 用于启用 Apache 的目录浏览功能。当该功能启用时，如果用户访问的目录中没有默认索引页（DirectoryIndex）指定的文件，就会显示文件列表，如图 1-38 所示。

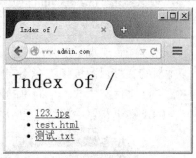

在网站开发阶段，Apache 的目录浏览功能可以方便用户访问服务器中的文件。在网站上线时，应关闭该功能，以免暴露服务器中的文件目录。将其修改为 "Options -indexes"，即可关闭该功能。

图 1-38　Apache 目录浏览功能

2. 部署 phpMyAdmin

phpMyAdmin 是一个以 PHP 为基础的 MySQL 数据库管理工具。该工具为 Web 开发人员提供了图形化的数据库操作界面，通过该工具可以对 MySQL 数据库进行管理操作，如创建、修改、删除数据库及数据表等。本小节讲解 phpMyAdmin 的安装与使用。

（1）phpMyAdmin 的官方网站 "http://www.phpmyadmin.net" 提供了该软件的下载，下载后解压到 "C:\web\www.admin.com\phpmyadmin" 目录中即可，如图 1-39 所示。

图 1-39　安装 phpMyAdmin

（2）编辑 PHP 配置文件 "php.ini"，开启运行成熟项目所必需的扩展，具体开启的扩展如下。

```
extension=php_curl.dll
extension=php_gd2.dll
extension=php_mbstring.dll
extension=php_mysql.dll
extension=php_mysqli.dll
extension=php_pdo_mysql.dll
```

上述扩展是 PHP 成熟项目中常用到的扩展。在 php.ini 中找到上述扩展的配置后，取消分号注释即可。修改"php.ini"后，需要重启 Apache 服务器使本次更改生效。

需要注意的是，PHP 的 CURL 扩展开启后还不能直接使用，需要在 Apache 配置文件"httpd.conf"中进行配置，具体配置代码如下。

```
LoadFile "C:/web/php5.5/libssh2.dll"
```

上述配置表示 Apache 将加载 PHP 目录中的"libssh2.dll"文件。该文件是 CURL 扩展的依赖库文件。

（3）通过 phpinfo 查询扩展是否正确开启，开启时可以查询到这些扩展的信息，如图 1-40 所示。

图 1-40　查看扩展是否开启

（4）在浏览器中访问"http://www.admin.com/phpmyadmin"，即可看到 phpMyAdmin 的登录页面，如图 1-41 所示。

（5）在图 1-41 所示的界面中，输入 MySQL 服务器的用户名"root"和密码"123456"进行登录，登录后即可对 MySQL 数据库进行操作，如图 1-42 所示。

phpMyAdmin 有中文语言的界面，在 phpMy-Admin 中管理数据库非常简单和方便，可以进行 SQL 语句调试、数据导入导出等操作，读者只需简单了解即可。

3. 部署 WeCenter 社区

WeCenter 是一款知识型的社交化开源社区程序，国内知名的知识型社区网站有知乎、果壳等。通过 WeCenter，用户也可以自己搭建一个知识型社区网站。WeCenter 基于 PHP+MySQL 技术开发，遵循 MVC 设计模式，是国内成熟的开源建站软件之一。接下来，讲解 WeCenter 的安装步骤。

（1）获取 WeCenter

目前 WeCenter 的最新版本为 3.1.4，其官方网站（http://www.wecenter.com）提供了软件的下载，如图 1-43 所示。

图 1-41　登录 phpMyAdmin

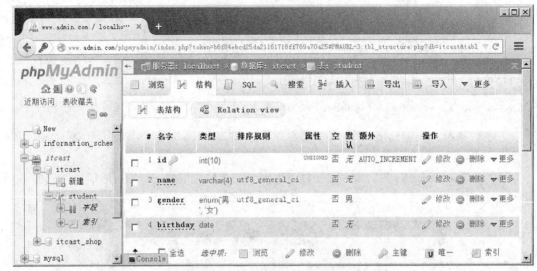

图 1-42　使用 phpMyAdmin

图 1-43　获取 WeCenter

（2）部署到站点中

打开从 WeCenter 官方网站下载的"WeCenter_ 3-1-4.zip"压缩包文件，将其中的"UPLOAD"
目录中的所有文件解压到虚拟主机"http://ask.php.test"站点目录下，如图 1-44 所示。

图 1-44　解压文件

（3）安装 WeCenter 社区

将 WeCenter 程序代码部署到站点目录中后，通过浏览器访问站点，会显示 WeCenter 的服务器环境检查，通过检查后才可以继续安装，如图 1-45 所示。

图 1-45　服务器环境检查

在上一节部署 phpMyAdmin 时，已经开启了运行成熟项目所必需的扩展，因此可以通过这里的检查。单击【下一步】按钮继续安装，会提示填写系统配置信息，如图 1-46 所示。

图 1-46　填写系统配置信息

从图 1-46 中可以看出，在安装 WeCenter 时，需要配置数据库主机、账号、密码等信息。根据环境部署时的配置，"数据库主机"填写"localhost"，"数据库账号"添加"root"，"数据库密码"填写"123456"。然后专门为 WeCenter 创建一个数据库，并填写数据库名称，如"itcast_ask"。正确填写安装配置后，单击【开始安装】按钮即可。

（4）添加管理员

在执行安装后，WeCenter 会提示添加管理员。管理员是访问网站后台的最高权限的用户，根据提示输入用户名、密码和 E-mail 即可，如图 1-47 所示。

图 1-47　添加管理员

（5）访问社区前台

完成管理员添加后，WeCenter 已经安装完成，此时可以访问"http://ask.php.test"查看社区的前台，在前台可以进行发表话题、编辑个人资料等操作，如图 1-48 所示。

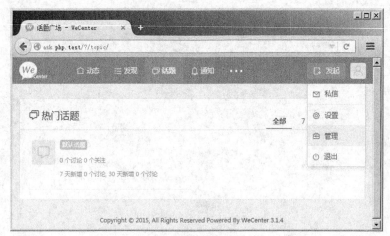

图 1-48　WeCenter 社区前台

（6）访问社区后台

社区后台是为管理员提供的一套管理系统，通过后台可以深度定制 WeCenter 社区的功能，进行用户管理、内容管理等操作。当管理员在前台登录时，将鼠标指针滑到右上角的用户头像上，会显示下拉菜单，单击下拉菜单中的【管理】可以进入后台。WeCenter 的后台效果如图 1-49 所示。

图 1-49　WeCenter 社区后台

　　至此，WeCenter 社区已经部署完成。当需要该网站可在局域网内的其他计算机中访问时，只需更改其他计算机的 hosts 文件，添加一条域名解析记录即可，如 "192.168.1.100 ask.php.test"。另外，Windows 防火墙可能会阻止 Apache 服务器访问网络，如果局域网内的其他计算机不能访问，应检查 Windows 防火墙的配置，允许 Apache 访问网络。

动手实践

　　学习完前面的内容，下面来动手实践一下吧：

　　在安装 PHP 时，需要在 Apache 配置文件中指定 ".php" 后缀的文件由 PHP 来处理，那么能否将 ".jsp" 和 ".asp" 后缀的文件也交给 PHP 来处理呢？请尝试实现将 php 伪装成 ".jsp 程序"。

　　扫描右方二维码，查看动手实践步骤！

PART 2

项目二
学生信息管理

学习目标

- 了解 PHP 语法基础使用规则，如 PHP 标记、标识符、变量、常量等
- 熟悉 PHP 中的数据类型及分类、运算符及其优先级的运用
- 熟练掌握选择结构语句、循环结构语句以及标签语法的应用
- 熟练掌握函数、数组及包含语句在开发中的定义及使用

项目描述

在学习基础语法时，大部分学生学完后都不理解其实际用途，更不会综合运用。为了解决此类问题，接下来通过学生管理系统的项目，介绍 PHP 的语法基础。

学生管理系统主要包括学生资料的展示、学生年龄的计算、学生星座的判断、学生个性标签的制作以及分页显示学生列表等任务。通过做任务的方式，将 PHP 中的变量、运算符、流程控制语句、函数、数组等基础语法运用到项目开发中，达到学用结合的目的。项目效果如图 2-1 所示，相关图片素材、CSS 样式文件可通过本书配套源代码获取。

图 2-1 项目功能展示

任务一　展示学生资料

任务说明

请利用 PHP 的变量保存学生的姓名、出生日期、所属学科以及学号，最后将该学生的信息输出到网页中显示。其中，在定义学生的出生日期和学号时，必须满足以下两个条件。

● 学生的出生日期为公历，填写格式为 YYYY-MM-DD。例如，1989-09-08 表示 1989 年公历 9 月 8 日出生。

● 学生的学号是由 0 加上两位数字的年份和两位数字的月份与日期，再接上三位数字的学生序号。例如，2012 年 5 月 19 日，某班的第 1 个学生的序号为 0120519001。

知识引入

1.PHP 标记与注释

由于 PHP 是嵌入式脚本语言，它经常会和 HTML 内容混编在一起，所以为了区分 HTML 与 PHP 代码，需要使用标记将 PHP 代码包含起来。PHP 中提供的四种标记如表 2-1 所示。

表 2-1　PHP 标记

标记类型	开始标记	结束标记
标准标记	<?php	?>
短标记	<?	?>
ASP 风格标记	<%	%>
脚本风格标记	<script language="php">	</script>

在表 2-1 中，标准标记是 PHP 中最常用的标记。当一个文件是纯 PHP 代码时，可省略结束标记，且开始标记最好顶格书写。而其他三种标记在实际开发中很少使用，这里不再对其不过多介绍，读者了解即可。

同时，在网站开发的过程中，为了便于代码的阅读与维护，在编写某行代码或功能模块时，最好添加注释进行解释说明，注释在程序解析时会被解析器忽略。PHP 中最常用的两种注释分别为单行注释"//"和多行注释"/*……*/"。需要注意的是，多行注释可以嵌套单行注释，但是不能再嵌套多行注释。

2.标识符与关键字

在网站开发过程中，经常需要在程序中定义一些符号来标记一些名称，如变量名、函数名、类名、方法名等，这些符号被称为标识符。在 PHP 中，定义标识符要遵循一定的规则，具体如下。

（1）标识符只能由字母、数字和下划线组成。

（2）标识符可以由一个或多个字符组成，且必须以字母或下划线开头。

（3）当标识符用作变量名时，区分大小写。

（4）若标识符由多个单词组成，那么应使用下划线进行分隔，如 user_name。

同时，在网站开发过程中，还会经常运用关键字。所谓关键字，就是编程语言里事先定义好并赋予了特殊含义的单词，也称作保留字。如 echo 用于输出数据，function 用于定义函数，class 关键字用于定义类。表 2-2 列举了 PHP 5 中所有的关键字。

表 2-2   PHP 5 中的关键字

and	or	xor	__FILE__	exception
__LINE__	array()	as	break	case
class	const	continue	declare	default
die()	do	echo	else	elseif
empty()	enddeclare	endfor	endforeach	endif
endswitch	endwhile	eval()	exit()	extends
for	foreach	function	global	if
include	include_once	isset()	list()	new
print	require	require_once	return	static
switch	unset()	use	var	while
__FUNCTION__	__CLASS__	__METHOD__	final	php_user_filter
interface	implements	extends	public	private
protected	abstract	clone	try	catch
throw	this			

在使用上面列举的关键字时，需要注意以下两点：
- 关键字不能作为常量、函数名或类名使用；
- 关键字虽然可作为变量名使用，但是容易导致混淆，不建议使用。

3. 变量与常量

变量就是保存可变数据的容器。在 PHP 中，变量是由 $ 符号和变量名组成的，其中变量名的命名规则与标识符相同。如 $test、$_test 为合法变量名，而 $123、$*math 为非法变量名。

由于 PHP 是弱类型语言，所以变量不需要事先声明，就可以直接进行赋值使用。PHP 中的变量赋值分为两种，一种是默认的传值赋值，另一种是引用赋值，具体示例如下。

（1）传值赋值

```
$age = 12;          //定义变量$age，并且为其赋值为 12
$num = $age;        //定义变量$num，并将$age 的值赋值给$num
$age = 100;         //为变量$age 重新赋值 100
echo $num;          //echo 用于输出$num 的值，结果为：12
```

在上述示例中，通过传值赋值的方式定义了两个变量：$age 和 $num。当变量 $age 的值修改为 100 时，$num 的值依然是 12。

（2）引用赋值

所谓引用赋值，就是在要赋值的变量前添加 "&" 符号，具体示例如下。

```
$age = 12;          //定义变量$age，并且为其赋值为 12
$num = &$age;       //定义变量$num，并将$age 值的引用赋值给$num
$age = 100;         //为变量$age 重新赋值为 100
echo $num;          //echo 用于输出$num 的值，结果为：100
```

上述代码中，当变量$age 的值修改为 100 时，$num 的值也随之变为 100。这是由于引用赋值的方式相当于给变量起一个别名，当一个变量的值发生改变时，另一个变量也随之变化。

除了上述提到的变量，PHP 中还可以使用常量来保存数据。常量用于保存在脚本运行过程中值始终保持不变的量。它的特点是一旦被定义，就不能被修改或重新定义。例如，在数学中常用的圆周率 π 就是一个常量，其值就是固定且不能被改变的。

PHP 中通常使用 define()函数或 const 关键字来定义常量，具体示例如下。

（1）define()函数

```
define('CON','itcast');          //定义名称为 CON 的常量，其值为 itcast
echo CON;                        //输出结果为：itcast
echo constant('CON');            //输出结果为：itcast
```

上述示例中，define()函数的第 1 个参数表示常量的名称，第 2 个参数表示常量值，第 3 个参数默认情况下（false）表示该常量名对大小写敏感。另外，输出常量还可以使用 constant() 函数，只需将其唯一的参数设为常量的名称即可。

（2）const 关键字

```
const PAI=3.14;                  //定义名字为 PAI 的常量，其值为 3.14
echo PAI;                        //输出结果为：3.14
```

4. 数据类型

在网站开发的过程中，经常需要操作数据，而每个数据都有其对应的类型。PHP 中支持 3 类数据类型，分别为标量数据类型、复合数据类型及特殊数据类型。PHP 中所有的数据类型如图 2-2 所示。

值得一提的是，PHP 中变量的数据类型通常不是开发人员设定的，而是根据该变量使用的上下文在运行时决定的。接下来分别介绍标量数据类型的使用，其他两种数据类型会在后续的章节进行详细讲解。

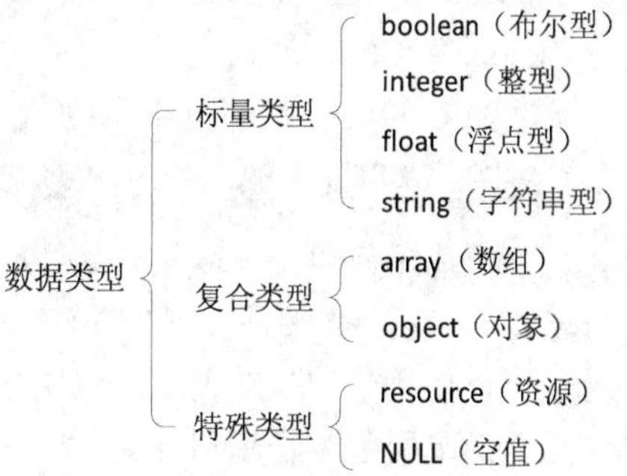

图 2-2　数据类型

（1）布尔型

布尔型是 PHP 中较常用的数据类型之一，通常用于逻辑判断。它只有 true 和 false 两个值，表示事物的"真"和"假"，并且不区分大小写，具体示例如下。

```
$flag1 = true;                   //将 true 赋值给变量$flag1
$flag2 = false;                  //将 false 赋值给变量$flag2
```

需要注意的是，在特殊情况下，其他数据类型也可以表示布尔值。例如，0 表示 false，1 表示 true。

（2）整型

整型用来表示整数。它可以由十进制、八进制和十六进制指定，且前面加上"+"或"−"符号，可以表示正数或负数。其中，八进制数使用 0～7 表示，且数字前必须加上 0；十六进制数使用 0～9 与 A～F 表示，数字前必须加上 0x。具体示例如下。

```
$oct = 073;          //八进制数
```

```
$dec = 59;              //十进制数
$hex = 0x3b;            //十六进制数
```

在上述代码段中，八进制和十六进制表示的都是十进制数值 59。其中，若给定的数值大于系统环境的整型所能表示的最大范围，会发生数据溢出，导致程序出现问题。例如，32 位系统的取值范围是 $-2^{31} \sim 2^{31}-1$。

（3）浮点型

浮点数是程序中表示小数的一种方法。在 PHP 中，通常使用标准格式和科学计数法格式表示浮点数，具体示例如下。

```
$fnum1 = 1.759;         //标准格式
$fnum2 = -4.382;        //标准格式
$fnum3 = 3.14E5;        //科学计数法格式
$fnum4 = 7.469E-3;      //科学计数法格式
```

在上述两种格式中，不管采用哪种格式表示，浮点数的有效位数都是 14 位。其中，有效位数就是从最左边第一个不为 0 的数开始，直到末尾数的个数，且不包括小数点。

（4）字符串型

字符串是由连续的字母、数字或字符组成的字符序列。在 PHP 中，通常使用单引号或双引号表示字符串，具体示例如下。

```
$name = 'Tom';
$area = 'China';
echo $name." come from $area";     //输出结果为：Tom come from China
echo $name.' come from $area';     //输出结果为：Tom come from $area
```

从上述示例可知，变量$area 在双引号字符串中被解析为 China，而在单引号字符串中原样输出。值得一提的是，在字符串中可以使用转义字符。例如，双引号字符串中使用双引号时，可以使用 "\"" 来表示。双引号字符串还支持换行符 "\n"、制表符 "\t" 等转义字符的使用，而单引号字符串只支持 "'" 和 "\" 的转义。

值得一提的是，在双引号字符串中输出变量时，有时会出现变量名界定不明确的问题。对于这种情况，可以使用{}对变量进行界定，示例代码如下。

```
$str = 'ca';
echo "it{$str}st";                 //输出结果为：itcast
echo "传智{$str}播客";              //输出结果为：传智 ca 播客
```

5. 输出语句

（1）echo

echo 是 PHP 中用于输出的语句，可将紧跟其后的字符串、变量、常量的值显示在页面中，示例代码如下。

```
<?php
    $name = 'itcast';
    const PAI = 3.14;
```

```
    echo $name;                        //输出变量$name，结果为：itcast
    echo PAI;                          //输出常量 PAI，结果为：3.14
    echo 'Come On';                    //输出字符串，结果为：Come On
    echo 'Come On'.'Baby';             //输出拼接字符串，结果为：Come On Baby
?>
```

从上述示例可知，echo 可以输出变量、常量以及字符串的值到页面中。其中，"."是字符串连接符，用于连接字符串、变量或常量。另外，在使用 echo 输出字符串时，还可以使用英文逗号","进行连接。

（2）var_dump

var_dump 是 PHP 中用于打印变量或表达式的类型与值等相关信息的函数，具体示例如下。

```
    var_dump(12);                      //输出结果：int(12)
    var_dump(3.14);                    //输出结果：float(3.14)
    var_dump('itcast');                //输出结果：string(6) "itcast"
    var_dump(2+7.38);                  //输出结果：float(9.38)
```

（3）print_r

print_r 用于打印变量易于理解的信息。例如，对于标量数据类型的变量，打印变量值本身；而对于数组，则只打印键和值。具体的使用将在学习数组时进行讲解，此处了解即可。

任务实现

1. 保存学生资料

首先，在项目二目录"project2"下新建一个文件，命名为"stu_info.php"；然后使用编辑器打开，在该文件中定义变量分别保存学生的姓名、出生日期、所选学科和学号，实现代码如下。

```
1    <?php
2        $name = '王六';              //保存学生的姓名
3        $birth = '1996-08-07';       //保存学生的出生日期
4        $subject = 'PHP';            //保存学生的所选学科
5        $snum = '0150427001';        //保存学生的学号
6    ?>
```

在定义学生的出生日期时，要注意符合任务说明的格式 YYYY-MM-DD，即使用 4 位数字保存年份，使用 2 位数字分别保存月份和日期。

值得一提的是，在保存学生学号时需要考虑两个问题：一是学生的学号一般比较长，可能会超出整型的取值范围；二是以 0 开头的数字，计算机会自动将其识别为八进制数，因此在保存学生的序号时要使用字符串数据类型进行存储。

2. 展示学生资料

利用 PHP 代码可以嵌入到 HTML 页面中的特性，编写一个 4 行 2 列的表格，在表格的第 2 列中嵌入 PHP 代码，分别输出学生的姓名、出生日期、学科以及学号。继续编辑"stu_info.php"文件，完成学生资料的展示，实现代码如下。

```
1     <!doctype html>
2     <html>
3      <head>
4       <meta charset="utf-8">
5       <title>展示学生资料</title>
6      </head>
7      <body>
8         <table>
9             <tr><td>姓名：</td><td><?php echo $name;?></td></tr>
10            <tr><td>出生日期：</td><td><?php echo $birth;?></td></tr>
11            <tr><td>学科：</td><td><?php echo $subject;?></td></tr>
12            <tr><td>学号：</td><td><?php echo $snum;?></td></tr>
13        </table>
14     </body>
15    </html>
```

3. 查看任务结果

通过浏览器访问"stu_info.php"，任务的运行结果如图2-3所示。

图2-3 展示学生资料

从图2-3可知，利用变量保存学生的信息，并在HTML表格中嵌入输出展示成功。

任务二　计算学生年龄

任务说明

为方便、准确、快捷地展示学生的年龄，系统通常根据学生的出生日期进行自动计算。下面请利用PHP变量分别保存学生出生的年、月、日，并通过PHP中的date函数获取当前的年、月、日，最后通过PHP运算符、if条件判断语句计算出学生的年龄（周岁）。例如，有个学生是1990年8月2日出生的，若现在是2015年5月，则当前学生的年龄是24周岁；若现在是2015年9月，则当前学生的年龄是25周岁。

知识引入

1. date () 函数

在讲解 date()函数前，首先了解一下 UNIX 时间戳。它是一种时间表示方式，被定义为从格林威治时间 1970 年 01 月 01 日 00 时 00 分 00 秒起至现在的总秒数。其中，1970 年 01 月 01 日零点也叫 UNIX 纪元。通常，在 PHP 中使用 time()函数获取当前时间的时间戳，具体示例如下。

```
echo time();
```

在上述示例中，假若当前时间是 2015-08-21 15:27:25，则程序就会输出从 UNIX 纪元到当前时间的时间戳为 1440142043。

但是由于时间戳的可读性比较差，肉眼不能看出其表示的具体时间，因此需要使用 PHP 提供的 date()函数格式化给出的或本地的日期时间。具体示例如下。

```
echo date('Y-m-d H:i:s');            //输出结果：2015-08-21 15:33:07
echo date('Y-m-d',1440142043);       //输出结果：2015-08-21
```

上述 date()函数的示例中，第 1 个参数表示格式化日期时间的样式，第 2 个参数表示待格式化的时间戳，省略时表示格式化当前时间戳。需要注意的是，本示例的输出结果不定，它取决于运行此示例时的日期时间。上述示例中格式化日期的字符表示的含义如表 2-3 所示。

表 2-3 date()函数格式字符

参　　数	说　　明
Y	4 位数字表示的完整年份，如 1998、2015
n	数字表示的月份，没有前导零，返回值 1 ~ 12
j	月份中的第几天，没有前导零，返回值 1 ~ 31
m	数字表示的月份，有前导零，返回值 01 ~ 12
d	月份中的第几天，有前导零，返回值 01 ~ 31
H	小时，24 小时格式，有前导零，返回值 00 ~ 23
i	有前导零的分钟数，返回值 00 ~ 59
s	有前导零的秒数，返回值 00 ~ 59

格式化时间日期的字符还有很多种。读者可根据实际需求，参照手册，自定义时间戳的格式化样式。

2. PHP 运算符

（1）算术运算符

算术运算符是用来处理加减乘除运算的符号，也是最简单和最常用的运算符号，如表 2-4 所示。

算术运算符的使用看似简单，也容易理解，但是在实际应用过程中还需要注意以下两点。

● 进行四则混合运算时，运算顺序要遵循数学中"先乘除后加减"的原则。

● 在进行取模运算时，运算结果的正负取决于被模数（%左边的数）的符号，与模数（%右边的数）的符号无关。例如，（−8）%7=−1，而 8%（−7）=1。

表 2-4 算术运算符

运 算 符	意 义	范 例	结 果
+	加	5+5	10
−	减	6−4	2
*	乘	3*4	12
/	除	5/5	1
%	取模（算术中的求余数）	5%7	5

（2）赋值运算符

赋值运算符是一个二元运算符，即它有两个操作数，将运算符（=）右边的值赋给左边的变量。具体如表 2-5 所示。

表 2-5 赋值运算符

运 算 符	意 义	范 例	结 果
=	赋值	$a=3; $b=2;	$a=3; $b=2;
+=	加等于	$a=3; $b=2; $a+=$b;	$a=5; $b=2;
−=	减等于	$a=3; $b=2; $a−=$b;	$a=1; $b=2;
*=	乘等于	$a=3; $b=2; $a*=$b;	$a=6; $b=2;
/=	除等于	$a=3; $b=2; $a/=$b;	$a=1.5; $b=2;
%=	模等于	$a=3; $b=2; $a%=$b;	$a=1; $b=2;
.=	连接等于	$a='abc'; $a .= 'def';	$a='abcdef';

表中 "=" 表示赋值运算符，而非数学意义上的相等的关系。值得一提的是，除 "=" 外的其他运算符均为特殊赋值运算符，在使用过程中需要注意以下两点。

● "+=" "−=" "*=" "/=" "%=" 的用法类似，这里以 "+=" 为例，具体示例如图 2-4 所示。

从图 2-4 可以看出，变量 $a 先与 4 进行相加运算，然后将运算结果赋值给变量 $a，最后得到变量 $a 的值为 9。

● ".=" 表示对两个字符串进行连接操作，具体示例如图 2-5 所示。

图 2-4 "+=" 示例　　　　　　　　图 2-5 ".=" 示例

从图 2-5 可以看出，变量 $str 先与 "itcast" 字符串进行连接，然后将连接后得到的新字符串再赋值给变量 $str，最后得到变量 $str 的值为 "welcome to itcast"。

（3）比较运算符

比较运算符用来对两个变量或表达式进行比较，其结果是布尔类型的 true 或 false。常见的比较运算符如表 2-6 所示。

表 2-6　比较运算符

运　算　符	运　算	范例（$x=5）	结　果
==	等于	$x == 4	false
!=	不等于	$x != 4	true
<>	不等于	$x <> 4	true
===	恒等	$x === 5	true
!==	不恒等	$x !== '5'	true
>	大于	$x > 5	false
>=	大于或等于	$x >= 5	true
<	小于	$x < 5	false
<=	小于或等于	$x <= 5	true

比较运算符的使用虽然很简单，但是在实际开发中还需要注意以下两点。

● 对于两个数据类型不相同的数据进行比较时，PHP 会自动将其转换成相同类型的数据后再进行比较。例如，3 与 3.14 进行比较时，首先会将 3 转换成浮点型 3.0，然后与 3.14 进行比较。

● 运算符 "===" 与 "!==" 在进行比较时，不仅要比较数值是否相等，还要比较其数据类型是否相等。而 "=="和 "!=" 运算符在比较时，只比较其值是否相等。

（4）逻辑运算符

逻辑运算符是在程序开发中用于逻辑判断的符号，其返回值类型是布尔类型，如表 2-7 所示。

表 2-7　逻辑运算符

运算符	运算	范例	结　果
&&	与	$a && $b	$a 和$b 都为 true，结果为 true，否则为 false
||	或	$a || $b	$a 和$b 中至少有一个为 true，则结果为 true，否则为 false
!	非	! $a	若$a 为 false，结果为 true，否则相反
xor	异或	$a xor $b	$a 和$b 一个为 true，一个为 false，结果为 true，否则为 false
and	与	$a and $b	与&&相同，但优先级较低
or	或	$a or $b	与||相同，但优先级较低

在表 2-7 中，虽然 "&&" "||" 与 "and" "or" 的功能相同，但是前者比后者优先级别高。对于 "与" 操作和 "或" 操作，在使用时需要注意以下两点。

● 当使用 "&&" 连接两个表达式时，如果左边表达式的值为 false，则右边的表达式不会执行，逻辑运算结果为 false。

● 当使用 "||" 连接两个表达式时，如果左边表达式的值为 true，则右边的表达式不会执行，逻辑运算结果为 true。

（5）递增递减运算符

递增递减运算符也被称作自增自减运算符，可以被看作一种特定形式的复合赋值运算符。PHP 中递增递减运算符的使用如表 2-8 所示。

表 2-8　递增递减运算符

运　算　符	运　　算	范　　例	结　　果
++	（前）自增	$a=2; $b=++$a;	$a=3; $b=3;
++	（后）自增	$a=2; $b=$a++;	$a=3; $b=2;
--	（前）自减	$a=2; $b=--$a;	$a=1; $b=1;
--	（后）自减	$a=2; $b=$a--;	$a=1; $b=2;

从表 2-8 可知，在进行自增或自减运算时，如果运算符（"++"或"--"）放在操作数的前面，则先进行自增或自减运算，再进行其他运算。反之，如果运算符放在操作数的后面，则先进行其他运算，再进行自增或自减运算。

3.运算符优先级

前面介绍了 PHP 的各种运算符，那么若一个表达式中含有多个运算符时，就要明确表达式中各个运算符参与运算的先后顺序，把这种顺序称为运算符的优先级。PHP 中运算符的优先级如表 2-9 所示，表中运算符的优先级由上至下递减，左表最后一个接右表第一个。

表 2-9　运算符优先级（由上至下优先级递减）

结合方向	运　算　符	结合方向	运　算　符
无	new	左	^
左	[	左	|
右	++　--　~　(int)　(float) (string)　(array)　(object)　@	左	&&
无	instanceof	左	||
右	!	左	?:
左	*　/　%	右	=　+=　-=　*=　/=　.=　%= &=　|=　^=　<<=　>>=
左	+　-　.	左	and
左	<<　>>	左	xor
无	==　!=　===　!==　<>	左	or
左	&	左	,

表 2-9 中同一行的运算符具有相同的优先级，左结合方向表示同级运算符的执行顺序为从左到右，而右结合方向则表示执行顺序为从右到左。

在表达式中，还有一个优先级最高的运算符：圆括号()。它可以提升其内运算符的优先级，示例如下。

```
$num1 = 4+3*2;          //输出结果为：10
$num2 = (4+3)*2;        //输出结果为：14
```

上述示例中，未加圆括号的表达式"4+3*2"的执行顺序为先进行乘法运算，再进行加法运算，最后进行赋值运算；而加了圆括号的表达式"(4+3)*2"的执行顺序为先进行圆括号内的加法运算，然后进行乘法运算，最后执行赋值运算。

4. 单分支语句

if 条件判断语句也被称为单分支语句，当满足某种条件时，就进行某种处理，具体语法如下。

```
if(判断条件){
    代码段;
}
```

在上述语法中，判断条件是一个布尔值，当该值为 true 时，执行 "{}" 中的代码段，否则不进行任何处理。其中，当代码块中只有一条语句时，"{}" 可以省略。if 语句的执行流程如图 2-6 所示。

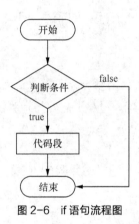

图 2-6　if 语句流程图

任务实现

1. 保存学生出生日期

在 "project2" 文件夹下，创建一个名为 "stu_age.php" 的文件，定义变量分别保存学生出生的年、月、日，具体实现代码如下。

```
1    <?php
2        //定义变量保存学生出生的年、月、日
3        $stu_by = 1996;
4        $stu_bm = 8;
5        $stu_bd = 19;
6    ?>
```

2. 获取当前时间日期

若想要计算学生的年龄，不仅需要知道学生的出生日期，还要知道当前的年、月、日。接下来，继续编辑 "stu_age.php" 文件，利用 PHP 提供的 date() 函数格式化当前时间的时间戳，从而获取当前时间的日期，具体实现代码如下。

```
1    //获取当前时间的年、月、日
2    $cur_y = date('Y');        //4 位数字完整表示的年份
```

```
3    $cur_m = date('n');        //数字表示的月份，没有前导零，1~12
4    $cur_d = date('j');        //月份中的第几天，没有前导零，1~31
```

在上述代码中，date 函数的第 1 个参数表示格式化样式，第 2 个省略的参数表示格式化当前时间戳。另外，通过分别获取当前时间的年、月、日的方式，可以方便后期判断学生是否已过生日，从而精准地计算学生的周岁年龄。

3. 计算学生年龄

接着，在"stu_age.php"文件中，利用 PHP 提供的运算符和 if 单分支语句，完成学生年龄的计算与判断，实现代码如下。

```
1    //计算学生从出生到当前年的周岁
2    $age = $cur_y - $stu_by;
3    //判断学生是否已过生日
4    if($cur_m < $stu_bm || $cur_m == $stu_bm && $cur_d < $stu_bd){
5        $age--;
6    }
```

在上述代码中，首先利用当前年份减去学生出生的年份来计算学生的周岁\$age，然后判断学生在当前年内是否已过生日，若未过，则需要将计算出的周岁年龄\$age 减 1，若已过，则不对\$age 进行任何处理。

4. 展示计算结果

在学生资料页面基础上，添加一项学生年龄的内容，并将计算的结果展示到页面中，实现代码如下。

```
1    <!doctype html>
2    <html>
3     <head>
4      <meta charset="utf-8">
5      <title>计算学生年龄</title>
6     </head>
7    <body>
8        <table>
9            ……
10           <tr><td>年龄：</td><td><?php echo $age;?></td></tr>
11           ……
12       </table>
13   </body>
14   </html>
```

5. 查看任务结果

若当前时间为 2015 年 8 月 20 日，则学生的年龄为 19 岁。在浏览器中访问"stu_age.php"文件，任务的运行结果如图 2-7 所示。若将学生的出生日期修改为 1996 年 8 月 25 日，则学生的年龄就为 18 周岁。

图2-7 计算学生年龄

任务三 判断学生星座

任务说明

各个星座的特点已经成为当下人们的谈资。下面请使用 PHP 提供的 if...else 多分支选择结构语句、数据类型转换和前面学过的知识，根据学生的出生日期，判断出学生的星座，并显示出对应星座的图片。在完成任务时，需要注意以下两个方面。

- 星座的划分是两个日期的区间。在使用数学方式进行比较时，注意日期小于 10 日的学生出生日需要在前面补 0 占位，防止比较出错。
- 统一为星座图片定义一个变量名，在判定学生星座后，再为该变量赋值。

知识引入

1.数据类型转换

在 PHP 中，对两个变量进行操作时，若其数据类型不相同，则需要对其进行数据类型转换。通常情况下，数据类型转换分为自动类型转换和强制类型转换。下面对这两种数据类型转换进行详细介绍。

（1）自动类型转换

所谓自动类型转换，指的是当运算需要或与期望的结果类型不匹配时，PHP 将自动进行类型转换，无需开发人员做任何操作。在程序开发过程中，最常见的自动类型转换有 4 种，分别为转换成布尔型、转换成整型、转换成浮点型和转换成字符串型。以转换成整型为例讲解，具体示例如下。

```
if("123abc"==123){
    echo '123';      //输出结果为：123
}
if("abc"==0){
    echo '456';   //输出结果为：456
}
```

从上述示例可知，字符串型转换为整型时，若字符串是以数字开始，则使用该数值，否则转换为 0。因此，当字符串"123abc"与整型"123"进行比较时，首先将字符串"123abc"

转换为整型 "123"，然后进行比较，结果为真，输出 "123"。同理，字符串 "abc" 与 "0" 进行比较时，首先将字符串 "abc" 转换为 "0"，然后比较，结果为真，输出 "456"，最后用户在网页中看到的输出结果就为 "123456"。

（2）强制类型转换

所谓强制类型转换，就是在编写程序时手动转换数据类型，在要转换的数据或变量之前加上 "(目标类型)" 即可，如表 2-10 所示。

表 2-10 强制类型转换

强制类型	功能描述	范例	var_dump()打印结果
（bool）	强转为布尔型	(bool)−5.9	bool(true)
（string）	强转为字符串型	(string)12	string(2) "12"
（integer）	强转为整型	(integer)'hello'	int(0)
（float）	强转为浮点型	(float)false	float(0)
（array）	强转为数组	(array)'php'	array(1) { [0]=> string(3) "php" }
（object）	强转为对象	(object)2.34	object(stdClass)#1(1){["scalar"]=>float(2.34)

在上述表格中的数组和对象，这里读者了解即可，此内容的使用将会在后续的任务中详细讲解。

2.多分支语句

（1）if…else 语句

if…else 语句也称为双分支语句，当满足某种条件时就进行某种处理，否则进行另一种处理，具体语法如下。

```
if(判断条件){
    代码段 1;
}else{
    代码段 2;
}
```

在上述语法中，当判断条件为 true 时，执行代码段 1；当判断条件为 false 时，执行代码段 2。if…else 语句的执行流程如图 2-8 所示。

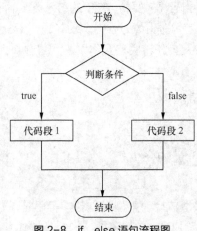

图 2-8 if…else 语句流程图

除此之外，PHP 还有一种特殊的运算符，即三元运算符，又称为三目运算符。它也可以完成 if...else 语句的功能，其语法格式如下。

<条件表达式> ? <表达式 1> : <表达式 2>

在上述语法格式中，先求条件表达式的值，如果为真，则返回表达式 1 的执行结果；如果条件表达式的值为假，则返回表达式 2 的执行结果。

（2）if...elseif...else 语句

if...elseif...else 语句也称为多分支语句，用于对多种条件进行判断，并进行不同处理。具体语法如下。

```
if(条件 1){
    代码段 1;
}elseif(条件 2){
    代码段 2;
}
...
elseif(条件 n){
    代码段 n;
}else{
    代码段 n+1;
}
```

在上述语法中，当判断条件 1 为 true 时，则执行代码段 1；否则继续判断条件 2，若为 true，则执行代码段 2，以此类推；若所有条件都为 false，则执行代码段 $n+1$。if...elseif...else 语句的执行流程如图 2-9 所示。

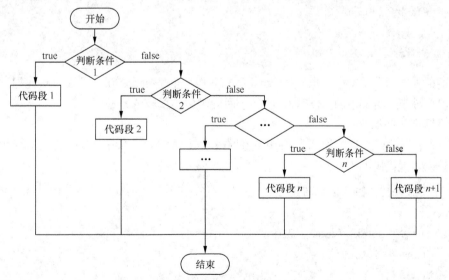

图 2-9　if..elseif...else 语句流程图

（3）switch 语句

switch 语句也是多分支语句，它的好处就是使代码更加清晰简洁、便于读者阅读。具体语法如下。

```
switch(表达式){
    case 值 1：代码段 1;break;
    case 值 2：代码段 2;break;
    ...
    default: 代码段 n;
}
```

在上述语法中，首先计算表达式的值（该值不能为数组或对象），然后将获得的值与 case 中的值依次比较，若相等，则执行 case 后的对应代码段；最后，当遇到 break 语句时，跳出 switch 语句。其中，若没有匹配的值，则执行 default 中的代码段。

任务实现

1. 处理学生出生日期

在 "project2" 文件夹下创建名为 "stu_const.php" 的文件，并在该文件中对学生的出生日进行判断，当出生日小于 10 时，需在出生日前补零，防止在判断学生星座时出错。

例如，2 月 2 日出生的学生，在进行数学方式比较时，2.2 不在 1.21 ~ 2.19 区间（水瓶座），而在 2.20 ~ 3.20 区间（双鱼座），这会出现判断错误。因此，若对于小于 10 位的出生日期补零，则 2.02 可以正确地判断出在水瓶座的范围区间内，具体实现代码如下。

```
1    //定义变量保存学生出生的日期
2    $stu_bm = 8;
3    $stu_bd = 7;
4    //判断学生的出生日是否是两位数
5    if($stu_bd < 10){
6        $stu_bd = '0'.$stu_bd;
7    }
8    $date = "$stu_bm.$stu_bd";
```

上述第 5 ~ 7 行代码用于对出生日小于 10 的学生进行判断处理，第 8 行代码通过字符串连接符"."拼接学生的出生月与日，以便于后面对学生星座的判断。

2. 判断学生的星座

接下来，通过星座划分规则和 PHP 提供的多分支语句 if…elseif…else，完成对学生星座的判断，具体实现代码如下。

```
1    //定义保存星座图片名称的变量
2    $lev = '';
3    if($date >=1.21 && $date <= 2.19){
4        $const = '水瓶座';
5        $lev = 1;
6    }elseif($date >=2.20 && $date <= 3.20){
7        $const = '双鱼座';
8        $lev = 2;
```

```
9      }elseif($date >=3.21 && $date <= 4.20){
10          $const = '白羊座';
11          $lev = 3;
12      }elseif($date >=4.21 && $date <= 5.21){
13          $const = '金牛座';
14          $lev = 4;
15      }elseif($date >=5.22 && $date <= 6.21){
16          $const = '双子座';
17          $lev = 5;
18      }elseif($date >=6.22 && $date <= 7.22){
19          $const = '巨蟹座';
20          $lev = 6;
21      }elseif($date >=7.23 && $date <= 8.23){
22          $const = '狮子座';
23          $lev = 7;
24      }elseif($date >=8.24 && $date <= 9.23){
25          $const = '处女座';
26          $lev = 8;
27      }elseif($date >=9.24 && $date <= 10.23){
28          $const = '天秤座';
29          $lev = 9;
30      }elseif($date >=10.24 && $date <= 11.22){
31          $const = '天蝎座';
32          $lev = 10;
33      }elseif($date >=11.23 && $date <= 12.21){
34          $const = '射手座';
35          $lev = 11;
36      }else{
37          $const = '魔羯座';
38          $lev = 12;
39      }
```

在上述代码中，使用逻辑运算符连接两个必须满足的判断条件，当条件满足时，使用变量$const保存星座的名称，使用$lev保存对应星座的图片名称。

3．展示学生的星座

在学生资料页面中，添加一项星座的内容，并将判断的结果展示到页面中，实现代码如下。

```
1      <!doctype html>
2      <html>
3        <head>
4          <meta charset="utf-8">
```

```
5      <title>判断学生星座</title>
6    </head>
7    <body>
8      <table>
9         ……
10          <tr><td>星座:</td><td><?php echo $const;?>
11          <imgsrc="./img/<?php echo $lev;?>.png"></td></tr>
12     </table>
13   </body>
14 </html>
```

4. 查看任务结果

通过浏览器访问"stu_const.php",任务的运行结果如图 2-10 所示。

图 2-10　判断学生星座

任务四　学生个性标签

任务说明

每个学生都有不同的个性。为了让老师更加清晰地了解每位学生,现在需要为每个学生定义个性标签。请利用 PHP 中的字符串保存学生的所有标签,再利用 PHP 中的字符串函数 explode() 对个性标签进行分割,最后逐个显示每个标签的描述词语。在完成任务时,需要注意以下两个方面。

● 定义的学生个性标签使用英文逗号进行分隔,如"勇敢,低调,直率"。

● 使用 div 显示学生的个性标签,且每个个性标签颜色随机显示。提示:可通过随机函数获取定义好的标签颜色名称。

知识引入

1. 初识数组

在 PHP 中，数组是存储一组数据的集合。数组中的数据称为数组元素，通过"键=>值"形式表示。其中，"键"是数组元素的识别名称，也被称为数组下标，"值"是数组元素的内容。"键"和"值"之间使用"=>"连接，数组各个元素之间使用逗号","分隔，最后一个元素后面的逗号可以省略。

PHP 中的数组根据下标的数据类型，可分为索引数组和关联数组。索引数组是下标为整型的数组，默认下标从 0 开始，也可以自己指定；而关联数组是下标为字符串的数组。

2. 数组的定义

在使用数组前，首先需要定义数组。PHP 中通常使用如下两种方式定义数组。

（1）使用赋值方式定义数组

使用赋值方式定义数组就是创建一个数组变量，然后使用赋值运算符直接给变量赋值，示例代码如下。

```
$arr[] = 'PHP';              //存储结果：$arr[0] = 'PHP'
$arr[] = 'Java';             //存储结果：$arr[1] = 'Java'
$arr[3] = 'C 语言';          //存储结果：$arr[3] = 'C 语言'
$arr[5] = 'C++';            //存储结果：$arr[5] = 'C++'
$arr['sub'] = 'iOS';         //存储结果：$arr['sub'] = 'iOS'
$arr[] = '网页平面';         //存储结果：$arr[6] = '网页平面'
```

从上述代码可以看出，当不指定数组的"键"时，默认"键"从"0"开始，依次递增；但当其前面有用户自己指定的索引时，PHP 会自动将前面最大的整数下标加 1，作为该元素的下标。

（2）使用 array() 函数定义数组

使用 array() 函数定义数组就是将数组的元素作为参数，各元素间使用逗号","分隔，示例代码如下。

```
$info = array('id'=>1,'name'=>'Tom');
$fruit = array(1=>'apple',3=>'pear');
$num = array(1,4,7,9);
$mix = array('tel'=>110,'help',3=>'msg');
```

至此已经讲解了 PHP 中常用的两种定义数组的方式。值得一提的是，在定义数组时，需要注意以下几点。

● 数组元素的下标只有整型和字符串两种类型，如果有其他类型，则会进行类型转换。
● 在 PHP 中，合法的整数值下标会被自动转换为整型下标。
● 若数组存在相同的下标，后面的元素值会覆盖前面的元素值。

3. 数组的使用

当数组定义完成后，如何获取或删除数组中的元素呢？接下来对 PHP 中数组的使用进行详细讲解。

（1）访问数组

由于数组中的元素是由键和值组成的，而键又是数组元素的唯一标识，因此可以使用数组元素的键来获取该元素的值，示例代码如下。

```
$info = array('id'=>1,'name'=>'Tom');
echo $info['name']; //输出结果：Tom
```

如果想要查看数组中的所有元素，使用以上方式会很烦琐。为此，可以使用 print_r()和 var_dump()函数输出数组中的所有元素，具体示例如下。

```
$info = array('id'=>1,'name'=>'Tom');
print_r($info);           //输出结果：Array( [id]=> 1 [name]=> Tom )
var_dump($info);          //输出结果：array(2){ ["id"]=> int(1) ["name"]=> string(3)"Tom" }
```

（2）删除数组

PHP 中提供的 unset()函数既可以删除数组中的某个元素，又可以删除整个数组，示例代码如下。

```
$fruit = array('apple','pear');
unset($fruit[0]);
print_r($fruit);          //输出结果：Array ( [1] => pear )
unset($fruit);
print_r($fruit);          //输出结果：Notice: Undefined variable: fruit...
```

在上述代码中，当$fruit 数组被删除后，再使用 print_r()函数对其输出时，从输出结果的 Notice 提示中可以看出，该数组已经不存在了。需要注意的是，删除元素后，数组不会自动填补空缺索引。

4. 遍历数组

在操作数组时，依次访问数组中每个元素的操作称为数组遍历。在 PHP 中，通常使用 foreach()语句遍历数组，示例代码如下。

```
$fruit = array('apple','pear');
foreach($fruit as $key => $value){
    echo $key.'---'.$value.' ';        //输出结果：0---apple 1---pear
}
```

从上述代码可以看出，foreach 语句后面的()中的第 1 个参数是待遍历的数组名字，$key 表示数组元素的键，$value 表示数组元素的值。当不需要获取数组的键时，也可以写成如下形式。

```
foreach($fruit as $value){
    echo $value.' ';                   //输出结果：apple pear
}
```

以上介绍了两种使用 foreach 语句遍历数组的形式，在使用时根据实际情况选择即可。

5. PHP 内置函数

（1）字符串函数

字符串函数是 PHP 的内置函数，用于操作字符串，在实际开发中有着非常重要的作用。

具体如表 2-11 所示。

表 2-11　常用字符串函数

函数名	功能描述	函数名	功能描述
strlen()	获取字符串的长度	explode()	使用一个字符串分割另一个字符串
strrpos()	获取指定字符串在目标字符串中最后一次出现的位置	implode()	用指定的连接符将数组拼接成一个字符串
str_replace()	用于字符串中的某些字符进行替换操作	trim()	去除字符串首尾处的空白字符（或指定成其他字符）
substr()	用于获取字符串中的子串	str_repeat()	重复一个字符串

表 2-11 中列举了 PHP 中的常用字符串函数。下面以 explode()函数为例讲解这些函数的使用，具体示例代码如下。

```
//① 输出结果：array(3){ [0]=> string(2) "ba" [1]=> string(1) "a" [2]=> string(1) "a" }
var_dump(explode('n','banana'));
//② 输出结果：array(2){ [0]=> string(2) "ba" [1]=> string(3) "ana" }
var_dump(explode('n','banana',2));
//③ 输出结果：array(1){ [0]=> string(2) "ba" }
var_dump(explode('n','banana',-2));
//④ 输出结果：array(1){ [0]=> string(6) "banana" }
var_dump(explode('n','banana',0));
//⑤ 输出结果：array(1){ [0]=> string(6) "itcast" }
var_dump(explode('p','itcast'));
//⑥ 输出结果：bool(false)
var_dump(explode('','itcast'));
```

在上述代码中，explode()函数的返回值类型是数组类型。该函数的第 1 个参数表示分隔符；第 2 个参数表示要分割的字符串；第 3 个参数是可选的，表示返回的数组中最多包含的元素个数，当其为负数 m 时，表示返回除了最后的 m 个元素外的所有元素，当其为 0 时，则把它当作 1 处理。

（2）数组函数

为了便于数组的操作，PHP 提供了许多内置的数组函数，如快速创建数组、数组排序以及数组的检索。常用数组排序函数如表 2-12 所示。

表 2-12　常用数组函数

函数名	功能描述	函数名	功能描述
count()	用于计算数组中元素的个数	array_merge()	用于合并一个或多个数组
range()	用于建立一个包含指定范围单元的数组	array_chunk()	可以将一个数组分割成多个

函数名	功能描述	函数名	功能描述
sort()	对数组排序	asort()	对数组进行排序并保持索引关系
rsort()	对数组逆向排序	arsort()	对数组进行逆向排序并保持索引关系
ksort()	对数组按照键名排序	shuffle()	打乱数组顺序
krsort()	对数组按照键名逆向排序	array_reverse()	返回一个单元顺序相反的数组
array_search()	在数组中搜索给定的值	array_rand ()	从数组中随机取出一个或多个单元
array_unique()	移除数组中重复的值	key()	从关联数组中取得键名
array_column()	返回数组中指定的一列	in_array()	检查数组中是否存在某个值
array_keys()	返回数组中的键名	array_values ()	返回数组中所有的值

接下来以 in_array()函数为例讲解数组函数的使用，示例代码如下。

```
$tel = array('110','120','119');
echo in_array('120',$tel) ? 'Got it!' : 'not found!';        //输出结果：Got it!
echo in_array(120,$tel,true) ? 'Got it!' : 'not found!';    //输出结果：not found!
```

从上述代码可以看出，当省略 in_array()函数的第 3 个参数时，只搜索$tel 数组中值为 120 的元素；当将第 3 个参数设为 true 时，表示不仅要搜索值为 120 的元素，还会检查数据类型是否相同。

PHP 中提供了许多数组函数，这里只讲解了其中常用的部分函数。读者可以查看 PHP 手册，根据自己所要实现的功能进行学习或者研究。

（3）数学函数

数学函数也是 PHP 提供的内置函数，极大地方便了开发人员处理程序中的数学运算。PHP 中常用的数学函数如表 2-13 所示。

表 2-13　PHP 中常用的数学函数

函数名	功能描述	函数名	功能描述
abs()	绝对值	min()	返回最小值
ceil()	向上取最接近的整数	pi()	返回圆周率的值
floor()	向下取最接近的整数	pow()	返回 x 的 y 次方
fmod()	返回除法的浮点数余数	sqrt()	平方根
is_nan()	判断是否为合法数值	round()	对浮点数进行四舍五入
max()	返回最大值	rand()	返回随机整数

为了让读者更好地理解数学函数的使用，具体示例如下。

```
echo ceil(5.2);          //输出结果：6
echo floor(7.8);         //输出结果：7
echo rand(1,20);         //随机输出 1 到 20 之间的整数
```

在上述示例中，ceil()函数是对浮点数 5.2 进行向上取整；floor()函数是对浮点数进行向下取整；rand()函数的参数表示随机数的范围，第 1 个参数表示最小值，第 2 个参数表示最大值。

任务实现

1. 定义学生个性标签

在"project2"文件夹下创建"stu_label.php"文件，并在该文件中利用字符串数据类型保存学生的个性标签。为了便于区分，在每个描述词语之间使用英文逗号分隔，具体实现代码如下。

```
1    <?php
2        //定义学生个性标签
3        $label = "勇敢,低调,直率,执着,善良,乐活族,手机控,90 后";
4    ?>
```

2. 处理学生个性标签

为了逐个展示学生个性的描述词语，接下来使用 PHP 提供的内置函数 explode()对学生个性标签字符串进行分隔，具体实现代码如下。

```
1    //分割学生个性标签
2    $labels = explode(',',$label);
```

上述第 2 行代码中，explode()函数根据逗号对字符串$label 进行分割，从而得到一个数组，数组中的每个元素就是学生个性的描述词语。

3. 展示学生个性标签

接下来，继续编辑"stu_label.php"文件，利用 foreach 遍历数组，输出学生的个性标签，具体实现代码如下。

```
1    <!--遍历学生个性标签并展示-->
2    <div>
3        <?php
4            foreach($labels as $v){
5                //使用数组定义标签的各种展示颜色
6                $class_name = array('blue','red','yellow','green');
7                $index = array_rand($class_name);
8                echo '<div class="'.$class_name[$index].'"> '.$v.'</div>';
9            }
10       ?>
11   </div>
```

上述第 6~8 行代码用于随机设置标签的样式。其中，第 6 行代码利用数组$class_name 保

存标签块在 HTML 中的 class 样式，该 class 需事先在 CSS 中设置；第 7 行代码利用 array_rand() 数组函数随机获取$class_name 的下标索引值；最后通过第 8 行代码，将获取的 class 值赋值给标签块的 class 属性。

4. 查看任务结果

通过浏览器访问"stu_label.php"，任务的运行结果如图 2-11 所示。

图 2-11　展示学生个性标签

从图 2-11 可以看出，学生的个性标签已分别成功展示，且每个标签块的颜色各不相同。由于标签颜色是随机获取的，读者可尝试多次刷新页面，每次标签块的颜色都不相同。

任务五　展示学生列表

任务说明

在管理学生信息时，为了便于管理，通常将每个班级学生的基本信息录入一个表格中。下面请利用数组保存"0427 PHP 就业班"中所有学生的信息，并使用 PHP 提供的循环语句进行展示。在实现任务时，需要注意以下两个方面。

● 使用二维数组保存一个班级中的学生信息，包括学生姓名、出生日期、学科和学号。

● PHP 提供的循环语句有 while、do...while、for，任选其一即可。

知识引入

1. 多维数组

所谓多维数组，就是指一个数组的元素又是一个数组，其定义方式如下列代码所示。

```
$arr = array(
    'subjects' => array('PHP','C','Java'),
    array('one','two','three','four')
```

```
);
echo '<pre>';
print_r($arr);
echo '</pre>';
```

上述代码中定义了一个二维数组$arr，然后通过<pre>标签和 print_r()函数按照一定的格式打印输出定义的多维数组，结果如图 2-12 所示。

从图 2-12 可以清晰地看出，这是一个数组嵌套另一个数组的多维数组结构。根据嵌套的个数，称没有嵌套的数组为一维数组，嵌套一层的数组为二维数组。

在使用时需要注意，虽然 PHP 没有限制数组的维数，但是在实际的开发应用中，为了便于代码阅读、调试和维护，应尽量使用三维及以下的数组存储数据。

2. 循环结构语句

（1）while 循环语句

所谓循环语句，就是可以重复执行一段代码的语句。while 循环语句是根据循环条件来判断是否重复执行这一段代码的，具体示例如下。

```
//初始化变量
$i = 0;
while($i<4){
    echo $i.' ';
    ++$i;
}
```

在上述代码中，"{}"中的语句称为循环体；"$i<4"为循环条件，当循环条件为 true 时，执行循环体，当循环条件为 false 时，结束整个循环。因此，上述代码最后得到的结果为"0 1 2 3"。为了让大家直观地理解 while 的执行流程，下面通过图 2-13 进行演示。

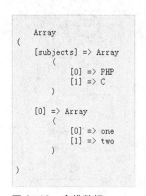

图 2-12　多维数组

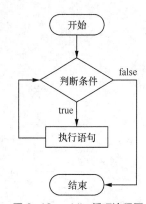

图 2-13　while 循环流程图

从图 2-13 可知，while 循环开始时，首先判断循环条件，当其为 false 时，循环结束；当其为 true 时，执行循环体内的语句。需要注意的是，若循环条件永远为 true，则会出现死循环，因此在开发中应根据实际需要，在循环体中设置循环出口，即循环结束的条件。

（2）do...while 循环语句

do...while 循环语句的功能与 while 循环语句类似，唯一的区别在于循环条件为 false 的情况下，while 语句会结束循环，而 do...while 语句依然会再执行一次，具体示例如下。

```
//初始化变量
$i = 0;
do{
    ++$i;
}while($i == 4);
echo $i;            //执行结果为：$i=1
```

在上述代码中，首先执行 do 后面 "{}" 中的循环体，然后判断 while 后面的循环条件，当循环条件为 true 时，继续执行循环体，否则，结束本次循环。do...while 循环语句的执行流程如图 2-14 所示。

（3）for 循环语句

for 循环语句是最常用的循环语句。它与 while 循环语句的最大区别在于，for 循环语句适用于循环次数已知的情况，而 while 循环更适合循环次数不定的情况，具体示例如下。

```
//初始化求和变量
$sum = 0;
for($i=0;$i<=10;++$i){
    $sum += $i;
}
echo $sum;
```

上述代码中，首先初始化变量$i，将其设为 0；然后判断$i 是否小于等于 10，若判断结果为 true，则将$i 与$sum 进行累加；接着将$i 加 1，再次判断$i 是否小于等于 10，重复以上动作，直到$i 等于 11，判断结果为 false，结束循环，最后得到的结果为 55。

为了让大家更加直观地理解 for 循环的执行流程，通过图 2-15 进行演示。

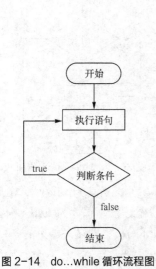

图 2-14 do...while 循环流程图

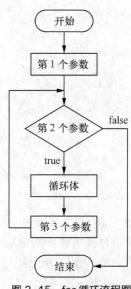

图 2-15 for 循环流程图

从图 2-15 可以看出，for 循环开始，首先执行第 1 个参数，用于完成初始化操作，接着执行第 2 个参数，判断循环条件，若为 true，则执行循环体中的语句后，接着执行第 3 个参数，用于改变第 1 个参数的值，然后执行第 2 个参数，重复以上动作，直到循环条件判断为 false，结束整个循环。

3. 跳转语句

跳转语句用于实现循环执行过程中程序流程的跳转。PHP 中常用的跳转语句有 break 语句和 continue 语句。它们的区别在于 break 语句是终止当前循环，跳出循环体；而 continue 语句是结束本次循环的执行，开始下一轮循环的执行操作。具体示例如下。

```
$sum = 0;                    //用于保存 1~100 的奇数和
for($i = 1; $i<= 100; ++$i){
    if($i % 2 == 0){         //若为偶数，则不累加
        continue;            //结束本次循环
    }
    $sum += $i;              //累加奇数
}
echo '$sum = '.$sum;
```

上述示例中，使用 for 循环 1~100 的数，当为偶数时，使用 continue 结束本次循环，$i 不进行累加；当为奇数时，对 $i 的值进行累加，最终输出的结果为 2500。若将示例中的 continue 修改为 break，则当 $i 递增到 2 时，该循环终止执行，最终输出的结果为 1。

break 语句除了上述作用外，还可以指定跳出几重循环。语法格式如下。

```
break n;
```

在上述语法中，参数 n 表示要跳出的循环数量。在多层循环嵌套中，可使用其跳出多层循环。

任务实现

1. 使用数组保存学生信息

首先，在"project2"文件夹下创建"stu_list.php"文件，在此文件中使用二维数组保存一个班级中的学生信息，包括学生姓名、出生日期、所属学科和学号。由于篇幅有限，这里仅列举 4 条数据，用于完成数据的展示。读者可在实现时多添加几条数据进行测试。具体实现代码如下。

```
1    <?php
2    //定义数组保存学生信息
3    $info = array(
4        array('name'=>'王六','birth'=>'1996-08-07','subject'=>'PHP','snum'=>'0150427001'),
5        array('name'=>'张三','birth'=>'1995-12-23','subject'=>'PHP','snum'=>'0150427002'),
6        array('name'=>'赵二','birth'=>'1996-01-09','subject'=>'PHP','snum'=>'0150427003'),
7        array('name'=>'孙四','birth'=>'1995-05-04','subject'=>'PHP','snum'=>'0150427004')
8    );
9    ?>
```

在上述代码中，$info 数组是一个索引数组，而数组中的每个元素又是一个关联数组。在以后的学习中，使用 PHP 在数据库中查询出的数据通常就是以这样的格式保存的。使用关联数组保存每个学生的信息，有利于阅读和理解每条数据的意义。

2. 使用 for 循环展示学生信息

接下来，继续编辑"stu_list.php"文件，使用 for 循环遍历班级中每个学生信息，并将学生信息有条理地展示到表格中。具体实现代码如下。

```
1    <div>&gt;&gt;学生管理&gt;&gt;0427PHP 就业班&gt;&gt;学生列表</div>
2    <table>
3      <tr><th>学号</th><th>姓名</th><th>出生日期</th><th>详情</th></tr>
4      <?php for($i=0,$len=count($info);$i<$len;++$i){ ?>
5      <tr>
6        <td><?php echo $info[$i]['snum']; ?></td>
7        <td><?php echo $info[$i]['name']; ?></td>
8        <td><?php echo $info[$i]['birth']; ?></td>
9        <td><a href="#">点击查看详情</a></td>
10     </tr>
11     <?php } ?>
12   </table>
```

在上述第 4 行代码中，count()函数用于统计数组中元素的个数，它的第 1 个参数表示待统计数组名称，第 2 个参数用于表示是否深入统计多维数组，默认时不深入统计多维数组的个数，当设置为 true 时，将递归计算多维数组中的元素个数。

3. 查看任务结果

通过浏览器访问"stu_list.php"，任务的运行结果如图 2-16 所示。

图 2-16　展示学生列表

任务六　分页列表展示

任务说明

由于每个班级的学生通常有数十到上百人，这么多的学生一次性展示，不仅展示样式不美观，而且不方便用户查找、查看。请在上一个任务的基础上，封装分页函数，完成学生信息的分页展示。具体要求如下。

● 每页要求展示 4 条数据，且分页样式为 "【首页】【上一页】【下一页】【尾页】"。
● 封装分页函数，根据传递的当前页与总页数参数，返回拼接后的分页链接。
● 对于获取的当前页进行合法判断，例如，当前页是否小于 1 或大于总页数，当前页是否为非数字字符等。

知识引入

1. 自定义函数

在程序开发中，通常将某段实现特定功能的代码定义成一个函数。开发人员可以根据实际功能编写一个自定义函数，以避免重复书写代码。在 PHP 中，自定义函数的语法格式如下。

```
function 函数名([参数 1,参数 2,……]){
    函数体
}
```

从上述语法可知，自定义函数由关键字 function、函数名、参数、函数体 4 部分组成。在使用时需要注意以下几点。

● function 是声明函数时必须使用的关键字；
● 函数名的命名规则与标识符相同，且函数名是唯一的；
● 参数是外界传递给函数的值，它是可选的，当有多个参数时，各参数间使用英文逗号 "," 分隔；
● 函数体是专门用于实现特定功能的代码。

在定义完函数后，必须通过调用才能使函数在程序中发挥作用。函数的调用非常简单，只需引用函数名，并传入相应的参数即可。具体语法如下。

```
函数名([参数 1,参数 2,……])
```

在上述语法中，"[参数 1,参数 2,……]" 是可选的，用于表示参数列表，其值可以是一个或多个。

在调用函数后，若想要得到一个处理结果，即函数的返回值，则需要使用 return 关键字将函数的返回值传递给调用者，具体示例如下。

```
//定义 sum()函数，用于求两个数的和
function sum($a,$b){
    $result = $a + $b;
    return $result;          //返回处理结果
}
echo sum(23,45);             //输出调用函数后的结果
```

上述示例中定义了一个含有 2 个参数的函数 sum()，用于求 2 个数的和，并使用 return 关键字将处理的结果返回。当调用函数 sum(23,45)时，程序会直接输出 68。

2. 包含语句

PHP 中的文件包含语句不仅可以提高代码的重用性，还可以提高代码的维护和更新的效率。通常使用 include、require、include_once 和 require_once 语句实现文件的包含。下面以 include 语句为例讲解其语法格式，其他包含语句语法类似，具体语法格式如下。

```
//第一种写法
include "完整路径文件名"
//第二种写法
include("完整路径文件名")
```

在上述语法格式中，"完整路径文件名"指的是被包含文件所在的绝对路径或相对路径。所谓绝对路径，就是从盘符开始的路径，如 "C:/web/test.php"。所谓相对路径，就是从当前路径开始的路径。假设被包含文件 "test.php" 所在的当前路径是 "C:/web"，则其相对路径就是 "./test.php"。其中，"./" 表示当前目录，"../" 表示当前目录的上级目录。

另外，require 语句虽然与 include 语句功能类似，但也有不同的地方。在包含文件时，如果没有找到文件，include 语句会发出警告信息，程序继续运行；而 require 语句会发生致命错误，程序停止运行。

值得一提的是，对于 include_once、require_once 语句来说，与 include、require 的作用几乎相同；不同的是，带 once 的语句会先检查要导入的文件是否已经在该程序中的其他地方被调用过，如果有的话，就不会重复导入该文件，避免了同一文件被重复包含。

3. 替代语法

流程替代语法是 PHP 程序设计中不常见到，有时却又很重要的一个概念。其基本形式就是把 if、while、for、foreach 和 switch 这些语句的左花括号（{）换成冒号（:），把右花括号（}）分别换成 "endif;" "endwhile;" "endfor;" "endforeach;" 和 "endswitch;"，接下来进行代码演示。

```php
//定义一个学生信息数组
$info = array(
    array('name'=>'Tom','age'=>12),
    array('name'=>'King','age'=>11),
    array('name'=>'Davis','age'=>15)
);
```

假设想要将上述$info 数组中年龄大于 11 岁的学生信息取出来，并将其显示在表格中，使用流程替代语法实现如下。

```php
<table>
  <tr><td>姓名</td><td>年龄</td></tr>
  <?php foreach($info as $k):
      if($k['age'] >11): ?>
        <tr><td><?php echo $k['name'];?></td><td><?php echo $k['age'];?></td></tr>
```

```
        <?php endif;
    endforeach; ?>
</table>
```

从上述代码可以清晰地看出 foreach 和 if 语句开始和结束的位置，避免了大量的 HTML 代码和 PHP 代码混合编译时，分不清流程语句开始和结束的位置，增强了程序的可读性。

4. GET 传参

在使用 PHP 函数时，一个函数可以接收多个参数。同理，PHP 脚本文件也可以接收参数，其传递参数的方式是通过 URL 地址实现的，如下所示。

```
http://www.php.test/itcast.php?name=Tom&age=12
```

在上述 URL 中，文件名"itcast.php"后面从"?"开始的部分就是传递的 GET 参数，其中 name 和 age 是参数的名称，Tom 和 12 是相应的参数值，多个参数之间使用"&"进行分隔。

（1）获取 GET 参数

当 GET 参数传递后，在 PHP 中可以通过 $_GET 预定义超全局变量来获取数据。所谓预定义，是指 PHP 已经预先定义好的。超全局是指在 PHP 脚本的任何位置都可以使用。

接下来，在"itcast.php"文件中输出 $_GET，即可获取 URL 地址中传递的参数，具体如下。

```
//① 输出结果：array(2) { ["name"]=> string(3) "Tom" ["age"]=> string(2) "12" }
var_dump($_GET);
//② 输出结果：string(3) "Tom"
var_dump($_GET['name']);
//③ 输出结果：string(2) "12"
var_dump($_GET['age']);
```

从上述代码中可以看出，$_GET 的使用和普通数组没有区别，但需要注意的是，如果用户在访问时没有传递参数，则 $_GET 中就没有相应的数组元素。因此在取出数组元素之前，应先判断数组中是否有这个元素，如以下代码所示。

```
//获取 $_GET 中的 name 参数，没有传参时默认为空字符串
$name = isset($_GET['name']) ? $_GET['name'] : '';
```

在上述代码中，isset() 用于判断变量或数组元素是否存在，存在时返回 true，不存在时返回 false。然后通过三元运算符，实现了存在 name 参数时取出 name 参数，不存在时当作空字符串处理。

（2）构造 GET 参数

在通过 URL 地址传递参数时，特殊字符在 URL 中直接书写可能会出现问题。例如，"&"符号已经被作为参数分隔符，如果参数值中也出现该符号，就会被误识别为分隔符。因此，当通过 PHP 输出一段带有 GET 参数的 URL 地址时，最好使用 urlencode() 函数对 GET 参数进行编码，示例代码如下。

```
$name = 'A&B C';
$name = urlencode($name);    //URL 编码
echo "http://www.php.test/itcast.php?name=$name";
```

上述代码的输出结果为：

```
http://www.php.test/itcast.php?name=A%26B+C
```

在经过编码后，"&"被编码为"%26"，空格被编码为"+"，由此解决了特殊字符的问题。值得一提的是，在通过$_GET 接收参数时，获得的数据已经是 URL 解码后的结果，无须手动进行 URL 解码。

任务实现

1. 获取当前页和总页数

根据本任务的需求，在上一个任务的基础上，利用 PHP 提供的 count()函数和$_GET 获取当前班级中所有学生的总数和当前页数，从而通过计算获取总页数。继续编辑 "stu_list.php" 文件，在保存学生信息的下方添加以下代码。

```
1    //总记录数
2    $total_num = count($info);
3    //每页显示的条数
4    $perpage = 4;
5    //获取当前页
6    $page = isset($_GET['page']) ? (int)$_GET['page'] : 1;
7    //获取总页数
8    $total_page = ceil($total_num/$perpage);
```

上述第 6 行代码中，利用 isset()函数判断$_GET 获取当前的页码数是否存在，若不存在，默认将当前页设置为 1，若存在，则将获取的数据进行强制类型转换，防止用户传递非法字符，如英文字符 abd 等。

2. 对当前页进行合理判断

GET 方式传递的参数，用户可以随意输入，存在安全隐患，如将当前页码设置为负数。因此，在获取到当前页码后，需要对其进行合理的判断，具体代码如下。

```
1    //① 判断当前页是否小于 1
2    $page = max($page,1);
3    //② 判断当前页码数是否大于总页数
4    $page = min($page,$total_page);
```

上述第 2 行代码中，利用 max()函数比较当前页码与 1 的大小，防止用户输入小于 1 等不合法的数值。第 4 行代码用于当前页码和总页数进行比较，若当前页码大于总页数，则将当前页码设置为总页数。

3. 封装分页函数

接下来，使用当前页码和总页数即可完成拼接分页链接的功能，但是在程序开发过程中，同一功能经常会被重复使用，因此需要重复书写相同的代码。为了解决这个问题，使用 PHP 提供的自定义函数功能，创建"page.php"文件，封装分页函数，完成分页链接的拼接，具体代码如下。

```php
1   <?php
2   /**
3    * 分页链接生成函数
4    * @param int $page 当前访问的页码
5    * @param int $total_page 总页数
6    * @return string 拼接好的 url 地址
7    */
8   function showPage($page,$total_page){
9       //拼接"首页"链接
10      $html = '<a href="?page=1">【首页】</a>';
11      //拼接"上一页"链接
12      $pre_page = $page-1 <= 0 ? $page : ($page-1);
13      $html .= '<a href="?page='.$pre_page.'">【上一页】</a>';
14      //拼接"下一页"链接
15      $next_page = $page+1 > $total_page ? $page : ($page+1);
16      $html .= '<a href="?page='.$next_page.'">【下一页】</a>';
17      //拼接"尾页"链接
18      $html .= '<a href="?page='.$total_page.'">【尾页】</a>';
19      //返回拼接后的分页链接
20      return $html;
21  }
22  ?>
```

从上述代码可知，"首页"和"尾页"链接传递的参数是固定的，分别为 1 和总页数。而在拼接"上一页"和"下一页"的链接时，则需要进行合理性判断，防止当前页在减 1 或加 1 后出现不合理现象（如小于等于 0 或大于总页数）。最后，利用 return 关键字返回该函数的执行结果。

4. 分页展示学生列表

（1）计算每页学生数组的始末索引值

为实现学生列表的分页展示，在使用 for 循环遍历学生信息数组时，需要按照要求计算每页第 1 个学生和最后 1 个学生的数组索引值。

接下来，继续编辑"stu_list.php"文件，在任务实现"步骤二"的代码下方添加以下代码，完成归纳每页学生数组的始末索引值的规律计算。具体代码如下。

```php
1   //对当前页码进行合理判断
2   ......
3   //获取遍历学生数组时，每页开始的数组坐标值
4   $start_index = $perpage * ($page-1);
```

```
5     //获取遍历学生数组时，每页最大的数组坐标值
6     $end_index = $perpage * $page-1;
7     //防止计算结果超过最大记录数
8     $end_index = min($end_index,$total_num-1);
```

由于学生信息数组的初始索引为 0，而任务要求每页显示 4 条学生信息，因此可得到第 1 页第 1 个学生的索引值为 0，第 2 页第 1 个学生的索引值为 4，以此类推，即可得到第 4 行代码的计算规律。同理，可得到每页最后 1 个学生的数组索引值规律，如第 6 行代码所示。

但需要注意的是，最后 1 页的学生条数可能小于规定的 4 条，因此需要与学生总数进行比较，处理方式如第 8 行代码所示。

（2）分页展示学生列表

首先，在学生列表"stu_list.php"文件中，载入分页函数文件"page.php"，用于完成分页函数的调用，获取分页链接，具体代码如下。

```
1     include './page.php';
2     //定义数组保存学生信息
3     ……
4     <!--分页显示学生列表-->
5     <table>
6        <tr><th>学号</th><th>姓名</th><th>出生日期</th><th>详情</th></tr>
7        <?php for($i=$start_index;$i<=$end_index;++$i): ?>
8        <tr>
9           <td><?php echo $info[$i]['snum']; ?></td>
10          <td><?php echo $info[$i]['name']; ?></td>
11          <td><?php echo $info[$i]['birth']; ?></td>
12          <td><a href="#">点击查看详情</a></td>
13       </tr>
14       <?php endfor;?>
15    </table>
16    <div><?php echo showPage($page,$total_page);?></div>
```

在上述第 7 行代码中，修改 for 循环的初始值和判断条件，实现数组的分页展示，并利用 for 循环的替代语法，将"{"替换成":"，将"}"替换成"endfor;"，增强了程序的可读性。最后，在第 16 行代码中，调用分页函数，输出拼接后的分页链接。

5.查看任务结果

通过浏览器访问"stu_list.php"，任务的运行结果如图 2-17 所示。

在图 2-17 中，当用户在 URL 地址中为当前页传递负数或零时，页面就会跳转到当前页；当为当前页传递大于总页数的数值时，页面就会跳转到最后一页；若当前页在"首页"或"尾页"时，单击【上一页】或【下一页】按钮，页面会依然在"首页"或"尾页"，这时证明分页展示学生列表成功。

图 2-17　分页列表展示

动手实践

学习完前面的内容，下面来动手实践一下吧：

有一只猴子摘了一堆桃子，当即吃了一半，可是桃子太好吃了，它又多吃了一个；第二天，它把第一天剩下的桃子吃了一半，又多吃了一个；就这样到第 n 天早上，它只剩下一个桃子了。使用递归函数的方式计算猴子摘的桃子数量。

扫描右方二维码，查看动手实践步骤！

PART 3

项目三
网站用户中心

● 熟悉 HTML 表单，学会使用 PHP 接收表单数据
● 掌握图像的操作方法，熟练运用 PHP 处理图像
● 掌握文件与目录操作，学会 PHP 处理文件和目录的函数
● 掌握 Cookie 技术，学会运用 Cookie 记录浏览历史
● 掌握 Session 技术，学会运用 Session 保存用户会话

项目描述

在互联网中，许多网站都为用户提供了个人中心功能。用户可以在个人中心里编辑个人资料、上传头像、管理相册、查看浏览历史等。这些功能可以给用户带来参与感、归属感，增强用户的黏性。

本项目将开发一个网站用户中心，通过在项目中开发"用户资料编辑""头像上传""相册管理"等功能，讲解 PHP 表单处理、文件上传、制作缩略图、文件和目录操作等技术；通过开发"记录浏览历史""用户登录退出"等功能，讲解 Cookie、Session 会话等技术。

任务一 用户资料编辑

任务说明

在网页中创建表单，用于填写用户的个人资料。在表单中，用户可以填写昵称、性别、血型、爱好和个人简介。当表单提交后，使用 PHP 接收表单数据，保存到服务器中。当用户查看个人资料时，再将数据从服务器中取出，显示到网页中。本任务的具体要求如下。

● 创建用于填写用户信息的表单，表单填写后将提交给 PHP 程序。
● PHP 接收表单后，对用户填写的数据进行验证，防止用户提交非法值。
● 将验证后的结果保存到服务器中，下次打开页面时自动显示已有的信息。

知识引入

1. HTTP 协议

HTTP（HyperText Transfer Protocol，超文本传输协议）是一种基于请求与响应式的协议，即浏览器发送请求，服务器做出响应。例如，当用户通过浏览器访问"http://www.php.test"

地址时，用户的浏览器与域名为 www.php.test 的服务器之间遵循 HTTP 协议进行通信。

在使用 HTTP 协议通信时，每当浏览器向服务器发送请求，都会发送请求消息；而服务器收到请求后，会返回响应消息给浏览器。对于普通用户而言，请求消息和响应消息都是不可见的；但对于 Web 开发者而言，目前主流的浏览器提供了开发者工具，通过这类工具可以查看 HTTP 消息。以火狐浏览器为例，在浏览器窗口中按"F12"键可以启动开发者工具，然后切换到【网络】→【消息头】，如图 3-1 所示。

图 3-1　查看 HTTP 消息

从图 3-1 中可以看出，浏览器的开发者工具显示了"请求网址""请求方法"和"状态码"，以及"响应头"和"请求头"等信息。其中，"请求头"是发送本次请求时的浏览器的信息，"响应头"是该服务器返回的信息。

2. HTTP 请求方式

HTTP 协议规定了浏览器发送请求的方式，其中最常用的是 GET 和 POST 方式。接下来针对这两种请求方式进行详细讲解。

（1）GET 方式

当用户在浏览器地址栏直接输入某个 URL 地址，或者在网页上单击某个超链接进行访问时，浏览器将使用 GET 方式发送请求。对于普通用户而言，使用 GET 方式提交的数据是可见的，因为数据就在 URL 地址的参数中，如下面的 URL 地址所示。

http://www.php.test/test.php?name=tom&age=20

在上述 URL 地址中，"?"后面的内容就是参数信息。参数是由"参数名"和"参数值"两部分组成的。例如，"name=tom"的参数名为"name"，参数值为 tom。多个参数之间使用"&"分隔。

（2）POST 方式

POST 方式主要用于向 Web 服务器提交表单数据，尤其是大批量的数据。下面的代码用于指定该表单以 POST 方式进行提交。

```
<form method="post">
    ……
</form>
```

从上述代码可以看出，<form>标签的 method 属性用于指定表单提交时使用哪种请求方式。当省略 method 属性时，表单默认使用 GET 方式提交。

在实际开发中，通常都会使用 POST 方式提交表单，其原因主要有两个，具体如下。

（1）POST 方式通过实体内容传递数据，传输数据大小理论上没有限制（但服务器端会进行限制）。而 GET 方式通过 URL 参数传递数据，受限于 URL 的长度，通常不超过 1KB。

（2）POST 比 GET 请求方式更安全。GET 方式的参数信息会在 URL 中明文显示，而 POST 方式传递的参数隐藏在实体内容中，因此 POST 比 GET 请求方式更安全。

3. 表单的组成

Web 表单是通过<form>标签来创建的。例如，下面的代码是一个简单的表单。

```
<form method="post" action="register.php">
    <input type="text" name="name" />
    <input type="password" name="pass" />
    <input type="submit" value="提交" />
</form>
```

在上述代码中，<form>标签的 method 属性表示请求方式，如 get 和 post；action 属性表示请求的目标地址，可以用相对路径（register.php）或完整 URL 地址（http://.../ register.php）。如果省略 action 属性，表单则提交给当前页面。<form>标记中的<input type="submit">是一个提交按钮，当单击按钮时，表单中具有 name 属性的元素会被提交，提交数据的参数名为 name 属性的值，参数值为 value 属性的值。

在表单中，可以添加文本框、单选按钮、下拉菜单和复选框等表单控件，用于满足各种填写需求。下面列举这几种表单控件的使用。

（1）单选按钮的使用，示例代码如下。

```
<input type="radio" name="gender" value="男" />
<input type="radio" name="gender" value="女" />
```

对于一组单选按钮，它们应该具有相同的 name 属性和不同的 value 属性。以上述代码为例，当表单提交时，如果选中了单选按钮中的"男"一项，则提交的数据为"gender=男"；如果两个单选按钮都没有被选中，则不会提交 gender 数据。

（2）下拉菜单的使用，示例代码如下。

```
<select name="city">
    <option value="北京">北京</option><option value="上海">上海</option>
    <option value="广州">广州</option><option value="其他">其他</option>
</select>
```

下拉菜单提供了有限的选项，用户只能选择下拉菜单中的某一项。以上述代码为例，如果用户选择"北京"并提交表单，则提交的数据为"city=北京"。

（3）复选框的使用，示例代码如下。

```
<input type="checkbox" name="skill[]" value="HTML" />
<input type="checkbox" name="skill[]" value="JavaScript" />
<input type="checkbox" name="skill[]" value="PHP" />
<input type="checkbox" name="skill[]" value="C++" />
```

一组复选框可以提交多个值，因此复选框的 name 属性使用"skill[]"数组形式。以上述代码为例，当用户勾选"HTML"和"PHP"时，提交的 skill 数组有两个元素：HTML 和 PHP。当用户没有勾选任何复选框时，表单将不会提交 skill 数据。

4. 获取表单数据

当 PHP 收到来自浏览器提交的表单后，表单中的数据会保存到预定义的超全局变量数组中。其中，通过 GET 方式发送的数据会保存到$_GET 数组中，通过 POST 发送的数据会保存到$_POST 数组中。

超全局变量数组$_GET 和$_POST 的使用和普通数组完全相同。接下来以$_POST 为例，讲解 PHP 如何获取来自 POST 方式发送的数据。

（1）查看所有来自表单提交的数据时，可以使用 var_dump()函数打印数组，示例代码如下。

```
var_dump($_POST);
```

（2）通过 empty()函数可以判断是否有表单通过 POST 方式提交，示例代码如下。

```
//判断 $_POST 是否为空数组
if(empty($_POST)){
    //是空数组，说明没有表单提交
}else{
    //数组非空，说明有表单提交
}
```

（3）当获取"name"字段的值时，直接访问数组的成员即可，示例代码如下。

```
echo $_POST['name'];
```

（4）当判断接收的数据中是否存在"name"时，可以用 isset()函数判断，示例代码如下。

```
if(!isset($_POST['name'])){
    //没有收到 name
}
```

上述代码用 isset()函数判断数组元素是否存在，存在时返回 true，不存在时返回 false。由于使用了取反"!"，只有元素不存在时会进入 if 中执行。

（5）当判断表单中的"name"字段是否填写时，可以用如下代码。

```
if(empty($_POST['name'])){
```

```
    //没有收到 name，或 name 的值为空
}
```

上述代码用 empty() 函数判断数组元素是否为空，为空时返回 true，元素不存在时也返回 true。

5. 超全局变量

在 PHP 脚本运行时，PHP 会自动将一些数据放在超全局变量中。超全局变量是 PHP 预定义好的变量，可以在 PHP 脚本的任何位置使用。PHP 常用的超全局变量如表 3-1 所示。

表 3-1　常用超全局变量

变　量　名	功　能　描　述
$_GET	获取由 HTTP GET 方式提交至 PHP 脚本的变量
$_POST	获取由 HTTP POST 方式提交至 PHP 脚本的变量
$_FILES	获取由 HTTP POST 文件上传方式提交至 PHP 脚本的变量
$_SERVER	获取当前服务器的信息及 HTTP 的请求信息
$_COOKIE	获取由 HTTP 提交至 PHP 脚本的 Cookie 信息
$_SESSION	获取或设置用户的会话信息
$_REQUEST	获取由 GET、POST 和 COOKIE 方式提交至 PHP 脚本的变量

表 3-1 列举的超全局变量在 Web 开发中经常使用。读者在此只需简单了解即可，在后面的任务中会逐渐用到。

6. HTML 特殊字符转义

在 PHP 代码嵌入 HTML 中输出数据时，应注意 HTML 特殊字符的问题。例如，当用户输入的数据是一个 HTML 标签时，如果将数据直接显示到网页中，该标签就会被浏览器直接解析。

通常情况下，网站不允许用户随意输入 HTML 代码，以防止原有的网页模板被破坏，造成网页无法正常显示。为了解决这个问题，PHP 提供了 htmlspecialchars() 函数。该函数可以将字符串中的 HTML 特殊字符转换为 HTML 实体字符，防止被浏览器直接解析。例如，"<"会被转换为"<"，">"会被转换为">"，示例代码如下。

```
echo htmlspecialchars('<测试>');          //输出结果："&lt;测试&gt;"
echo htmlspecialchars('<b>测试</b>');     //输出结果："&lt;b&gt;测试&lt;/b&gt;gt;"
```

因此，当程序接收到用户输入的数据后，如果考虑该数据会在网页中显示，应通过 htmlspecialchars() 函数进行转义。

在将数据显示到网页中时，还有一个应注意的问题，就是换行符的处理。当通过<textarea>输入可以换行的文本时，其换行符使用的是"\n"（表示换行的转义字符），而不是 HTML 中的
换行标签。因此当通过<div>元素显示来自<textarea>中的文本时，换行效果无法正常显示。为了解决这个问题，可以使用 PHP 自带的 nl2br() 函数，示例代码如下。

```
//定义一个带有换行符的字符串
$str = "Welcome to \n itcast";
```

```
//通过 nl2br()函数转换换行符后再进行输出
echo nl2br($str); //输出结果：Welcome to <br /> itcast
```

从上述代码可以看出，nl2br()函数成功将 "\n" 换行符转换为 HTML 中的
换行标签。

任务实现

1. 定义表单中的数据

表单中需要展现的用户信息有昵称、性别、血型、爱好和个人简介，其中血型和爱好的可选值是由系统预先定义好的，因此首先创建 "userinfo.php"，在程序中定义基本的变量信息。具体代码如下。

```
1    <?php
2    //定义 "血型" 的可选值
3    $blood = array('未知','A','B','O','AB','其他');
4    //定义 "爱好" 的可选值
5    $hobby = array('跑步','游泳','唱歌','登山','旅游','看电影','读书');
6    //载入表单
7    require 'userinfo.html';
```

在上述代码中，第 3 行设定血型的可选值，第 5 行设定爱好的可选值，第 7 行通过 require语句载入了用于填写用户信息的表单页面，该页面将会在下一步中实现。

2. 编写用户信息表单

在 "userinfo.php" 文件所在的目录下创建 "userinfo.html" 页面文件，在页面中创建一个表单，用于填写用户信息，其关键代码如下。

```
1    <form method="post">
2    姓名：<input name="name" type="text" />
3    性别：<input type="radio" name="gender" value="男" />男
4          <input type="radio" name="gender" value="女" />女
5    血型：<select name="blood">
6          <?php foreach($blood as $v): ?>
7             <option value="<?php echo $v; ?>"><?php echo $v; ?></option>
8          <?php endforeach;?>
9          </select>
10   爱好：  <?php foreach($hobby as $v): ?>
11             <input type="checkbox" name="hobby[]" value="<?php echo $v; ?>" />
12             <?php echo $v; ?>
13          <?php endforeach;?>
14   个人简介：<textarea name="description"></textarea>
15             <input type="reset" value="重置" />
16             <input type="submit" value="保存" />
17   </form>
```

上述代码通过<form>标签创建了一个 Web 表单，并通过 method 属性指定表单的提交方式为 post。在表单中，通过表单控件来接收用户填写的数据，并通过控件的 name 属性设置表单提交的字段。

接下来，在浏览器中访问 "userinfo.php"，并在页面中填写用户信息，运行效果如图 3-2 所示。

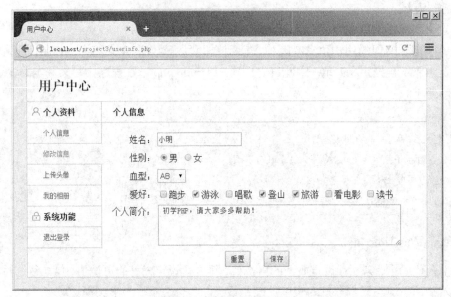

图 3-2　用户信息编辑页面

3. PHP 接收表单数据

继续编辑 "userinfo.php" 文件，完成表单数据的接收，具体实现代码如下。

```
1    //先判断是否有表单提交
2    if(!empty($_POST)){
3        //有表单提交时，接收表单数据并输出
4        echo '姓名：'.$_POST['name'];
5        echo '性别：'.$_POST['gender'];
6        echo '血型：'.$_POST['blood'];
7        echo '爱好：'.implode('、',$_POST['hobby']);
8        echo '个人简介：'.$_POST['description'];
9    }
10   //没有表单提交时继续执行原有程序
11   //……
```

从上述代码可以看出，第 2 行使用 empty()函数判断了是否有数据提交，如果$_POST 数组中有数据，则使用 echo 输出提交的内容。接下来在浏览器中访问，运行效果如图 3-3 所示。

4. 表单数据的验证处理

在实际开发中，虽然可以直接使用$_POST 数组接收外部数据，但是考虑到程序的严谨性，应对用户输入的数据进行验证，防止用户提交非法的数据。

图 3-3　PHP 获取表单数据

接下来，继续编写"userinfo.php"文件，完成数据的接收与验证处理，具体代码如下。

```
1    //定义需要接收的字段
2    $fields = array('name','description','gender','blood','hobby');
3    //通过循环自动接收数据并进行处理
4    $user_data = array();    //用于保存处理结果
5    foreach($fields as $v){
6        $user_data[$v] = isset($_POST[$v]) ? $_POST[$v] : '';
7    }
8    //转义可能存在的 HTML 特殊字符
9    $user_data['name'] = htmlspecialchars($user_data['name']);
10   $user_data['description'] = htmlspecialchars($user_data['description']);
11   //验证性别是否为合法值
12   if($user_data['gender']!='男' && $user_data['gender']!='女'){
13       exit('保存失败，未选择性别。');
14   }
15   //验证血型是否为合法值
16   if(!in_array($user_data['blood'],$blood)){
17       exit('保存失败，您选择的血型不在允许的范围内。');
18   }
19   //判断表单提交的"爱好"值是否为数组
20   if(is_array($user_data['hobby'])){
21       //过滤掉不在预定义范围内的数据
22       $user_data['hobby'] = array_intersect($hobby,$user_data['hobby']);
23   }
24   if(is_string($user_data['hobby'])){
25       $user_data['hobby'] = array($user_data['hobby']);
26   }
```

在上述代码中，第 1~7 行代码用于按照$fields 数组定义好的字段列表到$_POST 数组中取出数据，在取出时，先通过 isset 语句判断用户是否提交了该字段，如果没有，则默认为空字符串，如果有，则取出数据。第 11~23 行用于对表单数据进行验证，其中第 22 行通过 array_intersect() 函数求出$hobby 数组与接收数组之间的交集，其交集就是在$hobby 数组范围内的合法的数据。

5. 保存信息到文件

在网站中，用户的数据通常是保存在数据库中的。由于在讲解本项目之前没有讲到数据库，这里暂时使用文件来保存数据。编写程序"userinfo.php"，示例代码如下。

```
1    //假设当前已登录的用户 ID 为 1
2    $user_id = 1;
3    //定义储存用户数据的文件路径
4    $file_path = "./$user_id.txt";
5    //将数组序列化为字符串
6    $data = serialize($user_data);
7    //将字符串保存到文件中
8    file_put_contents($file_path,$data);
```

在上述代码中，第 2 行用于保存用户的唯一标识 ID。在实际网站开发中，每个注册用户都有一个唯一的 ID，这里先假设当前登录用户的 ID 为 1。第 6 行的$user_data 是保存用户输入信息的数组，在保存时先使用 serialize()函数把数组序列化成字符串，再通过第 8 行的 file_put_contents()函数实现了文件的保存。

6. 展示信息到网页中

以上步骤实现了用户资料的收集和保存，接下来开始将数据从文件中读出，展示到网页中。下面开始编写"showinfo.php"，完成用户资料的展示，实现代码如下。

```
1    <?php
2    //从文件中取出用户数据（假设取出 ID 为 1 的用户数据）
3    $user_data = file_get_contents('./1.txt');
4    //反序列化字符串为数组
5    $user_data = unserialize($user_data);
6    //将数组转换为顿号分隔的字符串
7    $user_data['hobby'] = implode('、',$user_data['hobby']);
8    //载入用于显示信息的页面文件
9    require "./showinfo.html";
```

在上述代码中，第 5 行的 unserialize()是反序列化函数。该函数的作用与序列化函数 serialize()相反，用于将字符串转换回原来的数据格式。例如，将数组序列化为字符串保存，如果对该字符串进行反序列化，则会得到序列化之前的数组。

接下来编写"showinfo.html"，实现用户个人信息的展示，该页面的关键代码如下。

```
1    姓名：<?php echo $user_data['name']; ?>
2    性别：<?php echo $user_data['gender'];?>
3    血型：<?php echo $user_data['blood'];?>
4    爱好：<?php echo $user_data['hobby'];?>
5    个人简介：<?php echo nl2br($user_data['description']); ?>
```

在完成页面后，在浏览器中访问"showinfo.php"，运行结果如图 3-4 所示。

7. 修改用户信息

在服务器中保存了用户资料后，还应该为用户提供修改信息的功能。接下来，在"userinfo.php"中实现用户资料的修改，新增代码如下。

```
1    //假设当前已登录的用户 ID 为 1
2    $user_id = 1;
3    //定义储存用户数据的文件路径
4    $file_path = "./$user_id.txt";
5    //判断文件是否存在
6    if(is_file($file_path)){
7        //文件存在，从文件中读取用户数据
8        $user_data = file_get_contents($file_path);
9        //反序列化字符串为数组
10       $user_data = unserialize($user_data);
11       //载入修改用户信息的页面文件
12       require "./userinfo_edit.html";
13   }else{
14       //文件不存在，显示空白表单
15       //……
16   }
```

图 3-4 展示用户资料

在上述代码中，第 6 行用于判断保存用户数据的文件是否存在，如果文件存在，则读取并显示修改表单，如果不存在，则显示空白表单。第 12 行载入了用户信息编辑页面，该页面的关键代码如下。

```
1    <form method="post">
2    姓名：<input name="name" type="text" value="<?php echo $user_data['name']; ?>" />
3    性别：<input type="radio" name="gender" value="男"
4             <?php if($user_data['gender'] == "男")echo 'checked';?> />男
5             <input type="radio" name="gender" value="女"
6             <?php if($user_data['gender'] == "女")echo 'checked';?> />女
7    血型：<select name="blood">
8             <?php foreach($blood as $v): ?>
9                 <option value="<?php echo $v; ?>"
```

```
10              <?php if($user_data['blood'] == $v){ echo 'selected'; } ?>>
11              <?php echo $v; ?></option>
12          <?php endforeach;?>
13       </select>
14    爱好：<?php foreach($hobby as $v): ?>
15          <input type="checkbox" name="hobby[]"
16          <?php if(in_array($v,$user_data['hobby'])){ echo 'checked'; } ?>
17          value="<?php echo $v; ?>" /><?php echo $v; ?>
18       <?php endforeach;?>
19    个人简介：<textarea name="description">
20              <?php echo $user_data['description']; ?>
21              </textarea>
22    <input type="reset" value="重置" /> <input type="submit" value="保存" />
23  </form>
```

上述代码中，第 3~6 行使用 if 判断用户数据中的性别来确定性别的默认选中项。第 8~12 行通过 foreach 遍历出血型选项，在遍历的同时使用 if 判断用户数据中的默认选中项。第 14~18 行同样使用 foreach 遍历出爱好选项，并将用户数据中选择的项目设为默认选中。

在浏览器中访问"userinfo.php"，程序的运行效果如图 3-5 所示。从图中可以看出，服务器保存的用户信息在表单中显示为默认值，此时只要修改表单中的信息，就可以更新个人信息。

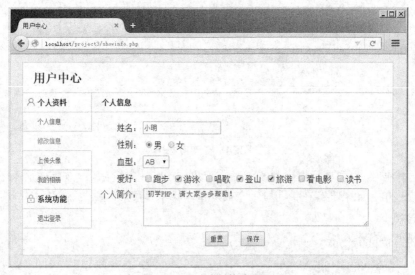

图 3-5　用户资料修改页面

任务二　用户头像上传

任务说明

在计算机中，添加用户账号时，为了使用户的形象更加具体、鲜活，经常需要设置头像。

同样，在 Web 开发过程中，也经常需要为某个用户上传头像。本任务将在用户中心项目中添加用户头像上传功能，通过任务来介绍 PHP 对上传文件的接收与处理等相关知识。任务的具体要求如下。

- 编写 HTML 页面，在页面中创建一个表单，用于上传用户头像。
- 判断用户上传头像的文件类型，只允许上传"jpg"格式的图片。
- 判断文件上传是否成功，如果上传失败，则提示错误信息。
- 为用户上传的头像生成缩略图，并显示已上传头像到网页中。

知识引入

1. 文件上传表单

在通过表单实现文件上传时，需要将表单提交方式设置为 POST 方式，并将 enctype 属性的值设置为"multipart/form-data"。在默认情况下，enctype 的编码格式为"application/x-www-form-urlencoded"，表示将表单进行 URL 编码。这种格式不能用于文件上传。接下来演示一个典型的文件上传表单，代码如下。

```html
<form method="post" enctype="multipart/form-data">
    <input type="file" name="upload" />
    <input type="submit" value="上传" />
</form>
```

当通过浏览器查看上述代码时，<input type="file" />元素就会在网页中显示一个上传文件的按钮，单击按钮就会显示文件浏览窗口，选择文件进行上传即可。默认情况下，该元素只能上传一个文件。当需要上传多个文件时，可以编写多个标签，或者为一个标签添加 multiple 属性。

2. 处理上传文件

PHP 默认将表单上传的文件保存到服务器系统的临时目录下，该临时文件的保存期为脚本的周期，即 PHP 脚本执行期间。在处理上传文件时，通过 sleep(seconds)函数延迟 PHP 文件执行的时间，可以在系统临时目录"C:\Windows\Temp"中查看临时文件，如图 3-6 所示。

图 3-6　查看临时文件

从图 3-6 可以看出，当提交表单后，用户上传的文件会以随机生成的文件名保存在系统临时目录中；当 PHP 执行完毕后，图中方框内的临时文件就会被释放掉。

在 PHP 释放上传文件之前，在 PHP 脚本中可以使用超全局变量$_FILES 来获取上传文件的信息，通过"move_uploaded_file()"函数可以将临时文件保存到为其指定的目标文件地址中。

3. 获取文件信息

在使用 PHP 获取上传的文件时，需要使用超全局变量$_FILES。该数组的一维元素保存上传文件的"name"属性名，二维元素保存的是该上传文件的具体信息，示例代码如下。

```php
//假设 PHP 收到来自<input type="file" name="upload" />上传的文件
echo $_FILES['upload']['name'];        //上传文件名称，如 photo.jpg
```

```
echo $_FILES['upload']['size'];          //上传文件大小，如 879394（单位是 Byte）
echo $_FILES['upload']['error'];         //上传是否有误，如 0（表示成功）
echo $_FILES['upload']['type'];          //上传文件的 MIME 类型，如 image/jpeg
echo $_FILES['upload']['tmp_name'];      //上传后临时文件名，如 C:\Windows\Temp\php9BA5.tmp
```

值得一提的是，$_FILES 数组中的 error 有 7 个值，分别为 0、1、2、3、4、6、7。0 表示上传成功，1 表示文件大小超过了 php.ini 中 upload_max_filesize 选项限制的值；2 表示文件大小超过了表单中 max_file_size 选项指定的值；3 表示文件只有部分被上传；4 表示没有文件被上传；6 表示找不到临时文件夹；7 表示文件写入失败。

4. 文件的保存

文件上传成功后会暂时保存在系统的临时文件夹中。为了保存文件到指定的目录中，需要使用 move_uploaded_file() 函数进行操作，示例代码如下。

```php
//判断是否有"name=upload"的文件上传，是否上传成功
if(isset($_FILES['upload']) && $_FILES['upload']['error']>0){
    //上传成功，将文件保存到当前目录下的"uploads"目录中
    if(move_uploaded_file($_FILES['upload']['tmp_name'], './uploads/1.dat')){
        echo '文件上传成功';
    }
}
```

在上述代码中，move_uploaded_file() 函数用于将上传的文件从临时文件夹移动到指定的位置。该函数在移动前会先判断文件是否是通过 HTTP 上传的，以避免读取到服务器中的其他文件，造成安全问题。需要注意的是，移动文件的目标路径 "./uploads" 必须是已经存在的目录，否则会移动失败。

5. GD 库简介

GD 库是 PHP 处理图像的扩展库。它提供了一系列用来处理图像的 API，可以实现缩略图、验证码和图片水印等操作。但由于不同的 GD 库版本支持的图像格式不完全一样，因此，从 PHP 4.3 版本开始，PHP 捆绑了其开发团队实现的 GD 2 库。它不仅支持 GIF、JPEG、PNG 等格式的图像文件，还支持 FreeType、Type1 等字体库。

在 PHP 中，要想使用 GD 2 库，需要打开 PHP 的配置文件 "php.ini"，找到 ";extension= php_gd2.dll" 配置项，去掉前面的分号 ";" 注释，然后保存文件并重启 Apache，使配置生效。要想验证 GD 库是否开启成功，可以通过 phpinfo() 函数查看 PHP 配置信息，效果如图 3-7 所示。

6. 生成缩略图

对于用户上传的图片，在处理时有必要对其进行缩放，以生成大小统一的缩略图。在 PHP 中生成缩略图的主要步骤有获取原图像的大小、计算缩略图大小、创建画布和生成缩略图。接下来对每个步骤进行详细讲解。

（1）获取原图像的大小

对于上传或给定路径的图像，在 PHP 中可以使用 getimagesize() 函数获取图像大小，示例代码如下。

```php
$img = './default.jpg';              //原图像路径
print_r(getimagesize($img));         //输出结果：Array ( [0] => 122 [1] => 118 …)
```

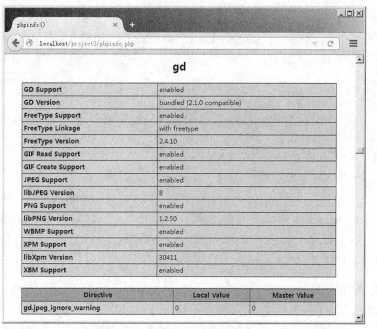

图 3-7　查看 GD 扩展库信息

从上述代码可知，当知道原图像的路径时，可以使用 getimagesize() 函数获取图像的大小，其中，返回数组中的下标为 0 的元素表示图像的宽，下标为 1 的元素表示图像的高。

（2）计算缩略图大小

假设原图像的宽和高分别使用变量 $width 和 $height 来表示，下面就可以通过缩放比例来获取缩略图的大小，示例代码如下。

```
//第一种方式
$percent = 0.2;                          //定义缩略图的缩放比例
$thu_width = $width * $percent;          //计算缩略图的宽
$thu_height = $height * $percent;        //计算缩略图的高
//第二种方式
$thu_width = 100;                        //定义缩略图的宽
$thu_height = $thu_width*$height/$width; //计算缩略图的高
```

（3）创建画布

画布可以理解为绘画时使用的画纸，因此，在生成缩略图前需要使用 PHP 提供的函数创建画布，示例代码如下。

```
//第一种方式：新建画布
$thumb1 = imagecreate(100, 50);            //基于调色板 256 方式创建
$thumb2 = imagecreatetruecolor(100, 50);   //真色彩方式创建
//第二种方式：基于已有图片创建画布
$thumb = imagecreatefromjpeg("./default.jpg");   //基于已有的 jpg 图片创建
```

在上述代码中，imagecreate() 函数用于创建基于普通调色板的图像，它只能支持 256 色；而 imagecreatetruecolor() 函数创建的画布，它支持的色彩比较丰富，但不支持 GIF 格式。

另外，基于已有图片创建画布的函数还有很多，它是根据已有图片的类型，从而选择使用不同的函数。例如，已知一个 png 格式的图片，则需要使用 imagecreatefrompng()函数来创建画布。但是它们的使用方式基本相同，这里不再一一列举。读者可根据实际情况查找手册，进行学习或研究。

（4）生成缩略图

在 PHP 中可以使用 imagecopyresized()函数实现缩略图的生成，示例代码如下。

```
imagecopyresized($dst,$src,0, 0, 0, 0, $dst_width, $dst_height, $src_width, $src_height);
```

在上述代码中，$dst 表示目标图像，$src 表示原图像，"0，0，0，0" 依次表示目标图像和原图像的横坐标和纵坐标，$dst_width 和$dst_height 表示目标图像的宽和高，$src_width 和$src_height 表示原图像的宽和高。因此，上述代码表示从原图像的原点坐标（0，0）位置开始，按照目标图像宽和高的比例对原图像进行缩放，并将其复制到目标图像的原点（0，0）位置。

任务实现

1.编写用户头像上传表单

在项目中编写页面文件"photo.html"，用于实现表单文件上传，关键代码如下。

```
1    <form method="post" enctype="multipart/form-data">
2        上传头像：<input name="pic" type="file" />
3        <input type="submit" value="上传" />
4    </form>
```

在上述代码中,<form>表单的 enctype 设置了表单的 MIME 类型为"multipart/form-data"，省略 action 属性表示提交给当前 URL 地址。

2.PHP 接收上传文件

编写上传用户头像的 PHP 文件"photo.php"，在接收到上传文件后显示上传信息，具体代码如下。

```
1    <?php
2    //利用<pre>标签使输出的内容含有空格和换行
3    echo '<pre>';
4    print_r($_FILES); //输出获取的上传文件信息
5    echo '</pre>';
6    //载入 HTML 模板文件
7    require './photo.html';
```

在上述代码中，第 4 行代码输出超全局变量$_FILES 数组，第 7 行代码载入模板文件。使用浏览器访问"photo.php"，程序运行结果如图 3-8 所示。

从图 3-8 中可以看出，上传头像的表单已经显示，选择一个 jpg 格式的图片进行上传。程序运行结果如图 3-9 所示。

从图 3-9 中可以看出，$_FILES 数组中有一个"pic"元素，"pic"就是表单中上传文件的<input>标签的 name 属性值。"pic"元素是一个数组，该数组中的"error"元素的值为 0，说明文件上传过程中没有出现错误，文件已经上传成功。

图 3-8　上传头像页面

图 3-9　显示上传结果

3. 上传失败提示错误信息

如果上传文件发生了错误，可以通过 "$_FILES['pic']['error']" 获知错误代码，将错误原因提示给用户。接下来，继续编写 "photo.php" 文件，实现代码如下。

```
1   //判断是否上传头像
2   if(isset($_FILES['pic'])){
3       //获取用户上传文件信息
4       $pic = $_FILES['pic'];
5       //判断文件上传到临时文件时是否出错
6       if($pic['error'] > 0){
7           $error = '上传失败：';
8           switch($pic['error']){
9               case 1: $error .= '文件大小超过了服务器设置的限制！';break;
10              case 2: $error .= '文件大小超过了表单设置的限制！'; break;
11              case 3: $error .= '文件只有部分被上传！'; break;
12              case 4: $error .= '没有文件被上传！'; break;
13              case 6: $error .= '上传文件临时目录不存在！'; break;
```

```
14              case 7: $error .= '文件写入失败！'; break;
15              default: $error .='未知错误！'; break;
16          }
17          exit($error);    //显示错误信息并停止脚本
18      }
19      //上传成功，继续操作……
20  }
```

从上述代码可知，第 2 行代码用于判断是否有指定的上传文件，如果有上传文件，执行第 3～17 行代码，判断上传到临时文件中是否出错，若出错，则输出相应的提示信息，并停止程序继续执行。

4. 判断上传文件类型

在用户中心上传用户头像时，需要保证用户上传的文件类型为图片格式。这里规定用户头像的格式只能为 jpg。接下来继续编辑 "photo.php" 文件，实现对上传文件类型的判断。具体代码如下。

```
1  //方式一：字符串截取上传文件的扩展名
2  $type = strrchr($pic['name'],'.');
3  if($type !== '.jpg'){
4      exit('图像类型不符合要求，只支持 jpg 类型的图片');
5  }
6  //方式二：通过文件的 MIME 信息进行判断
7  if($pic['type'] !== 'image/jpeg'){
8      exit('图像类型不符合要求，只支持 jpg 类型的图片');
9  }
```

上述代码通过两种方式实现了文件类型的判断，第一种方式为判断文件的扩展名，第二种方式为判断文件的 MIME 类型。在仅使用 MIME 类型进行判断时，可以允许 ".jpg" 和 ".jpeg" 两种扩展名的文件。

5. 保存用户头像文件

当用户上传的文件通过前面的验证后，就将文件保存到项目目录中了。接下来，继续编写 "photo.php" 文件，实现文件的保存，具体代码如下。

```
1  //假设当前已登录的用户 ID 为 1
2  $user_id = 1;
3  //准备上传文件的保存路径，通过用户的 ID 为头像命名
4  $save_path = "./uploads/$user_id.jpg";
5  //将上传文件从临时目录移动到项目目录
6  if(!move_uploaded_file($pic['tmp_name'], $save_path)){
7      exit('上传文件保存失败！');
8  }
```

在上述代码中，第 4 行通过用户 ID 为头像命名，上传的文件将保存在项目的 "uploads" 目录中；第 6 行使用 move_uploaded_file() 函数将上传文件从临时目录移动到指定保存目录，

并使用 if 语句判断是否移动成功，如果不成功，通过第 7 行代码提示保存失败。

6. 生成头像缩略图

在用户上传头像时，由于每个用户的喜好不同，其选择头像就会不同，那么就会出现头像图片大小不一的情况。为此，可以使用 PHP 提供的图像技术，为头像生成缩略图。

接下来继续编写 "photo.php" 文件，实现图片缩略图的制作，具体代码如下。

```
1    //通过 getimagesize()获取图像信息
2    //该函数参数接收图片文件的路径，返回值为图像信息数组
3    //在图像信息数组中，前两个数组元素保存了图片的宽度和高度
4    $img_info = getimagesize($save_path);
5    $width = $img_info[0];
6    $height = $img_info[1];
7    //定义缩略图的最大宽度和最大高度（100*100）
8    $maxwidth = $maxheight= 100;
9    //等比例计算缩略图的宽和高
10   if($width/$maxwidth > $height/$maxheight) {
11       //宽度大于高度时，将宽度限制为最大宽度，然后计算高度值
12       $newwidth = $maxwidth;
13       $newheight = round($newwidth * $height / $width);
14   }else{
15       //高度大于宽度时，将高度限制为最大高度，然后计算宽度值
16       $newheight = $maxheight;
17       $newwidth = round($newheight * $width / $height);
18   }
19   //绘制缩略图的画布资源
20   //下面的函数用于创建画布，参数为画布的宽度值和高度值
21   $thumb = imagecreatetruecolor($newwidth, $newheight);
22   //从文件中读取出图像，创建为 jpeg 格式的图像资源
23   $source = imagecreatefromjpeg($save_path);
24   //将原图缩放填充到缩略图画布中
25   //参数 $thumb 表示目标图像
26   //参数 $source 表示原图像
27   //参数 0,0,0,0 分别表示目标点的 x 坐标和 y 坐标、源点的 x 坐标和 y 坐标
28   //参数 $newwidth 表示目标图像的宽
29   //参数 $newheight 表示目标图像的高
30   //参数 $width 表示原图像的宽
31   //参数 $height 表示原图像的高
32   imagecopyresized($thumb,$source,0,0,0,0,$newwidth,$newheight,$width,$height);
33   //定义缩略图的保存目录
34   $thumb_save_path = "./uploads/thumb_$user_id.jpg";
35   //将缩略图保存到指定目录（参数依次为图像资源、保存目录、输出质量 0~100）
36   imagejpeg($thumb, $thumb_save_file, 100);
```

上述代码实现了缩略图的制作，第 8 行定义了缩略图的最大宽度和最大高度值，表示生成的缩略图不能超过这里定义的数值。第 10～18 行实现了依据原图的比例计算缩略图的大小，从而在缩小图片尺寸的同时维持原来的比例。

值得一提的是，当一个函数的返回值是一个索引数组时，可以通过 list()方式直接获取数组中的元素，关于 list()的演示代码如下。

```php
//① 通过 list()接收索引数组，将元素依次赋值给变量$a、$b
list($a, $b) = array('it', 'cast');
echo "$a $b";                    //输出结果：it cast
//② 通过 list()直接获取图片的宽和高
list($width, $height) = getimagesize($save_path);
echo "图像尺寸: $width * $height";   //输出结果：200 * 100（表示宽 200 px，高 100 px）
```

7. 用户头像展示

在用户成功上传头像后，应该将用户的头像在网页中显示。一般在网站中，没有上传头像的用户会有一张默认的头像显示。接下来编写"photo.php"文件，实现用户头像的显示，具体代码如下。

```php
1    //假设当前已登录的用户 ID 为 1
2    $user_id = 1;
3    //根据用户 ID 拼接头像文件保存路径
4    $photo = "./uploads/thumb_$user_id.jpg";
5    //判断头像文件是否存在，文件不存在时显示默认图片
6    $photo = is_file($photo) ? $photo : './default.jpg';
7    //载入 HTML 模板文件
8    require './photo.html';
```

在上述代码中，第 6 行的 is_file()函数用于判断给定的路径是否是一个文件，返回值是布尔类型，然后通过三元运算符，当文件不存在时，$photo 将设置为默认头像"default.jpg"。

接下来修改 HTML 模板文件"photo.html"，在页面中添加<img>标签实现头像的显示，代码如下。

```php
<img src="<?php echo $photo; ?>" alt="用户头像" />
```

需要注意的是，浏览器会缓存<img>中的图片。对于用户修改头像页面，为了让用户实时看到修改结果，可以在图片地址的后面拼接一个随机数，示例代码如下。

```php
<img src="<?php echo $photo.'?rand='.rand(); ?>" alt="用户头像" />
```

在上述代码中，rand()函数用于生成一串随机数，通过在 GET 参数中添加随机数的方式可以防止浏览器缓存图片资源。

值得一提的是，判断用户头像是否存在，除了可以在服务器端判断，也可以在浏览器端判断。对于需要加载大量用户头像的网站，在浏览器端判断可以节省服务器资源，实现方式如下。

```php
<img src="./uploads/thumb_<?php echo $user_id; ?>.jpg" alt="用户头像"
onerror="this.src='./default.jpg'" />
```

上述代码为<img>标签添加了 onerror 事件，实现了在<img>请求的图片不存在（服务器返回 404）时，将 src 属性修改为默认头像的地址。

接下来，在浏览器中访问"photo.php"，运行效果如图 3-10 所示。

图 3-10　显示用户默认头像

当用户成功上传头像后，程序的运行效果如图 3-11 所示。

图 3-11　显示用户上传头像

任务三　用户相册

任务说明

相册是网站用户中心常见的功能之一。本任务将在用户中心项目中开发一个相册功能，实现用户创建相册、上传图片。在实现功能时，要求程序支持在相册中创建子相册，任何一个相册中都可以上传图片。通过实现本任务，介绍 PHP 处理文件和目录的一些常用函数。

知识引入

1. 文件类型

文件类型主要分为文件和目录。PHP 可以通过 filetype()函数来获取文件类型，示例代码如下。

```
echo filetype('./uploads/1.jpg');          //输出结果：file
echo filetype('./uploads');                 //输出结果：dir
```

值得一提的是，在 Windows 系统中，PHP 只能获得 "file" "dir" 和 "unknown" 三种文件类型；而在 Linux 系统中，还可以获取 "block"（块设备文件）、"char"（字符设置）、"link"（符号链接）等文件类型。

另外，在操作一个文件时，如果该文件不存在，会发生错误。为了避免这种情况发生，可以通过 file_exits()、is_file()和 is_dir()函数来检查文件或目录是否存在，示例代码如下。

```
var_dump( file_exists('./uploads/1.jpg') );   //文件存在，输出：bool(true)
var_dump( file_exists('./uploads/2.jpg') );   //文件不存在，输出：bool(false)
var_dump( is_file('./uploads/1.jpg') );       //输出结果：bool(true)
var_dump( is_dir('./uploads') );              //输出结果：bool(true)
```

在上述代码中，file_exists()用于判断指定文件或目录是否存在，is_file()用于判断指定文件是否存在，is_dir()用于判断指定目录是否存在。对于 is_file()和 is_dir()函数，即使文件存在，如果文件类型不匹配，也会返回 false。

2. 文件属性

在操作文件的时候，经常需要获取文件的一些属性，如文件的大小、权限和访问时间等。PHP 内置了一系列函数，用于获取这些属性，如表 3-2 所示。

表 3-2　获取文件属性的函数

函　　数	功　　能
int filesize(string $filename)	获取文件大小
int filectime(string $filename)	获取文件的创建时间
int filemtime(string $filename)	获取文件的修改时间
int fileatime(string $filename)	获取文件的上次访问时间
bool is_readable(string $filename)	判断给定文件是否可读
bool is_writable(string $filename)	判断给定文件是否可写
bool is_executable(string $filename)	判断给定文件是否可执行
bool is_file(string $filename)	判断给定文件名是否为一个正常的文件
bool is_dir(string $filename)	判断给定文件名是否是一个目录
array stat(string $filename)	给出文件的信息

在表 3-2 中，由于 PHP 中 int 数据类型表示的数据范围有限，所以 filesize()函数对于大于 2 GB 的文件并不能准确获取其大小，请读者斟酌使用。

3. 文件基本操作

在程序开发过程中，经常需要对文件进行复制、删除及重命名等操作。针对这些功能，PHP 提供了相应的函数，具体如表 3-3 所示。

表 3-3 文件基本操作函数

函 数	功 能
bool copy(string $source , string $dest)	用于实现拷贝文件的功能
bool unlink(string $filename)	用于删除文件
bool rename(string $oldname, string $newname)	用于实现文件或目录的重命名功能

在使用表 3-3 中的函数时需要注意，待操作的文件必须已经存在，否则程序会出现错误。建议在使用这些函数之前先通过 file_exists()、is_file() 或 is_dir() 函数进行判断。

4. 解析目录

在程序中经常会对文件的目录进行操作，如获取目录名、文件的拓展名等。为此，PHP 中内置了相应的函数，用于实现对文件目录进行操作，具体如表 3-4 所示。

表 3-4 解析目录函数

函 数	功 能
string basename(string $path [, string $suffix])	用于返回路径中的文件名
string dirname(string $path)	用于返回路径中的目录部分
mixed pathinfo(string $path [, int $options])	用于以数组的形式返回路径信息，包括目录名、文件名、文件基本名和扩展名

需要注意的是，在使用表 3-4 中的函数处理带有中文的路径时，应注意操作系统对于文件路径的编码问题，将 PHP 程序设置的编码与操作系统的编码统一，才能正确处理中文路径。

5. 遍历目录

在程序中经常需要对某个目录下的子目录或文件进行遍历。为此，PHP 中内置了相应的函数，用于实现目录或文件的遍历，具体如表 3-5 所示。

表 3-5 遍历目录函数

函 数	功 能
resource opendir(string $path)	用于打开一个目录句柄
string readdir(resource $dir_handle)	用于从目录句柄中读取条目
void closedir(resource $dir_handle)	用于关闭目录句柄
void rewinddir(resource $dir_handle)	用于倒回目录句柄

需要注意的是，在任何一个平台遍历目录的时候，都会包括 "." 和 ".." 两个特殊的目录，前者表示当前目录，后者则表示上一级目录。

6. 创建目录

在 PHP 中进行文件操作时，经常需要创建目录。通过 mkdir() 函数可以实现目录的创建，示例代码如下。

```
mkdir('./path');                         //在当前目录下创建一个 path 目录
mkdir('./path1/path2',0777,true);        //在当前目录下递归创建 path1/path2 目录
```

在上述代码中，mkdir()函数的第一个参数表示要创建的目录，第二个参数表示目录权限（在 Linux 系统中，0777 表示可读、可写、可执行），第三个参数表示是否递归创建目录，当设置为 true 时，将自动创建不存在的目录。

任务实现

1. 获取用户访问路径

由于本任务要求用户可以创建多级目录的相册，因此为了获知用户访问的相册路径，可以通过 GET 传参的方式来传送相册路径。接下来，编写文件 "album.php"，具体代码如下。

```
1    <?php
2    //假设当前已登录的用户 ID 为 1
3    $user_id = 1;
4    //定义当前用户相册的顶级目录
5    $album_path = "./album-$user_id";
6    //如果不存在则创建目录
7    is_dir($album_path) || mkdir($album_path,0777,true);
8    //判断是否请求子相册的路径
9    if(isset($_GET['path'])){
10       $path = $_GET['path']; //获取用户请求的路径
11       //使用正则表达式验证路径合法性
12       preg_match('/^[\w\/]*$/',$path) || exit('路径只允许字母、数字、下划线、斜线');
13       $path = "$album_path/$path"; //将相册目录与请求目录拼接
14       is_dir($path) ||   exit('您访问的相册不存在！'); //判断路径是否合法
15   }else{
16       //默认使用相册目录作为请求目录
17       $path = $album_path;
18   }
```

在上述代码中，第 5 行用于设定用户相册的顶级目录路径，第 7 行用于限定用户可以访问的相册目录。用户的 ID 不同，其访问的相册目录不同。第 12 行 preg_match()函数用于对字符串进行正则表达式匹配，防止用户输入非法字符。当匹配到时返回 1，匹配不到时返回 0，发生错误时返回 false。

2. 获取文件列表

当用户查看自己的相册时，首先要看到自己相册中已经存在的图片和子相册。接下来，通过 glob()函数解析用户相册目录，具体代码如下。

```
1    $folderlist = array();                   //保存目录列表
2    $filelist = array();                     //保存文件列表
3    $album_path_len = strlen($album_path)+1; //获取顶级相册路径长度
4    //解析目录
```

```
5    foreach(glob($path.'/*') as $v){
6        if(is_dir($v)){
7            //取出目录列表，并去掉前面的相册路径
8            $folderlist[] = substr($v,$album_path_len);
9        }elseif(is_file($v)){
10           //取出文件列表
11           $filelist[] = $v;
12       }
13   }
14   //载入 HTML 模板文件
15   require './album.html';
```

在上述代码中，第 5 行的 glob()函数用于获取指定路径下的所有文件及目录。该函数返回一个数组，可以用 foreach 进行遍历。第 6～13 行用于判断当前遍历的路径是文件还是目录，如果是目录，则截取掉前面的相册路径，如果是文件，则直接进行保存。

3. 创建相册目录

用户可以在相册中创建子目录，其实现的原理是通过 GET 参数传递当前相册路径和要创建的相册名称，然后在当前相册路径下创建一个新目录。接下来编写用户相册页面文件"album.html"，在页面中创建一个新建相册的表单，其关键代码如下。

```
1    <form method="post">
2        添加子相册：<input type="text" name="dir_name" />
3        <input type="submit" value="创建" />
4    </form>
```

当用户提交表单后，在 PHP 中可以通过$_POST 获取用户新建的相册名称，具体代码如下。

```
1    //实现相册创建
2    if(isset($_POST['dir_name'])){
3        $dir_name = $_POST['dir_name'];   //获取输入的相册名
4        preg_match('/^\w+$/',$dir_name) || exit('相册名只允许字母、数字、下划线');
5        $target_path = "$path/$dir_name"; //拼接目标路径
6        if(!file_exists($target_path)){
7            mkdir($target_path, 0777); //如果文件不存在，创建目录
8        }
9    }
```

上述代码中，第 2 行通过 isset()判断是否有提交创建相册的表单，如果有表单提交，则构造目标相册路径，当目标路径不存在时，通过 mkdir()函数创建目录。

4. 实现图片上传

在相册中实现图片上传的步骤和开发用户头像上传功能时类似，这里需要根据用户请求的路径来保存上传的文件。接下来编辑"album.html"文件，添加文件上传表单，其关键代码如下。

```
1   <form method="post" enctype="multipart/form-data">
2       上传图片：<input type="file" name="file_name" />
3       <input type="submit" value="上传" />
4   </form>
```

在页面中创建表单后，继续编写"album.php"文件，实现对上传文件的处理，具体代码如下。

```
1   //判断是否有文件上传
2   if(isset($_FILES['file_name'])){
3       //判断是否上传成功，如果失败，则提示错误信息
4       //判断是否为允许的图片格式
5       //……（以上代码略，与"用户头像上传"任务的代码相同）
6       //为上传文件重新生成文件名
7       $save_name = md5(uniqid(rand())).'.jpg';
8       //拼接文件保存路径
9       $save_path = "$path/$save_name";
10      if(!move_uploaded_file($_FILES['file_name']['tmp_name'],$save_path)){
11          exit('上传图片保存失败。');
12      }
13  }
```

在上述代码中，第 7 行用于为图片重新生成文件名，其中 uniqid() 函数用于基于时间生成唯一不重复的 ID，参数 rand() 函数用于提高随机因子减少重复的可能性，md5() 函数用于为字符串生成摘要码，可生成一段固定长度值的字符串。

5. 查看相册及图片

在前面的任务中，已经实现了目录的解析，这里只需要将 $filelist 数组和 $folderlist 数组遍历显示到网页中即可。继续编写"album.html"文件，实现相册和图片的查看，关键代码如下。

```
1   当前位置：<a href="album.php">用户相册</a>/<?php echo $path; ?>
2   <!-- 输出相册列表 -->
3   <?php foreach($folderlist as $v): ?>
4       <a href="?path=<?php echo $v; ?>"><?php echo basename($v); ?></a>
5   <?php endforeach;?>
6   <!-- 输出图片列表 -->
7   <?php foreach($filelist as $v): ?>
8       <a href="<?php echo $v; ?>"><img src="<?php echo $v;?>" alt="" />
9       <?php echo basename($v); ?></a>
10  <?php endforeach;?>
```

在上述代码中，第 1 行代码是相册的路径导航；第 2～5 行代码用于输出当前相册内所有子相册；第 6～10 行代码用于输出当前相册内所有的图片。

接下来，通过浏览器访问"album.php"，用户相册的运行结果如图3-12所示。

图 3-12 用户相册展示

任务四 记录浏览历史

任务说明

许多网站都会为用户提供记录浏览历史的功能，将用户最近浏览过的文章或图片记录下来，以增强用户体验。本任务将会在用户相册的基础上新增记录浏览图片历史的功能，通过实现任务来介绍 Cookie 技术的应用。

知识引入

1. Cookie 技术

Cookie 是网站为了辨别用户身份而存储在用户本地终端上的数据。因为 HTTP 协议是无状态的，即服务器不知道用户上一次做了什么，这严重阻碍了交互式 Web 应用程序的实现。Cookie 就是解决 HTTP 无状态性的一种技术，服务器可以设置或读取 Cookie 中包含的信息，借此可以跟踪用户与服务器之间的会话状态，通常应用于保存浏览历史、保存购物车商品和保存用户登录状态等场景。

为了更好地理解 Cookie 的原理，接下来通过一张图来演示 Cookie 在浏览器和服务器之间的传输过程，具体如图3-13所示。

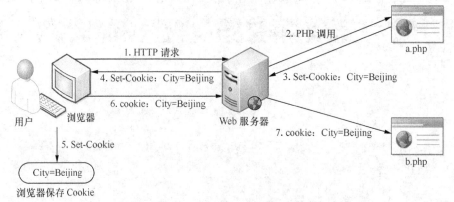

图 3-13　Cookie 的传输过程

图 3-13 描述了 Cookie 在浏览器和服务器之间的传输过程。当用户第一次访问服务器时，服务器会在响应消息中增加 Set-Cookie 头字段，将信息以 Cookie 的形式发送给浏览器。一旦用户接受了服务器发送的 Cookie 信息，就会将它保存到浏览器的缓冲区中。这样，当浏览器后续访问该服务器时，都会携带 Cookie 发送给服务器，从而使服务器分辨出当前请求是由哪个用户发出的。

尽管 Cookie 实现了服务器与浏览器的信息交互，但也存在一些缺点，具体如下。

（1）Cookie 被附加在每个 HTTP 请求中，无形中增加了数据流量。

（2）Cookie 在 HTTP 请求中是明文传输的，所以安全性不高，容易被窃取。

（3）Cookie 是来自浏览器的数据，可以被篡改，因此服务器接收后必须先验证数据的合法性。

（4）浏览器限制 Cookie 的数量和大小（通常限制为 50 个，每个不超过 4KB），对于复杂的存储需求来说是不够用的。

2.Cookie 的创建

在 PHP 中，使用 setcookie()函数可以创建或修改 Cookie，其声明方式如下。

```
bool setcookie ( string $name [, string $value [, int $expire = 0 [, string $path [, string $domain [, bool $secure = false [, bool $httponly = false ]]]]]] )
```

在上述声明格式中，参数$name 是必需的，其他参数都是可选的。其中，$name 和$value 表示 Cookie 的名字和值，$expire 表示 Cookie 的有效期，$path 表示 Cookie 在服务器端的路径，$domain 表示 Cookie 的有效域名，$secure 用于指定 Cookie 是否通过安全的 HTTPS 连接来传输，$httponly 用于指定 Cookie 只能通过 HTTP 协议访问。

接下来，通过代码演示 setcookie()函数的使用。

```
setcookie('city','北京市');                      //未指定过期时间，在会话结束时过期
setcookie('city','北京市',time()+1800);           //半小时后过期
setcookie('city','北京市',time()+60*60*24);       //一天后过期
setcookie('city','',time()-1);                   //立即过期（删除 Cookie）
```

上述代码演示了如何用 setcookie()设置一个名为 city 的 Cookie。该函数的第三个参数是时间戳，当省略时，Cookie 仅在本次会话有效，当用户关闭浏览器时，会话就会结束。

值得一提的是，除了可以通过 PHP 操作 Cookie，使用 JavaScript 也可以操作 Cookie。如果只是保存用户在网页中的偏好设置，可以直接用 JavaScript 操作 Cookie，从而减轻服务器的压力。

3. Cookie 的读取

前面介绍过 PHP 的超全局变量，当浏览器向服务器发送请求时，会携带 GET、POST 和 Cookie 数据。因此通过$_COOKIE 数组即可获取 Cookie 数据，具体示例如下。

```
//判断 Cookie 中是否存在 city 数据
if(isset($_COOKIE['city'])){
    $city = $_COOKIE['city'];   //从 Cookie 中获取 City 数据
}else{
    //Cookie 中的 city 不存在
}
```

从上述代码中可以看出，$_COOKIE 数组的使用和$_GET、$_POST 基本相同。需要注意的是，当 PHP 第一次通过 setcookie()创建 Cookie 时，$_COOKIE 中没有这个数据；只有当浏览器下次请求并携带 Cookie 时，才能通过$_COOKIE 获取到。

4. 查看浏览器中的 Cookie

当服务器端 PHP 通过 setcookie()向浏览器端发送响应 Cookie 后，浏览器就会保存 Cookie，在下次请求时自动携带 Cookie。对于普通用户来说，Cookie 是不可见的，但 Web 开发者可以通过"F12"开发者工具查看 Cookie。在开发者工具中切换到【网络】→【Cookie】，如图 3-14 所示。

图 3-14 是一个通过 Cookie 记录浏览历史的案例。从图中可以看出，当浏览器请求页面时，携带的 Cookie 为"history: 2,3"；而服务器响应后，将 Cookie 设置为"history: 2,3,4"。

Cookie 在用户的计算机中是以文件形式保存的，浏览器通常会提供 Cookie 管理程序。以火狐浏览器为例，执行【选项】→【隐私】，可以找到 Cookie 的管理程序，如图 3-15 所示。

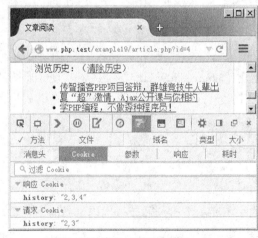

图 3-14　查看 HTTP 中的 Cookie

图 3-15　管理 Cookie

从图 3-15 中可以看出，Cookie 在浏览器中是根据域名分开保存的，每个 Cookie 具有名称、内容、主机、路径、发送条件和过期时间。在访问 Cookie 时，不同主机和不同路径之间都是隔离的，路径可以向下继承。例如，路径为"/example19/"的 Cookie 可以在 example19 的子目录中访问，但在 example19 的上级目录中无法访问。

任务实现

1. 创建图片展示页面

在用户相册任务的基础上，修改相册的列表展示页面，为相册中的图片添加超链接，将链接地址设为"album_show.php"文件，并传递文件路径参数。编辑文件"album.html"，修改代码如下。

```
1   <!-- 输出图片列表 -->
2   <?phpforeach($filelist as $v):$filename=basename($v);?>
3   <a href="album_show.php?path=<?php echo "$path/$filename"; ?>">
4   <imgsrc="<?php echo $v;?>" alt=""/><?php echo $filename; ?></a>
5   <?phpendforeach;?>
```

在完成链接修改后，接下来创建"album_show.php"文件，实现图片路径参数的获取，具体代码如下。

```
1   <?php
2   //假设当前已登录的用户 ID 为 1
3   $user_id = 1;
4   //定义当前用户相册的顶级目录
5   $album_path = "./album-$user_id";
6   //接收用户请求的路径
7   $path = isset($_GET['path']) ? $_GET['path'] : '';
8   //从请求路径中提取出文件名和路径，将相册目录与请求目录拼接
9   $file = basename($path);
10  $path = dirname($path);
11  $path = $path ? "$album_path/$path" : $album_path;
12  //载入 HTML 模板
13  require './album_show.html';
```

在完成"album_show.php"文件后，继续创建"album_show.html"文件，实现相册图片的展示。在编写页面时，在图片的两侧分别添加【上一张】和【下一张】按钮，帮助用户更方便地查看相册，关键代码如下。

```
1   <a href="#"><img src="#" alt="上一张" /></a>
2   <img src="#" alt="当前图片" />
3   <a href="#"><img src="#" alt="下一张" /></a>
```

在上述代码中，第 1 行代码是上一张图片的小图展示按钮，第 2 行代码是当前用户要查看的图片，第 3 行代码是下一张图片的小图展示按钮。

2. 准备图片展示数据

图片展示数据可以通过 glob()函数获取。首先通过 GET 参数获取用户请求的图片，然后从文件列表中获取"上一张"和"下一张"图片。接下来编辑"album_show.php"文件，新增

代码如下。

```
1   //将文件名拼接到路径中
2   $current = "$path/$file";
3   //获取文件所在目录的文件列表
4   $file_list = glob("$base_path/*.*");
5   //遍历文件列表
6   foreach($file_list as $k=>$v){
7       if($v == $currnet){
8           //保存上一张、下一张图片
9           $prev = isset($file_list[$k-1]) ? $file_list[$k-1]:";
10          $next = isset($file_list[$k+1]) ? $file_list[$k+1]: ";
11          break; //停止循环
12      }
13  }
14  //获取顶级相册路径长度
15  $album_path_len = strlen($album_path)+1;
16  //去除前面的相册路径
17  $path = substr($path, $album_path_len);
```

上述代码实现了从请求的图片所在的目录中获取上一张、下一张图片，分别保存在$prev、$next 变量中。当上一张或下一张图片不存在时，将变量的值设为空字符串。在完成图片的获取后，接下来修改 "album_show.html" 文件，将获取到的图片显示在页面中，关键代码如下。

```
1   <?php if($prev): ?>
2       <a href="?path=<?php echo $path.'/'.basename($prev); ?>">
3       <img src="<?php echo $prev; ?>" alt="上一张" /></a>
4   <?php endif; ?>
5   <img src="<?php echo $current; ?>" alt="当前图片" />
6   <?php if($next): ?>
7       <a href="?path=<?php echo $path.'/'.basename($next); ?>">
8       <img src="<?php echo $next; ?>" alt="下一张" /></a>
9   <?php endif; ?>
```

上述代码实现了在网页中显示上一张、下一张图片。当上一张或下一张图片不存在时，自动隐藏切换按钮。接下来在浏览器中访问 "album_show.php"，程序的运行效果如图 3-16 所示。

3. 保存浏览历史

当用户访问 "album_show.php" 时，可以通过 PHP 将当前浏览的图片路径保存到 Cookie 中。接下来继续编写 "album_show.php" 文件，实现 Cookie 保存浏览历史，关键代码如下。

```
1   //判断 Cookie 中是否存在 history 记录
2   if(isset($_COOKIE['history'])){
3       //存在时，通过 $history 接收上次访问过的信息
```

```
4       $history = $_COOKIE['history'];
5   }else{
6       //不存在时，向 Cookie 中保存 history 记录
7       setcookie('history', $current);   //将当前浏览的图片路径保存到 Cookie 中
8   }
```

图 3-16　查看相册中的图片

上述代码实现了保存上次浏览过的图片信息。当 Cookie 中保存了历史记录时，将历史信息从 Cookie 中取出保存到$history 变量中。

由于 Cookie 只能保存字符串数据，当需要保存多个图片路径时，可以构造一个使用竖线"|"分隔的字符串。同时，为了避免浏览历史的无限增加，在程序中应自动清除较早的浏览历史。接下来修改"album_show.php"文件，实现多个浏览历史的保存，具体代码如下。

```
1   //判断 Cookie 中是否存在 history 记录
2   if(isset($_COOKIE['history'])){
3       //获取 Cookie，将字符串分隔成数组，限制数组最多只能有 5 个元素
4       $history = explode('|',$_COOKIE['history'],5);
5       //遍历数组
6       foreach($history as $k=>$v){
7           //如果当前图片的路径在数组中已经存在，则删除
8           if($v == $current) unset($history[$k]);
9       }
10      //当数组元素达到 5 个时，删除第 1 个元素
11      if(count($history) > 4) array_shift($history);
12      //将当前访问的图片路径添加到数组末尾
13      $history[] = $current;
14      //将数组转换为字符串，重新保存到 Cookie 中
```

```
15      setcookie('history',implode('|',$history));
16  }else{
17      $history = array($current);        //保存当前浏览图片到数组
18      setcookie('history', $current);    //将当前浏览图片保存到 Cookie 中
19  }
```

上述代码实现了通过 Cookie 字符串保存文件路径，第 4 行的 explode()函数的第 3 个参数用于控制字符串分隔次数，当分隔元素超过 5 个时不再进行分隔。第 6～13 行实现了对浏览历史记录的控制，限制最多只能保存 5 个历史记录。

4. 显示浏览历史图片

在前面的步骤中，$history 已经保存了用户浏览过的历史图片。继续编写"album_show.html"文件，实现遍历历史图片数组显示到 HTML 页面中，其关键代码如下。

```
1   <?php foreach($history as $v):?>
2       <a href="?path=<?php echo substr($v, $album_path_len); ?>">
3           <img src="<?php echo $v;?>" alt="浏览历史图片" />
4       </a>
5   <?php endforeach;?>
```

上述代码使用 foreach 遍历了浏览历史数组，并实现在网页中将历史浏览图片显示出来。在浏览器中访问"album_show.php"，运行结果如图 3-17 所示。

图 3-17　浏览历史图片展示

5. 实现清除历史功能

清除浏览历史，可以直接用空字符串覆盖原来的值，但是这样做并不是真正删除了这个

Cookie。由于浏览器规定了 Cookie 的有效期，可以通过 setcookie() 的第三个参数设置有效期，让浏览器自动删除过期的 Cookie。接下来继续编写 "album_show.php" 文件，实现清除浏览历史功能，具体代码如下。

```
1    //清除历史记录
2    if(isset($_GET['action'])){
3        if($_GET['action'] == 'clear'){
4            unset($_COOKIE['history']);    //清除历史记录数组
5            setcookie('history',",time()-1);  //清除 Cookie
6        }
7    }
```

上述代码实现了当程序收到 "action=clear" 的 GET 参数时，将 Cookie 的过期时间设置为当前时间减 1，过期时间的 Cookie 会被浏览器自动删除，从而实现了 Cookie 的清除。

接下来编辑 "album_show.html" 文件，在页面中添加清除浏览历史的链接，其关键代码如下。

```
<a href="?path=<?php echo $current; ?>&action=clear">清除历史</a>
```

当用户单击【清除历史】链接时，就会向服务器发送 GET 参数 "action=clear"，从而告知服务器进行清除历史的操作。

任务五 用户登录与退出

任务说明

用户登录是网站中最常见的功能之一。用户在网页中输入用户名和密码，然后提交表单，服务器就会验证用户名和密码是否正确，如果验证通过，则用户登录成功，用户就可以使用这个账号在网站中进行其他操作。本任务将在网站用户中心项目中开发用户登录与退出功能，通过任务介绍 Session 技术的应用。

知识引入

1. Session 技术

Session 在网络应用中被称为 "会话"，指的是用户在浏览某个网站时，从进入网站到关闭网站所经过的这段时间。Session 技术是一种服务器端的技术，它的生命周期从用户访问页面开始，直到断开与网站的连接时结束。Session 通常用于保存用户登录状态、保存生成的验证码等。

当 PHP 启动 Session 时，服务器会为每个用户的浏览器创建一个供其独享的 Session 文件，如图 3-18 所示。

在服务器创建 Session 文件时，每一个 Session 都具有一个唯一的会话 ID，用于标识不同的用户。会话 ID 分别保存在浏览器端和服务器端两个位置，浏览器端通过 Cookie 保存，服务器端以文件的形式保存在指定的 Session 目录中。在浏览器中通过开发者工具可以查看 Cookie 中的会话 ID，如图 3-19 所示。

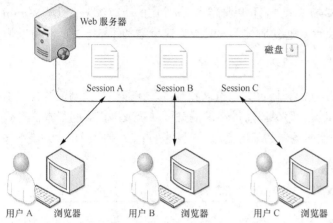

图 3-18　Session 文件的保存机制

图 3-19　查看浏览器 PHPSESSID

图 3-19 是一个已经启动了 Session 的会员中心案例。由于 PHP 脚本文件"user.php"开启了 Session，所以浏览器的 Cookie 中就保存了会话 ID，其名称为"PHPSESSID"。

在 PHP 中，Session 文件的保存目录是通过 php.ini 指定的，其默认路径位于"C:\Windows\Temp"。打开这个目录，可以查看 Session 文件，如图 3-20 所示。

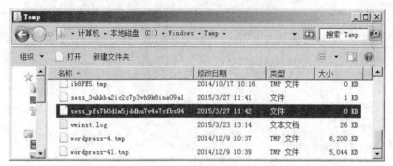

图 3-20　查看 Session 文件

从图 3-20 中可以看出，服务器端保存了文件名为"sess_会话 ID"的 Session 文件。该文件的会话 ID 与浏览器 Cookie 中显示的会话 ID 一致，说明这个文件只允许拥有会话 ID 的用户访问。

2. Session 的使用

在使用 Session 之前，需要先启动 Session。通过 session_start()函数可以启动 Session，当启动后就可以通过超全局变量$_SESSION 添加、读取或修改 Session 中的数据。以下代码列举了 Session 的基本使用。

```
session_start();                        //开启 Session
$_SESSION['username'] = '小明';          //向 Session 添加数据（字符串）
$_SESSION['info'] = array(1,2,3);        //向 Session 添加数据（数组）
if(isset($_SESSION['test'])){            //判断 Session 中是否存在 test
    $test = $_SESSION['test'];           //读取 Session 中的 test
}
unset($_SESSION['username']);            //删除单个数据
$_SESSION = array();                     //删除所有数据
session_destroy();                       //结束当前会话
```

在上述代码中，使用$_SESSION=array()方式可以删除 Session 中的所有数据，但是 Session 文件仍然存在，只不过它是一个空文件。通常情况下，需要将这个空文件删除，此时可以通过 session_destroy()函数来达到目的。

3. HTTP 响应消息头

通过前面的学习，读者已经知道 HTTP 协议分为请求和响应。在通信时，浏览器会发出请求消息头，服务器会发出响应消息头。服务器通过请求消息可以获取浏览器的基本信息。同样，浏览器也可以通过响应消息获取服务器的基本信息。常见的 HTTP 响应消息头如表 3-6 所示。

表 3-6　HTTP 响应消息头

消　息　头	说　　　明
Location	控制浏览器显示哪个页面
Server	服务器的类型
Content-Type	服务器发送内容的类型和编码类型
Last-Modified	服务器最后一次修改的时间
Date	响应网站的时间

虽然响应消息头由服务器自动发出，不过可以通过 PHP 的 header()函数自定义响应消息头，示例代码如下。

```
//设定编码格式
header('Content-Type:text/html;charset=utf-8');
//页面重定向
header('Location: login.php');
```

以上代码演示了 HTTP 响应消息头的发送。以重定向为例，当浏览器收到 Location 时，就会自动重定向到目标地址。

4. 输出缓冲

在 PHP 中，输出缓冲（Output Buffer）是一种缓存机制。它通过内存预先保存 PHP 脚本的输出内容，当缓存的数据量达到设定的大小时，再将数据传输到浏览器。输出缓冲机制解决了当有内容输出后，再使用 header()、setcookie()、session_start()等函数无法设置 HTTP 消息头的问题，因为消息头必须在主体数据之前被发送，通过输出缓冲，可以使主体数据延缓到 HTTP 消息头的后面被发送。

输出缓冲在 PHP 中是默认开启的。在"php.ini"中，它的配置项为"output_buffering=4096"，表示输出缓冲的内存空间为 4 KB。通过 PHP 的 ob 函数可以控制输出缓冲，常用代码如下。

```
//启动输出缓冲
ob_start()
//返回当前输出缓冲区的内容
ob_get_contents()
//向浏览器发送输出缓冲区的内容，并禁用输出缓冲
```

```
ob_end_flush()
//清空输出缓冲区的内容，不进行发送，并禁用输出缓冲
ob_end_clean()
```

通过以上函数可以控制输出缓冲，实现在脚本中动态地开启或关闭输出缓冲，以及获取输出缓冲区的内容并保存到变量中。

任务实现

1. 准备登录表单

在开发用户登录功能时，首先要做的就是在网页中显示一个登录的表单，提示用户输入用户名和密码。下面创建"login.html"，编写用户登录页面的表单，关键代码如下。

```
1   <form method="post">
2      用户名：<input type="text" name="username" />
3      密码：<input type="password" name="password" />
4      <input type="submit" value="登录" / >
5   </form>
```

上述代码在表单中创建了一个文本框和一个密码输入框。当用户在密码输入框中输入密码时，密码将会由浏览器进行隐藏。

2. 验证登录信息

当用户提交表单后，在"login.php"文件中获取用户的信息，并根据正确的用户信息进行验证。创建文件"login.php"，具体代码如下。

```
1    <?php
2    //保存已经存在的用户信息
3    $user_data = array(
4       //格式：用户 ID => array(用户名，密码)
5       1 => array('username'=> 'xiaoming', 'password'=> '123456'),
6       //2 => array() //……这里省略其他用户的代码
7    );
8    //判断是否有登录表单提交
9    if(isset($_POST['username']) && isset($_POST['password'])){
10      //取出用户名和密码，用户名自动去除两端空白，自动转换为小写
11      $username = strtolower(trim($_POST['username']));
12      $password = $_POST['password'];
13      //到用户数组中验证用户名和密码
14      foreach($user_data as $k=>$v){
15         if($v['username'] == $username && $v['password'] == $password){
16            exit('登录成功！'); //验证成功
17         }
18      }
19      exit('登录失败！用户名或密码错误');   //验证失败
```

```
20    }
21    //没有提交表单时，载入登录页面
22    require './login.html';
```

上述代码中，第 3 行的$user_data 数组用于保存网站现有用户的账号信息；第 11～12 行接收用户输入的用户名和密码；第 15 行通过遍历$user_data 数组实现用户名和密码的验证。在比较用户名时，用户通常不会注意自己输入的用户名前后两端的空白字符（如空格）和英文字母大小写的问题，因此在比较前先对用户输入的数据进行过滤。

接下来在浏览器中查看"login.php"，效果如图 3-21 所示。

图 3-21　用户登录界面

3. 保存登录状态

当用户登录成功后，服务器需要记住该用户已经登录，并且这个已登录的状态只能在该用户的浏览器上生效。要完成这样的工作，需要使用 Session 技术。

继续编辑"login.php"文件，实现用户登录成功后保存会话的功能，并在保存后跳转到会员中心显示个人信息的页面，关键代码如下。

```
1     //……
2     //验证用户名和密码，当登录成功时，执行 if 中的代码
3     if($v['username'] == $username && $v['password'] == $password){
4         //开启 Session 会话，将用户 ID 和用户名保存到 Session 中
5         session_start();
6         $_SESSION['user'] = array('id'=>$k, 'username'=>$v['username']);
7         //重定向到用户中心个人信息页面
8         header('Location: showinfo.php');
9         exit;   //重定向后停止脚本继续执行
10    }
```

在上述代码中，第 5 行用于开启 Session 会话，开启后就可以使用$_SESSION 数组访问 Session 中的数据。第 6 行实现了将用户的 ID 和用户名保存到 Session 中，这两个信息在项目中最为常用。

4. 验证用户是否登录

对于网站的个人中心，显然只有已经登录的用户才能进入，因此需要在项目的各个功能

脚本中验证用户是否登录。接下来创建"init.php"，该文件是项目的初始化文件，在该文件中实现用户是否登录的判断，具体代码如下。

```
1   <?php
2   //启动 Session，判断 Session 中的用户信息
3   session_start();
4   //当用户没有登录时，重定向到登录页面
5   if(!isset($_SESSION['user'])){
6       header('Location: login.php');
7       exit; //停止脚本文件继续执行
8   }
```

在创建项目初始化文件后，在项目中的各个 PHP 脚本文件中引入初始化文件，注意将引入代码写在程序的开始位置，具体代码如下。

```
require './init.php';
```

当项目中的 PHP 脚本引入"init.php"文件后，就会自动判断用户是否登录，如果没有登录，则跳转到登录页面。而登录页面本身不需要判断用户是否登录，所以登录页面不需要引入"init.php"。

5.退出登录

当用户不需要访问个人中心后，就需要退出个人中心。实现用户退出的方法很简单，删除 Session 中保存的用户信息即可。接下来创建用户退出的程序"logout.php"，具体代码如下。

```
1   <?php
2   //先启动 Session
3   session_start();
4   //清除 Session 中的用户信息
5   unset($_SESSION['user']);
6   //退出成功，自动跳转到登录页
7   header('Location: login.php');
8   exit;
```

上述代码通过 unset()函数实现了 Session 中用户登录信息的删除，当删除后，用于判断用户是否登录的"init.php"就会认为用户没有登录，不允许未登录的用户访问个人中心，由此实现了用户退出功能。

任务六　登录验证码

任务说明

在登录网站时，为了提高网站的安全性，避免用户灌水等行为，经常需要输入各种各样的验证码。通常情况下，验证码是图片中的一个字符串，由数字和英文字母组成。用户需要识别其中的信息，才能正常登录。接下来，通过 PHP 在用户登录功能中实现验证码的生成与验证。

知识引入

1. 查看支持的图片格式

GD 扩展库虽然提供了处理图片的功能，但并不像一些专业图像处理软件那么强大。所以在使用的同时，需要了解 PHP 的 GD 扩展库支持哪些图片格式的处理。通过以下代码可以查看 GD 库的信息。

```
//可以查看 GD 库的版本、支持的图片类型
var_dump( gd_info() );
```

通过浏览器访问程序，运行结果如图 3-22 所示。从图中可以看出，当前安装的 GD 库支持 GIF、JPEG、PNG 等图片格式。

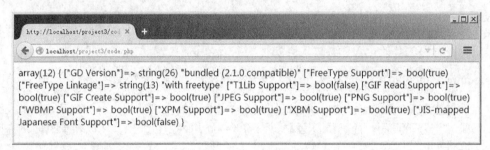

图 3-22　查看 GD 库信息

2. 创建图像资源

PHP 有多种创建图像的方式，可以基于一个已有的文件创建，也可以直接创建一个空白画布。在 PHP 中创建图像资源的函数具体如表 3-7 所示。

表 3-7　创建画布的函数

函 数 声 明	功 能 描 述
resource imagecreate(int $width, int $height)	创建$width * $height 大小的空白画布图像资源
resource imagecreatetruecolor (int $width, int $height)	创建$width * $height 大小的真彩色空白画布图像资源
resource imagecreatefromgif(string $filename)	从给定的文件路径创建 GIF 格式的图像资源
resource imagecreatefromjpeg(string $filename)	从给定的文件路径创建 JPEG 格式的图像资源
resource imagecreatefrompng(string $filename)	从给定的文件路径创建 PNG 格式的图像资源

在表 3-7 列举的创建画布的函数中，imagecreatetruecolor()函数和 imagecreatefromjpeg()函数已经在开发缩略图任务中使用过，其他函数的使用方法与其完全相同。

3. 填充颜色

在使用 PHP 创建空白画布的时候，并不能直接给画布指定颜色。当需要为画布填充颜色时，可以通过 imagecolorallocate()函数来完成，示例代码如下。

```
//创建空白画布资源
$img = imagecreate(200,100);
//填充颜色（参数依次为图像资源、红色数值、绿色数值、蓝色数值）
imagecolorallocate($img, 100, 110, 204);
```

在上述代码中，$img 变量保存的是创建好的画布资源，imagecolorallocate()函数用于为画布填充颜色，该函数的第 2~4 个参数分别表示 RGB 中的三种颜色。

4. 图像输出

在完成图像的创建和颜色的填充之后，目前还不能在浏览器中看到图像。只有将创建好的图像输出，才能在浏览器中查看。在创建好图像资源后，并不像普通字符串和数组一样输出，只有使用 GD 扩展库提供的图像输出函数才能实现输出，示例代码如下。

```php
//创建空白画布并填充颜色
$img = imagecreate(200,100);
imagecolorallocate($img, 100, 110, 204);
//先设置 HTTP 响应的内容的类型为 GIF 图片
header('Content-Type: image/gif');
//将图像资源以 GIF 格式输出
//imagegif()函数的第 2 个参数用于指定图像的保存路径，
//省略第 2 个参数时表示直接输出到浏览器中
imagegif($img);
```

上述代码实现了图像的创建与输出。在输出时应通过 header()函数告知浏览器接下来发送的数据是一张 GIF 格式的图片，否则浏览器不会以图片的形式展现内容。在浏览器中查看结果，如图 3-23 所示。

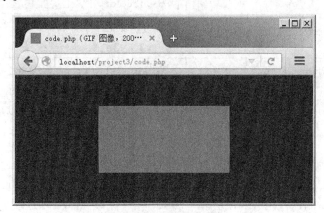

图 3-23　PHP 输出图像

5. 绘制文本

在开发验证码功能时，验证码的文字是直接显示在图片中的。因为图片文字识别难度大，所以验证码才具有一定的防御软件自动识别的能力。PHP 中专门提供了将 TTF 格式字体的文字绘制到图片中的函数，在写入时可以指定绘制的坐标位置，示例代码如下。

```php
//用于将文字写入到图像中
imagettftext(
    $img,              //图像资源（通过 imagecreate()创建）
    $size,             //文字大小（字号）
    $angel,            //倾斜角度（整数）
    $x,                //绘制位置的 x 坐标
```

```
    $y,                          //绘制位置的 y 坐标
    $color,                      //文字颜色（通过 imagecolorallocate()创建）
    $font,                       //文字字体（.ttf 字体文件的保存路径）
    $text                        //文字内容
);
```

上述代码解释了 imagettftext 函数中的各个参数的含义，其中文字的字体需要给定 ".ttf" 的字体文件。在 Windows 系统中，字体文件保存在 "C:\Windows\Fonts" 中，将字体文件复制到项目目录下即可。

6. 绘制基本图形

在开发验证码时，不仅需要将文字绘制到图片中，还需要绘制一些干扰元素，以增加验证码的识别难度。在绘图时，无论多么复杂的设计都离不开一些基本图形，比如点、直线、矩形、圆等。只有掌握这些最基本图形的绘制方式，才能绘制出各种独特风格的验证码干扰元素。

在 PHP 中，GD 库提供了许多绘制基本图形的函数，具体如表 3-8 所示。

表 3-8　绘制基本图形的函数

函 数 声 明	功 能 描 述
imagesetpixel(resource $image, int $x, int $y, int $color)	绘制一个点，其中参数$x 和$y 用于指定该点的坐标，$color 用于指定颜色
imageline(resource $image, int $x1, int $y1, int $x2, int $y2, int $color)	用$color 颜色在图像$image 中从坐标（x1，y1）到（x2，y2）绘制一条线条
imagerectangle(resource $image, int $x1, int $y1, int $x2, int $y2, int $color)	用$color 颜色在 image 图像中绘制一个矩形，其左上角坐标为（x1，y1），右下角坐标为（x2，y2）
imageellipse(resource $image, int $cx, int $cy, int $w, int $h, int $color)	在$image 图像中绘制一个以坐标（cx，cy）为中心的椭圆。其中，$w 和$h 分别指定了椭圆的宽度和高度。如果$w 和$h 相等，则为正圆。成功时返回 true，失败则返回 false

表 3-8 中列举的这些函数的用法非常简单。接下来以 imageline()函数为例演示一条直线的绘制方法，示例代码如下。

```
//创建空白画布并填充白色
$img = imagecreate(200, 100);
imagecolorallocate($img, 255, 255, 255);
//创建线条颜色
$lineColor = imagecolorallocate($img, 100, 100, 100);
//绘制一条直线
imageline($img, 10, 10, 80, 80, $lineColor);
//输出图像
header('Content-Type: image/png');
imagepng($img);
```

上述代码实现了创建一张空白画布资源并绘制一条直线，最后以 PNG 格式输出到浏览器中。程序的运行结果如图 3-24 所示。

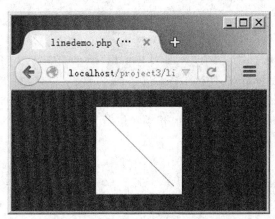

图 3-24　绘制直线

任务实现

1.创建验证码画布

在项目中创建"code.php"文件，实现验证码图像的生成。在制作验证码时，首先应为验证码生成背景画布并为画布填充颜色，具体代码如下。

```
1    <?php
2    $img_w = 100;          //验证码的宽度
3    $img_h = 30;           //验证码的高度
4    $img = imagecreatetruecolor($img_w, $img_h);          //创建画布
5    $bg_color = imagecolorallocate($img,0xcc,0xcc,0xcc);  //为画布分配颜色
6    imagefill($img,0,0,$bg_color);                        //填充背景色
7    header('Content-Type: image/gif');                    //输出图像
8    imagegif($img);
```

上述代码实现了画布的创建和演示的填充，并将处理后的图像显示在网页中。此时通过浏览器访问"code.php"，可以在网页中看到一个灰色的矩形图像。

2.生成验证码文本

验证码通常是由英文字母和数组组成的。接下来继续编写"code.php"文件，实现验证码文本的生成，并将生成结果保存到 Session 中，具体代码如下。

```
1    //生成验证码文本
2    $count = 4;                            //验证码位数
3    $charset = 'ABCDEFGHJKLMNPQRSTUVWXYZ23456789'; //随机因子
4    $charset_len = strlen($charset)-1;     //计算随机因子长度（作为取出时的索引）
5    $code = '';                            //保存生成的验证码
6    for($i=0; $i<$count; ++$i) {
7        //通过索引取出字符，mt_rand()用于获取指定范围内的随机数
8        $code .= $charset[mt_rand(0,$charset_len)];
```

```
9     }
10    //将生成的文本保存到 Session 中
11    session_start();
12    $_SESSION['captcha'] = $code;
```

　　上述代码实现了从随机因子$charset 中随机取出$count 个元素作为验证码的文本。当验证码文本生成后，保存到 Session 中用于验证。

　　在得到验证码文本后，接下来还需要将文本绘制到画布中。在绘制时，可以灵活运用 imagettftext()函数，控制每个文本的颜色和倾斜位置，以增加验证码的识别难度。继续编写"code.php"文件，具体代码如下。

```
1     $fontSize = 16;              //文字大小
2     $fontStyle = './simhei.ttf';  //字体样式（请手动将"黑体"字体复制到当前目录）
3     //生成指定长度的验证码
4     for($i=0; $i<$count; ++$i){
5         //随机生成字体颜色
6         $fontColor = imagecolorallocate($img,mt_rand(0,100),mt_rand(0,50),mt_rand(0,255));
7         imagettftext (
8             $img,                      //画布资源
9             $fontSize,                 //文字大小
10            rand(0,20) – mt_rand(0,25),                    //随机设置文字倾斜角度
11            $fontSize*$i+15,mt_rand($img_h/2,$img_h), //随机设置文字坐标，并自动计算间距
12            $fontColor,               //文字颜色
13            $fontStyle,               //文字字体
14            $code[$i]                 //文字内容
15        );
16    }
```

　　上述代码实现了验证码文本的绘制。通过浏览器访问"code.php"文件，显示效果如图 3-25 所示。

3. 增加干扰元素

　　验证码干扰元素用于增强验证码的强度，抵御一些自动识别验证码的软件。接下来继续编写"code.php"文件，在验证码图像中添加噪点和线条两种干扰元素，具体代码如下。

图 3-25　绘制验证码文本

```
1     //为验证码图片生成彩色噪点
2     for($i=0; $i<300; ++$i){
3         //随机生成颜色
4         $color = imagecolorallocate($img,mt_rand(0,255),mt_rand(0,255),mt_rand(0,255));
5         //随机绘制干扰点
6         imagesetpixel($img,mt_rand(0,$img_w),mt_rand(0,$img_h),$color);
7     }
```

```
8        //绘制干扰线
9        for ($i=0; $i<8; ++$i){
10           //随机生成干扰线颜色
11           $color = imagecolorallocate($img,mt_rand(0,255),mt_rand(0,255),mt_rand(0,255));
12           //随机绘制干扰线
13           imageline($img,rand(0,$img_w),0,rand(0,$img_h*5),$img_h,$color);
14       }
```

经过上述代码的处理后，通过浏览器访问"code.php"，验证码的生成效果如图 3-26 所示。

4. 添加登录验证码

修改用户登录页面，在页面中添加验证码信息。编辑文件"login.html"，关键代码如下。

```
1   <form method="post">
2       用户名：<input type="text" name="username" />
3       密码：<input type="password" name="password" />
4       验证码：<input type="text" name="captcha" ><img src="./code.php" />
5       <input type="submit" value="登录" />
6   </form>
```

在上述代码中，第 4 行在用户登录表单中添加了用于输入验证码的文本框和验证码图片，图片请求的是当前项目目录下的"code.php"。通过浏览器访问用户登录页面，运行效果如图 3-27 所示。

图 3-26　验证码干扰元素　　　　　　　　图 3-27　登录页面显示验证码

5. 验证码的验证

当用户填写了用户名、密码和验证码后，单击【登录】按钮，就会由 login.php 判断用户名和密码是否正确。接下来修改"login.php"，在检查用户名和密码之前，先判断验证码是否输入正确，具体代码如下。

```
1   //判断是否有登录表单提交
2   if(isset($_POST['username']) && isset($_POST['password'])){
3       //获取用户输入的验证码
```

```
4     $captcha = isset($_POST['captcha']) ? trim($_POST['captcha']) : '';
5     //获取 Session 中的验证码
6     session_start();
7     if(empty($_SESSION['captcha'])){ //如果 Session 中不存在验证码，则退出
8         exit('验证码已经过期，请刷新页面重试。');
9     }
10    //获取验证码并清除 Session 中的验证码
11    $true_captcha = $_SESSION['captcha'];
12    unset($_SESSION['captcha']);      //限制验证码只能验证一次，防止重复利用
13    //忽略字符串的大小写，进行比较
14    if(strtolower($captcha) !== strtolower($true_captcha)){
15        exit('您输入的验证码不正确！请刷新页面重试');
16    }
17    //验证码验证通过，继续判断用户名和密码
18    //……
19  }
```

上述代码实现了验证码的验证。在实现验证码验证时，应注意判断 Session 中是否已经有验证码生成，因为验证码是通过 "code.php" 生成的，服务器无法强制用户一定先访问到 "code.php" 将验证码生成。在判断验证码是否正确的同时，应清除 Session 中的验证码，以防止用户绕过 "code.php" 一直使用相同的验证码通过验证。

6. 单击更换验证码

虽然上述步骤已经实现了验证码的生成与验证，但是当用户遇到一个看不清的验证码时，需要刷新页面才能重新获取验证码。此处可以优化用户体验，通过 JavaScript 实现单击链接更新验证码。接下来修改 "login.html"，具体修改代码如下。

```
1   <!-- 在验证码的右侧放一个链接 -->
2   <img src="./code.php" id="captcha" />
3   <a href="#" id="change">看不清 换一张</a>
4   <!-- 通过 JavaScript 实现单击更换验证码 -->
5   <script>
6       var img = document.getElementById("captcha");
7       var change = document.getElementById("change");
8       change.onclick = function(){
9           img.src = "./code.php?rand=" + Math.random(); //增加一个随机参数，防止图片缓存
10          return false;                                 //阻止超链接动作
11      }
12  </script>
```

上述代码通过 JavaScript 为验证码图片旁边的超链接添加了单击事件。当单击链接时，通过改变<img>的 src 属性重新请求验证码的图像地址。在请求时，发送的 GET 参数 rand 是一个随机数，用于防止浏览器缓存图片。

接下来通过浏览器访问 "login.html" 页面，运行结果如图 3-28 所示。

图 3-28　验证码单击切换

动手实践

学习完前面的内容，下面来动手实践一下吧：

为图片添加水印的功能目前已经很普遍。用户可以为上传的图片添加个性水印，从而有效防止图片被盗用。但是，现实中很多图片水印是通过 PS 软件处理合成的，这是一件浪费时间的重复性工作。请通过 PHP 的 GD 扩展库提供的一系列函数，在项目中实现为用户上传图片自动添加水印的功能。

扫描右方二维码，查看动手实践步骤！

PART 4 项目四 面向对象网站开发

学习目标

- 理解面向对象思想，能分析面向对象与面向过程的区别
- 熟练掌握类与对象的使用，能够实现封装、继承和多态
- 熟练掌握魔术方法、静态成员及自动加载，方便程序开发
- 熟悉异常机制，能够合理对程序开发中的异常进行处理
- 了解抽象类与接口，能够封装一个简单的抽象类或接口

项目描述

在前面的章节中，要解决某个问题都是通过分析解决问题需要的步骤，然后用函数把这些步骤一一实现，在使用的时候依次调用这些函数就可以了。这种解决问题的方式称为面向过程编程。

但在程序开发过程中，为了使程序代码更加符合人类逻辑思维，去处理现实生活中各种事物之间的联系，在程序中则利用对象来映射现实中的事物，使用对象的关系来描述事物之间的联系，即面向对象编程。接下来，本项目将利用面向对象的方式，以员工信息管理为依托，完成相应的操作，帮助读者由浅入深地了解和掌握面向对象编程和面向过程编程的差异和乐趣。

任务一 体验类与对象

任务说明

声明一个员工类，用于描述员工的姓名和年龄，并实现员工进行自我介绍的动作。具体要求如下。

- 定义成员属性，用于描述员工的姓名和年龄。
- 定义成员方法，用于实现员工的自我介绍"大家好，我叫×××，今年××岁！"。
- 创建两个员工对象，分别为各自的属性赋值，并调用成员方法。

知识引入

1.面向对象概述

现实生活中存在各种形态的事物，这些事物之间存在着各种各样的联系。在程序中使用

对象来映射现实中的事物，使用对象的关系来描述事物之间的联系，这种思想就是面向对象。

面向对象的特点主要可以概括为封装性、继承性和多态性。接下来针对这三种特性进行简单介绍。

（1）封装性

封装是面向对象的核心思想，将对象的属性和行为封装起来，不需要让外界知道具体实现细节，这就是封装思想。例如，用户使用电脑，只需要使用手指敲键盘就可以了，无须知道电脑内部是如何工作的。即使用户可能碰巧知道电脑的工作原理，但在使用时，也不会完全依赖电脑工作原理这些细节。

（2）继承性

继承性主要描述的是类与类之间的关系。通过继承，可以在无须重新编写原有类的情况下，对原有类的功能进行扩展。继承不仅增强了代码的复用性，提高了程序开发效率，而且为程序的修改补充提供了便利。

（3）多态性

多态性指的是同一操作作用于不同的对象，会产生不同的执行结果。例如，当听到"Cut"这个单词时，理发师的表现是剪发，演员的行为表现是停止表演。不同的对象，所表现的行为是不一样的。

2. 类与对象的关系

面向对象的编程思想力图使程序对事物的描述与该事物在现实中的形态保持一致。为了做到这一点，在面向对象的思想中提出了两个概念，即类和对象。其中，类是对某一类事物的抽象描述，即描述多个对象的共同特征，它是对象的模板。而对象用于表示现实中该类事物的个体，它是类的实例。

3. 类的定义与实例

（1）类的定义

类由 class 关键字、类名和成员组成，其中成员包括（成员）属性和（成员）方法，属性用于描述对象的特征，方法用于描述对象的行为，语法格式如下。

```
class 类名{
    //成员属性
    //成员方法
}
```

上述语法格式中，class 表示定义类的关键字，通过该关键字就可以定义一个类。在类中声明的变量被称为成员属性，主要用于描述对象的特征，如人的姓名、年龄等。在类中声明的函数被称为成员方法，主要用于描述对象的行为，如人可以说话、走路等。

其中，类名的定义需要遵循以下几个规则。

- 类名不区分大小写，即大小写不敏感，如 Student、student、sTudent 等都表示同一个类。
- 类名要见名知意，如 Model 表示模型类。

（2）类的实例

类创建完成后，应用程序若想要完成具体的功能，还需要根据类创建实例对象。在 PHP

程序中，可以使用 new 关键字来创建对象，语法格式如下。

```
$对象名 = new 类名([参数1,参数2,...]);
```

上述语法格式中，"$对象名"表示一个对象的引用名称，通过这个引用就可以访问对象中的成员。其中$符号是固定写法，对象名是自定义的，命名规则与标识符相同。"new"表示要创建一个新的对象，"类名"表示新对象的类型，"[参数 1,参数 2]"中的参数是可选的。

需要注意的是，如果在创建对象时不需要传递参数，则可以省略类名后面的括号，即"new 类名"。

（3）类的操作

实际上，在实例化对象后，就可以通过"对象->成员"的方式来访问类中的成员属性和方法。其中，为成员属性赋值的语法格式如下。

```
$对象名 -> 成员属性名 = '属性值';
```

对于为成员属性赋值，除了上述方式外，还可以在声明类时，通过为成员变量赋值的方式初始化成员属性。

任务实现

1.声明员工类

为了方便区分类文件与普通脚本文件，在编程时，通常把类文件名的后缀写成".class.php"的形式。因此，在网站根目录下的"project4"文件夹中，为员工类文件命名为"Employee.class.php"，具体代码如下。

```php
1    <?php
2    //定义员工类
3    class Employee{
4        //成员属性
5        public $name;
6        public $age;
7        //成员方法
8        public function introduce(){
9            echo '大家好，我叫'.$this->name.'，今年'.$this->age.'岁！ <br>';
10       }
11   }
12   ?>
```

上述第 3～11 行代码定义了一个 Employee 类，在该类中定义的变量被称为成员属性，定义的函数称为成员方法。其中，第 5 行定义了 name 属性，用来描述员工姓名；第 6 行定义了 age 属性，用来描述员工年龄；第 8～10 行代码声明了一个 introduce()方法，调用该方法就会完成每个员工的自我介绍。

读者需要注意的是，在定义成员属性的时候，所有变量前都有一个 public 关键字，这个关键字叫作访问修饰限定符。访问修饰限定符的作用是对类中成员的访问做出限制。public 的意思是公共的，也就是没有限制的意思。在默认情况下，成员属性和成员方法的访问修饰限定符都是 public。关于访问修饰限定符，这里无须深究，在后面的任务中会一一讲解。

2.创建员工对象

前面的步骤中，已经创建了一个 Employee 类。而要完成具体的功能，仅有这个类是远远不够的，还需要根据类实例化对象。

但在开发习惯上，通常不会在类文件中实例化对象。因此，在"project4"文件夹中，创建"instance.php"文件，用于根据 Employee 类实例化一个员工对象，实现代码如下。

```php
1    <?php
2    //声明文件解析的编码格式
3    header('Content-type:text/html;charset=utf-8');
4    //载入 Employee 类文件
5    require 'Employee.class.php';
6    //创建对象
7    $e1 = new Employee;
8    ?>
```

在上述代码中，第 3 行用于声明文件解析的编码格式，防止浏览器出现乱码；第 5 行代码用来引入 Employee 类文件；第 7 行代码通过 new 关键字实例化了一个 Employee 对象，并将实例化的对象赋值给变量$e1。

接下来，使用<pre>标签和 var_dump()函数打印输出并查看创建的 Employee 对象，实现代码如下。

```php
1    //以一定格式打印输出
2    echo '<pre>';
3    var_dump($e1);
4    echo '</pre>';
```

打开浏览器，访问"instance.php"文件，运行结果如图 4-1 所示。

从图 4-1 可以看出，变量$e1 是一个 object（对象）类型的数据，且使用 var_dump()函数将该对象的成员属性全部显示到页面中，对象的成员方法无法显示。其中，由于未给这个对象的成员属性进行赋值，因此其值都是 NULL。

3.操作成员属性和方法

在步骤 2 中，通过 var_dump()函数查看了 Employee 对象的详细信息，并且可以看到对象成员属性的值都是 NULL，这是因为还没有给对象的成员属性赋值。接下来，修改"instance.php"文件，完成对员工对象属性的赋值以及成员方法的调用，实现代码如下。

图 4-1　查看 Employee 对象信息

```php
1    <?php
2    //声明文件解析的编码格式
3    header('Content-type:text/html;charset=utf-8');
```

```
4    //载入 Employee 类文件
5    require 'Employee.class.php';
6    //创建员工对象
7    $e1 = new Employee;
8    //为对象属性赋值
9    $e1->name = '张三';
10   $e1->age = 25;
11   //调用成员方法
12   $e1->introduce();
13   //创建员工对象
14   $e2 = new Employee;
15   //为对象属性赋值
16   $e2->name = '李四';
17   $e2->age = 30;
18   //调用成员方法
19   $e2->introduce();
20   ?>
```

在上述代码中，通过第 7 行和第 14 行代码分别实例化了两个员工对象，并通过第 9 ~ 10 行和第 16 ~ 17 行代码为这两个员工对象的属性赋值。最后，通过第 12 行和第 19 行代码调用 introduce()方法。

其中，需要注意的是，introduce()方法中存在一个特殊的变量 "$this"，它代表当前对象。在类中可通过 "$this->成员属性/成员方法" 的方式完成对象内部成员之间的访问。

打开浏览器，访问 "instance.php" 文件，运行结果如图 4-2 所示。

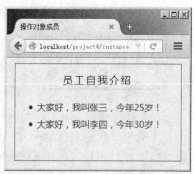

从图 4-2 可以看出，对象$e1 和对象$e2 的属性是一样的，但是属性的值却不一样。由此可知，对同一个类进行实例化后，对象就会具有相同的属性，但是属性的值却是由每个对象自己赋值决定的。

图 4-2 执行 introduce()方法的结果

任务二 面向对象三大特征

任务说明

面向对象编程有三大特征，即封装、继承和多态。下面请在上一个任务的基础上，实现面向对象三大特征。具体要求如下。

● 封装 Employee 类的属性后，再次运行 "instance.php" 文件，观察结果。

● 在 Employee 类中使用构造方法完成对私有属性的赋值，在 "instance.php" 文件中，带参数实例化 Employee 类，接着调用 introduce()方法，观察结果。

● 定义一个普通员工类和管理层员工类（空类，在类中不定义属性和方法），完成对

Employee 类的继承。在 "instance.php" 文件中，完成这两个子类的实例，并调用
introduce()方法，观察结果。

● 在普通员工和管理层员工类中，分别重写父类中的 introduce()方法。其中，需要注意
的是，Employee 类中属性的访问修饰符为 private，则在子类中不能够访问，需将其修
改为 protected。

知识引入

1. 访问修饰限定符

在 PHP 中，为了对类中成员的访问做出限制，提供了三种访问修饰符：public、protected
和 private。它们可以对类中成员的访问做出一些限制，具体使用方式如下。

● public：公有修饰符，所有的外部成员都可以访问这个类的成员。如果类的成员没有
指定访问修饰符，则默认为 public。

● protected：保护成员修饰符，被修饰为 protected 的成员不能被该类的外部代码访问，
但是对于该类的子类可以对其访问、读写等。

● private：私有修饰符，被定义为 private 的成员，对于同一个类里的所有成员是可见的，
即没有访问限制，但对于该类外部的代码不允许进行改变，对于该类的子类同样也不
能访问。

需要注意的是，在 PHP 4 中，所有的属性都用关键字 var 声明，它的使用效果和使用
public 一样。因为考虑到向下兼容，PHP 5 中保留了对 var 的支持，但会将 var 自动转换为
public。

2. 构造方法与析构方法

（1）构造方法

从前面所学可知，当实例化一个类的对象后，如果要为这个对象的属性赋值，则需要直
接访问该对象的属性。因此为了解决这个问题，可以使用 PHP 提供的构造方法。它可在实例
化对象的同时就为这个对象的属性进行赋值，并且它会在类实例化对象时自动调用，用于对
类中的成员进行初始化。

在 PHP 中，每个类都有一个构造方法，在创建对象时，自动调用进行初始化操作，其语
法格式如下。

```
访问修饰限定符 function __construct(参数列表){
    //初始化操作

}
```

从上述语法可知，类的构造方法的名称必须为__construct，访问修饰限定符可以省略，默
认为 public。

读者需要注意的是，与类同名的方法也被视为构造方法。例如，Employee 类中，如果定
义了一个 Employee()方法，那么它也是构造方法。这是早期 PHP 版本中定义构造方法的方式。
PHP 为了向前兼容，现在仍然支持这种方式。

当一个类中同时存在这两种构造方法时，PHP 会优先选择__construct()执行。如果不支持
这种方式，才会执行与类同名的构造方法。

（2）析构方法

与构造方法相对应的是析构方法，它会在对象被销毁之前自动调用，完成一些功能或操

作的执行，如关闭文件、释放结果集等，其语法格式如下。

```php
public function __destruct(){
    //清理操作
}
```

在上述语法中，需要注意的是，析构方法一般情况下不需要手动调用，系统会自动调用，因此，只需明确析构方法在何时被调用即可。

3. 继承

在程序开发中，继承描述的是事物之间的所属关系，通过继承可以使多种事物之间形成一种关系体系。例如，猫和狗都属于动物，程序中便可以描述为猫和狗继承自动物。同理，波斯猫和巴厘猫继承自猫，而沙皮狗和斑点狗继承自狗。这些动物之间会形成一个继承体系，具体如图 4-3 所示。

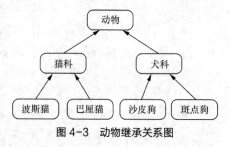

图 4-3　动物继承关系图

在 PHP 中，类的继承是指在一个现有类的基础上构建一个新的类，构建出来的新类被称作子类，现有类被称作父类，子类会自动拥有父类所有可继承的属性和方法，具体语法格式如下。

```php
class 子类名 extends 父类名{
    //类体
}
```

在上述语法格式中，使用 extends 关键字可以实现类的继承。子类在继承父类时，会继承父类的所有公共成员和受保护的成员，而不会继承父类的私有成员。

同时需要注意的是，在 PHP 中只能实现单继承，也就是说，子类只能继承一个父类（直接继承的类），但一个父类可以被多个子类所继承。

4. 重写

多态指的是同一操作作用于不同的对象，会产生不同的执行结果。在 PHP 中可以通过重写来实现多态效果。重写的过程很简单，只需要在子类中同样存在这个方法，并对方法体进行重新实现即可。

父类文件：Parent.class.php，示例代码如下。

```php
<?php
class Parent{
    protected function call(){
        echo '这里是父类!';
    }
}
```

子类文件：Child.class.php，示例代码如下。

```php
<?php
class Child extends Parent{
```

```
    protected function call(){
        echo '这里是子类!';
    }
}
```

在上述两段代码中，当 Parent 类的对象调用 call() 方法时，输出的是"这里是父类!"的提示信息。由于 Child 类继承自 Parent 类，并且对 Parent 类中的 call() 方法进行了重写，因此，当 Child 类的对象调用 call 方法时，输出的是"这里是子类!"，达到了同是调用 call() 方法，可以输出不同信息的目的。但在重写方法时，需要注意以下两点。

- 重写方法的参数数量必须一致。
- 子类的方法的访问级别应该等于或弱于父类中的被重写的方法的访问级别。

任务实现

1. 封装

打开"project4/Employee.class.php"文件，修改 Employee 类，完成对该类的封装。具体实现代码如下。

```
1   <?php
2   //定义员工类
3   class Employee{
4       //成员变量
5       private $_name;
6       private $_age;
7       //成员方法
8       public function introduce(){
9           echo '大家好，我叫'.$this->_name.'，今年'.$this->_age.'岁！ <br>';
10      }
11  }
12  ?>
```

上述第 5~6 行代码将员工姓名属性 name 和年龄属性 age 的访问修饰符修改为私有的 private；同时，为了区别私有成员和其他成员，一般在私有成员的前面添加"_"进行标识。

接下来，修改"project4/instance.php"文件，完成对员工对象属性的赋值，具体实现代码如下。

```
1   //创建员工对象
2   ……
3   //为对象属性赋值
4   $e1->_name = '张三';
5   $e1->_age = 25;
6   $e2->_name = '李四';
7   $e2->_age = 30;
```

```
8    //调用成员方法
9    ……
```

在上述第 4~7 行代码中，修改"instance.php"文件中所有对象属性的名称，让其与
Employee 类中定义的成员名称一致。通过浏览器访问"instance.php"，运行结果如图 4-4 所示。

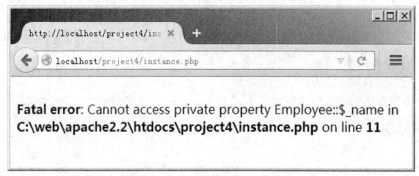

图 4-4　封装 Employee 类

从图 4-4 可知，在"instance.php"文件中为 Employee 类的私有属性成员赋值会出现致命
错误，这是由于类的私有成员只能在类内访问，不能在类外访问。因此，接下来需要在
Employee 类中添加构造方法，完成对 Employee 类私有属性的赋值。

修改"project4/Employee.class.php"文件，添加构造方法，使其在类实例化时，即可完成
对私有属性的赋值，具体代码如下。

```
1    public function __construct($name,$age){
2        //为私有属性赋值
3        $this->_name = $name;
4        $this->_age = $age;
5    }
```

上述第1行代码中的形式参数$name和$age是用户在实例化 Employee 类时需要传递的值，
而第 3~4 行代码则用于为 Employee 类的私有属性赋值。

最后，修改"project4/instance.php"文件，完成带参实例化 Employee 类，并调用 introduce
()方法，具体实现代码如下。

```
1    //创建员工对象
2    $e1 = new Employee('张三',25);
3    //创建员工对象
4    $e2 = new Employee('李四',30);
5    //调用成员方法
6    $e1->introduce();
7    $e2->introduce();
```

在上述代码中，第 2 行和第 4 行代码用于在实例化 Employee 类时，为该类的构造方法传
递参数，完成对私有属性的赋值。

下面在浏览器中访问"instance.php"，运行结果如图 4-5 所示。

图 4-5　构造方法的使用

从图 4-5 可知，私有属性仅能在本类内访问（定义位置和访问位置皆在本类内）；若要在类外访问私有属性，可以通过类的构造方法进行赋值。

2. 继承

在员工信息管理中，普通员工和管理层员工既有相同的特点，又有不同的地方。下面在"project4"文件夹下创建"NormalEmployee.class.php"文件，完成普通员工对员工类的继承，避免员工相同特性代码的重复性，具体实现代码如下。

```
1    <?php
2    //定义普通员工类
3    class NormalEmployee extends Employee{}
4    ?>
```

接着，在"project4"文件夹下创建"ManageEmployee.class.php"文件，完成管理层员工对员工类的继承，避免代码的重复性，具体实现代码如下。

```
1    <?php
2    //定义管理层员工类
3    class ManageEmployee extends Employee{}
4    ?>
```

从上述两段代码可知，一个类（Employee）可以被多次继承，但是一个类（Normal-Employee 或 ManageEmployee）不能有多个父类，只能有一个父类（Employee）。

接下来，修改"project4/instance.php"文件，完成带参实例化 NormalEmployee 类和 ManageEmployee 类，并调用 introduce ()方法，具体代码如下。

```
1    <?php
2    //声明文件解析的编码格式
3    header('Content-type:text/html;charset=utf-8');
4    //载入类文件
5    require 'Employee.class.php';
6    require 'NormalEmployee.class.php';
7    require 'ManageEmployee.class.php';
```

```
8    $e1 = new NormalEmployee('dogface',24);
9    $e1->introduce();
10   $e2 = new ManageEmployee('leader',38);
11   $e2->introduce();
12   ?>
```

在上述代码中，通过第 5~7 行代码载入定义的父类（Employee）和子类（Normal-Employee 和 ManageEmployee）文件，第 8 行和第 10 行代码用于实例化子类并传递参数，第 9 行和第 11 行代码则用于调用 introduce()方法。此时，在浏览器中访问"instance.php"文件，观察程序输出结果，如图 4-6 所示。

图 4-6　类的继承

3. 多态

对于同一个操作，不同的对象调用会产生不同的执行结果，体现了面向对象的多态性。接下来，在 NormalEmployee 类和 ManageEmployee 类中重写父类中 introduce()方法，从而完成不同的操作。

修改"project4/NormalEmployee.class.php"文件，完成普通员工的自我介绍方法的实现，具体代码如下。

```
1    <?php
2    //定义普通员工类
3    class NormalEmployee extends Employee{
4        public function introduce(){
5            echo '普通员工：'.$this->name.'，愿做企业的基石！<br>';
6        }
7    }
8    ?>
```

修改"project4/ManageEmployee.class.php"文件，完成管理层员工的自我介绍方法的实现，具体代码如下。

```
1    <?php
2    //定义管理层员工类
3    class ManageEmployee extends Employee{
```

```
4        public function introduce(){
5            echo'管理层员工：'.$this->name.'，愿做企业的桥梁！<br>';
6        }
7    }
8    ?>
```

由于 Employee 类中定义的属性为私有属性，仅能在本类中访问，因此，为了让其在子类中也可以被访问，现打开"project4/Employee.class.php"文件，将私有属性修改为保护类型的 protected，具体代码如下。

```
1    <?php
2    //定义员工类
3    class Employee{
4        //成员变量
5        protected $_name;
6        protected $_age;
7        //成员方法
8        ……
9    }
10   ?>
```

在浏览器中访问"instance.php"，运行结果如图 4-7 所示。

图 4-7　多态的实现

从图 4-7 可知，通过不同子类对父类方法的重写，就可以完成不同信息的输出。由此可见，多态使程序变得更加灵活，有效地提高了程序的扩展性。

任务三　魔术方法

任务说明

在上一个任务中，当遇到不可访问的成员属性时，通过在构造方法中为成员赋值，或是将成员的访问修饰符修改为保护的 protected 的方式解决。PHP 中提供了__get()和__set()魔术方法，用于在程序运行过程中调用未定义或不可访问的成员时，被自动调用。下面请利用这两个方法完成对 PHP 中不可访问的成员的设置和获取，具体要求如下。

- 在__set()方法中为 Employee 类中的私有属性赋值。
- 在__get()方法中获取 Employee 类中私有属性的值。

知识引入

在 PHP 中，经常会有不存在或受到访问修饰符限制的成员，对这些不可访问的成员进行的处理称为 PHP 重载。而魔术方法就是对 PHP 重载的实现。所谓魔术方法，就是以双下划线开头的方法。且魔术方法有一个特点，就是不需要手动调用。它会在某一时刻自动执行，为程序的开发带来极大的便利。如前面介绍过的__construct()和__destruct()方法。接下来将针对 PHP 中其他常用的魔术方法进行详细介绍。

1. __set()

在 PHP 中，在为当前环境下未定义或不可访问的成员赋值时，__set()方法会被自动调用，其语法格式如下。

```
public function __set($name,$value){
    //为$name 赋值为$value
}
```

在上述语法中，__set()方法的第 1 个参数为属性名，第 2 个参数是要给属性设置的值。例如，当需要在外部设置私有成员属性的值（如$e1->_name='张三'）时，通过定义__set($name,$value)方法可以获取属性名"_name"和属性值"张三"，分别保存在变量参数$name 和$value 中。然后通过__set()方法为私有属性_name 设置属性值。

2. __get()

在 PHP 中，读取不存在的或被访问修饰符限制的成员属性时，程序就会自动调用__get()方法进行处理，其语法格式如下。

```
public function __get($name){
    //返回$name 的值
}
```

在上述语法中，参数$name 表示需要获取的成员属性的名称。例如，在外部访问私有属性，且由于私有属性已经被封装，不能直接获取值（例如，"echo $e1->_name"这样直接获取是错误的）。但是若定义了__get($name)方法，在获取"$e1->_name"时，会将属性名为"_name"的属性值传给参数$name，然后就可以在__get()方法中获取并返回该私有属性的值。

3. __clone()

__clone()方法用于在使用 clone 关键字克隆对象时，完成对新对象的某些属性重新初始化的操作，其语法格式如下。

```
public function __clone(){
    //重新初始化克隆新对象的某些属性
}
```

从上述语法可知，__clone()方法没有参数。其中，关于对象的克隆需要了解的是，对象的克隆分为深克隆和浅克隆。所谓深克隆，就是对象属性如果为对象，则将其生成克隆副本；

所谓浅克隆（默认），就是仅仅将当前对象属性进行克隆操作，如果对象属性为对象，则不会做克隆工作，具体示例代码如下。

```php
<?php
class Book{                              //定义书籍类
    public $name = 'PHP_Base';           //图书的名称
    public $sales = 0;                   //图书的销量
    //克隆时，重新为图书的销量赋值
    public function __clone(){
        $this->sales = 300;
    }
}
$b1 = new Book;                          //实例化对象
$b2 = clone $b1;                         //克隆对象
/*
*输出结果：object(Book)#1 (2) { ["name"]=> string(8) "PHP_Base" ["sales"]=> int(0) }
* object(Book)#2 (2) { ["name"]=> string(8) "PHP_Base" ["sales"]=> int(300) }
*/
var_dump($b1,$b2);
?>
```

在上述代码中，首先在 Book 类中定义两个属性，分别用于保存图书的名称和销量；同时定义__clone()方法，用于在克隆对象时，重新为图书的销量初始化。从上述代码的输出结果可以看出，利用 clone 对象时，调用__clone()方法将销量修改为 300 成功。

4.__call()

在 PHP 中，当调用一个不存在或不可访问的类属性和方法时，程序会自动调用重载方法__call()，其语法格式如下。

```php
public function __call ($name , $args){
    //方法体
}
```

在上述语法中，第 1 个参数$name 表示待调用的方法名称，第 2 个参数$args 表示调用方法的实参列表数组。其中，需要注意的是，PHP 新增了一个静态版重载方法__callStatic()，用于在静态方法被重载时触发，其功能与__call()一致，具体示例代码如下。

```php
<?php
class Book{                                      //定义书籍类
    private function directory($name,$sales){    //定义图书销售目录
        echo $name.'---'.$sales;
    }
    public function __call($f_name,$f_args){     //处理不可访问的成员
        list($name,$sales) =  $f_args;           //用数组中的元素为变量赋值
        $this->$f_name($name,$sales);
```

```
        }
    }
    $b1 = new Book;                          //实例化对象
    $b1->directory('PHP',300);               //调用私有方法，获取图书销售目录
    ?>
```

在上述代码中，当 Book 类的对象$b1 调用私有成员方法 directory()方法时，程序会自动调用__call()方法，通过该方法的$f_name 参数获取 directory()方法名称，$f_args 参数获取 directory()方法的参数列表，最后，在__call()方法中调用$f_name()方法即可成功获取图书销售目录。

任务实现

1.使用__set()设置属性

修改"project4/Employee.class.php"文件，删除该类中的构造方法，添加以下代码，用于设置不可访问的成员属性值。

```
1    //定义__set()方法，用于设置 Employee 对象的属性
2    public function __set($n,$v){
3        $this->$n = $v;
4    }
```

在上述代码中，参数变量$n 表示不可访问的成员属性名称，$v 表示该属性的值，第 2~4 行代码完成了不可访问成员属性的重载。

2.使用__get()获取属性值

接着，在"project4/Employee.class.php"文件中添加以下代码，用于获取不可访问属性的值。

```
1    //定义__get()方法，用于获取 Employee 对象的属性值
2    public function __get($n){
3        if(isset($this->$n)){
4            return $this->$n;
5        }else{
6            return NULL;
7        }
8    }
```

在上述代码中，参数变量$n 表示不可访问成员属性名，首先通过第 3 行代码判断当前属性是否存在，若存在，则执行第 4 行代码返回该属性值，若不存在，则执行第 6 行代码返回 NULL。

3.查看任务结果

完成以上步骤后，打开"project4/instance.php"文件，修改普通员工和管理层员工实例化对象和为属性赋值的相关代码，观察是否满足任务要求，实现代码如下。

```
1    //创建普通员工类对象
2    $e1 = new NormalEmployee();
```

```
3    //为对象属性赋值
4    $e1->_name='dogface';
5    $e1->_age=24;
6    //创建管理层员工类对象
7    $e2 = new ManageEmployee();
8    //为对象属性赋值
9    $e2->_name='leader';
10   $e2->_age=38;
11   $e1->introduce();
12   $e2->introduce();
```

在上述代码中，当程序执行到第 4 行代码时，发现此处为不可访问的成员属性（私有成员属性）设置属性值，因此，程序将自动调用 Employee 类中定义的 __set() 方法，完成对不可访问成员属性赋值的处理。同理，第 5 行、第 9 行和第 10 行代码皆如此。

当程序执行到第 11～12 行代码时，调用各自类中重写的 introduce() 方法，此时在该方法中获取了不可访问成员属性（私有成员属性）的值。因此，程序将自动调用 Employee 类中定义的 __get() 方法，完成获取不可访问属性的值。

在浏览器中访问 "instance.php"，运行结果如图 4-7 所示，说明此时按照任务说明修改成功。

任务四　静态工具类

任务说明

在项目的开发中，有些功能需要频繁调用，如类库的载入、参数的读取等操作。请利用 PHP 提供的静态成员方法来解决这类问题，完成员工静态工具类的封装。具体要求如下。

● 设置两个私有的静态属性，用于保存用户传递的类文件名称和方法名称。
● 封装静态的方法，用于初始化静态工具类的属性。
● 编写一个公共的静态入口方法，完成类库的加载以及方法的调用。
● 编写一个入口文件，用于载入静态工具类，完成入口方法的调用。

知识引入

1. 静态成员

为了满足在程序开发中，有些数据在内存中只有一份但又被类的所有实例对象所共享的需求，PHP 提供了静态成员，即静态（成员）属性和静态（成员）方法。定义静态成员的语法格式如下。

```
访问修饰限定符  static  变量名
访问修饰限定符  static function  方法名(){}
```

从上述语法可知，静态成员与普通成员之间在定义时唯一的区别就是多了 static 关键字。但是读者需要注意的是，静态成员是属于类的。因此在使用静态成员时，需要通过静态访问符 "::" 来访问，具体语法如下。

```
类名::静态成员              //静态成员访问方式一
self::静态成员             //静态成员访问方式二
static::静态成员           //静态成员访问方式三
```

在上述语法格式中，通过类名的方式，既可以在类的内部又可以在类的外部访问本类的静态成员。而使用 self 的方式，仅可以在类的内部访问本类的静态成员。通过 static 的方式，既可以在本类内又可以在其父类中访问静态成员。

另外，除了使用上述方式访问静态成员，实际上实例化的对象也能够访问静态成员。但是在实际开发中并不提倡这种用法。一般而言，对象用来调用非静态方法，类用来调用静态方法。

2. 类常量

在 PHP 中，类内除了可以定义成员属性、成员方法、静态成员属性、静态成员方法外，还可以定义类常量。所谓类常量，就是在类中使用 const 关键字定义的常量，其语法格式如下。

```
const 类常量名 = '常量值';
```

类常量命名规则与变量名一致，但在开发习惯上通常把类常量名以大写字母表示。而对于类常量的使用，则需要通过"类名::常量名称"的方式进行访问。其中"::"称为范围解析符，简称双冒号。

在开发中，学会使用类常量不仅可以在语法上限制数据不被改变，还可以简化说明数据，方便开发人员的阅读与数据的维护。

3. final 关键字

PHP 中的继承特性给项目开发带来了巨大的灵活性，但有时在开发中，要保证某些类或某些方法不能被改变。此时，就需要使用 final 关键字。final 关键字有"无法改变"或者"最终"的含义，因此被 final 关键字修饰的类不能被继承，以及被 final 关键字修饰的方法不能被重写。

（1）final 类

当希望某个类不能被继承，只能被实例化时，就可以通过 final 关键字来声明，示例代码如下。

```
final class Child{
    //本类不能被继承，只能被实例化
}
```

（2）final 方法

在程序开发中，若要求在子类中一定会存在某个功能一样的方法，则可以使用 final 关键字修饰该方法。具体示例代码如下。

```
class Parent{
    final protected function call(){
        echo '该方法使用 final 关键字声明，不能被子类重写。';
    }
}
```

上述代码中定义的 call() 方法使用了 final 关键字进行修饰，表示该 Parent 类的子类不能对该方法进行重写，达到了在子类中限制重写父类方法，让子类与父类具有相同操作的作用。

任务实现

1. 获取请求参数

在 "project4" 文件夹下创建 "Framework.class.php" 文件，在该文件中接收并处理用户传递过来的参数，完成用户请求参数获取的操作，具体实现代码如下。

```php
1    <?php
2    class Framework{
3        private static $_module;        //保存用户请求的类名
4        private static $_action;         //保存用户请求的操作（方法）名
5        //获取请求参数，module=类文件名 action=操作名
6        private static function _getParams(){
7            self::$_module   = isset($_GET['module']) ? $_GET['module']   : '';
8            self::$_action = isset($_GET['action']) ? $_GET['action']   : '';
9        }
10   }
11   ?>
```

上述第 3 ~ 4 行代码按照任务要求定义静态属性，用于保存用户传递的类文件名和操作名。第 6 ~ 9 行代码用于获取请求参数。其中，在获取用户传递的参数时，需要使用 isset 判断是否存在，若存在，则为对应的静态属性赋值，否则为静态属性赋空值。

需要注意的是，在类内，由于静态属性是属于类的成员，因此不可以使用 $this 对其进行操作。

2. 设置入口方法

继续编辑 "project4/Framework.class.php" 文件，编写 runApp() 方法，用于实现一次调用即可完成所有操作。如加载用户传递的类文件，并请求用户传递的操作方法，具体代码如下。

```php
1    public static function runApp(){
2        self::_getParams();              //获取请求参数
3        if(self::$_module || self::$_action){
4            //加载类文件
5            require './'.self::$_module.'.class.php';
6            //实例化
7            $module = new self::$_module();
8            //调用成员方法
9            $module->{self::$_action}();
10       }else{
11           echo '文件或操作名为空或不存在';
12       }
13   }
```

上述第 2 行代码用于获取用户传递的参数，完成 Framework 类中静态属性的赋值。第 3 行代码用于判断类文件名或操作名是否为空，若为空，输出提示信息（这里进行简单处理），

若不为空，则通过第 5 行代码载入该类文件，并利用第 7~9 行代码实例化该类，调用操作方法。

其中，第 9 行代码中的"{}"用于界定 PHP 代码，防止程序运行时出现语法错误。

3. 编辑入口文件

在"project4"文件夹下创建"index.php"文件，用于完成静态工具类的载入，以及入口方法的调用，具体实现代码如下。

```
1    <?php
2        header('Content-Type:text/html;charset=utf-8');
3        //载入基础框架文件
4        require './Framework.class.php';
5        //调用入口方法
6        Framework::runApp();
7    ?>
```

在上述代码中，由于"Framework.class.php"文件中 runApp()是静态方法，因此在类外需要使用类名进行访问，完成入口方法的调用。

4. 查看任务结果

在浏览器中输入"http://localhost/project4/index.php?module=Employee&action=introduce"，运行结果如图 4-8 左图所示。

图 4-8 静态工具类

从图 4-8 左图可以看出，当在 URL 地址中传递 module 和 action 参数后，程序仅调用 runApp()方法即可完成所有任务操作。当用户直接访问"http://localhost/project4"时，即可得到图 4-8 右图所示的提示信息。

任务五 自动加载

任务说明

在项目开发过程中，由于业务越来越复杂，一个脚本中需要加载的类库文件越来越多。例如，用户需要加载 NormalEmployee 类库文件完成普通员工的功能实现；在使用 include 或 require 载入该类库文件后，还需要载入该类库文件的父类 Employee 文件。类似这样的业务需求，采用手动载入类文件，或在一个文件中完成所有文件的定义皆有局限性。

针对这种情况，下面请利用 PHP 提供的自动加载机制完成静态工具类库的自动加载。

知识引入

1. 自动加载

PHP 开发过程中，如果希望从外部引入一个类，通常会直接使用 include 和 require 方法将类文件包含进来。但在项目开发中，使用此种方式不仅会降低效率，且会使代码难以维护。如果不小心忘记引入某个类的定义文件，PHP 就会报告一个致命错误，导致整个应用程序崩溃。

为了解决上述问题，PHP 提供了类的自动加载机制，即魔术方法 __autoload()。它能够方便地实现类库的自动加载，运用该方法可以在实例化对象之前自动加载指定的类文件。在方法体中，可以根据不同文件存放规则，实现更为复杂的自动加载机制。例如，打开"project4/instance.php"文件，去掉文件中所有载入类库文件的代码；然后添加以下代码，即可完成所需类库的自动加载。

```
function __autoload($className){
    require $className.'.class.php';
}
```

最后，在浏览器中重新访问"instance.php"文件，效果与图 4-7 相同。同时，需要注意的是，__autoload()函数只有在试图使用未被定义的类时自动调用，且本书中所有需自动加载的类与类库文件名相同。

2. 自定义加载

在编程中，运用自动加载方法 __autoload()虽然简单易用，但却不是很灵活。因此 PHP 提供了一种用户自定义加载的机制，首先需创建一个自定义加载函数，然后使用 spl_autoload_register()函数将其注册到 SPL __autoload 函数栈中，使其成为自动加载函数，具体示例代码如下。

```
1    // 用户自定义加载函数
2    function user_autoload($className){
3        require "./$className.class.php";
4    }
5    //将用户自定义的函数注册成为自动加载函数
6    spl_autoload_register('user_autoload');
```

在上述代码中，第 2～4 行代码定义了自动加载函数，该函数又称为加载器。第 6 行代码使用 spl_autoload_register()函数把加载器 user_autoload()注册到 SPL__autoload 函数栈中。spl_autoload_register()函数可以很好地处理多个加载器的情况，它会按顺序依次调用之前注册过的加载器。

任务实现

1. 设置类库加载规则

打开"project4/Framework.php"文件，在 Framework 类中添加以下代码，完成类库加载规则的定义。

```
1    public static function user_autoload($className){
2        require $className.'.class.php';
3    }
```

根据本项目的文件分布情况，所有文件皆与当前文件所在目录相同，且类库的文件名称与类的名称相同，类库的文件后缀皆以".class.php"结尾。因此，利用第 2 行代码定义的规则，即可正确自动加载所有需要且未被载入的类库文件。

2. 设置自定义加载函数

接着，继续编辑"project4/Framework.php"文件，添加以下代码，使用 spl_autoload_register() 函数完成用户自定义自动加载函数的注册。

```
1    private static function _registerAutoLoad(){
2        spl_autoload_register(array('self','user_autoload'));
3    }
```

在上述第 2 行代码中，spl_autoload_register() 的参数是一个数组。该参数数组的第 1 个元素表示调用用户自定义加载函数的类，第 2 个参数表示需要注册为自动加载的用户自定义函数。

3. 实现类库的自动加载

打开"project4/Framework.php"文件，去掉入口方法 runApp() 中加载类库文件的代码，添加以下第 3 行代码，完成用户自定义自动加载函数 user_autoload 的注册。修改后代码如下。

```
1    public static function runApp(){
2        self::_getParams();              //获取请求参数
3        self::_registerAutoLoad();       //注册自动加载方法
4        if(self::$_module || self::$_action){
5            //实例化
6            $module = new self::$_module();
7            //调用成员方法
8            $module->{self::$_action}();
9        }else{
10           echo '文件或操作名为空或不存在';
11       }
12   }
```

按照上述代码修改完成后，打开浏览器访问"http://localhost/project4/index.php"文件，并在 URL 地址栏中传递"?module=NormalEmployee&action=introduce"，效果如图 4-9 所示。

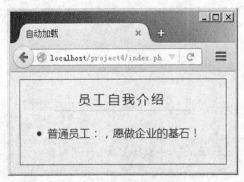

图 4-9　自动加载

从图 4-9 可知，程序成功地自动加载了 CommonEmployee 类及其父类 Employee，同时成功地访问到 NormalEmployee 类中的 introduce 方法。由此可以看出，在项目开发的过程中，合理使用自动加载可以有效地提高开发和维护效率。

任务六　异常处理

任务说明

在项目开发中，不论执行添加、修改、删除还是查看操作，皆要符合项目开发的业务逻辑。因此，在处理这些操作时，需要进行异常处理，避免不符合业务逻辑的操作执行。下面请在员工类中编写添加员工信息的方法，完成员工信息添加操作的异常处理。具体要求如下。

- 当获取的员工信息为空时，使用 throw 关键字抛出 Exception 异常，并设置异常提示信息。
- 在静态工具类 Framework 中进行异常的捕获和处理。

知识引入

1. 异常的处理

异常处理与错误的区别在于，异常定义了程序中遇到的非致命性的错误，如程序运行时磁盘空间不足、网络连接中断、被操作的文件不存在等。在处理这些异常时，需要使用 try{} 包裹可能出现异常的代码，使用 throw 关键字来抛出一个异常，利用 catch 捕获和处理异常，具体示例代码如下。

```
$a = 50;
$b = 50;
try{
    if($a == $b){
        throw new Exception('变量 a 等于变量 b');
    }else{
        echo "变量 a 与变量 b 不等";
    }
}catch(Exception $e){
    echo    $e->getMessage();
}
```

在上述代码中，当$a 与$b 相等时，就利用 throw 关键字抛出异常信息；否则，就输出变量 a 与变量 b 不等。其中 Exception 类是 PHP 内置的异常类，getMessage()是 Exception 类中用于返回异常信息的方法，通过异常对象$e 调用，即可获取当前程序中的错误信息，从而方便程序对错误进行处理。

2. 自定义异常

虽然 PHP 中提供了处理异常的类 Exception，但在开发中，若希望针对不同异常使用特定的异常类进行处理，就需要创建一个自定义异常类。而自定义异常类非常简单，只需要继承自 Exception 类，并添加自定义的成员属性和方法即可，具体示例代码如下。

```
//自定义异常类：检测不是数字或数字组成的字符串变量
class CusException extends Exception{
    //定义异常信息方法
    public function excMessage(){
        //定义异常显示格式
        $excmsg = 'Error on line '.$this->getline();
        $excmsg .= ' in '.$this->getFile().'<br>';
        $excmsg .= $this->getMessage().' is not a number!';
        //返回异常信息
        return $excmsg;
    }
}
$var = 'abc';
try{
    if(!is_numeric($var))
        //不是数字或数字组成的字符串，就抛出异常
        throw new CusException($var);
}catch(CusException $e){
    //输出异常信息
    echo    $e->excMessage();
}
```

在上述代码中，自定义一个继承自 Exception 类的异常类 CusException，在该类中添加了成员方法 excMessage()，让其按照规定的格式显示异常信息。接下来，在判断变量$var 时，若$var 不是数字或数字组成的字符，就抛出自定义异常 CusException，并使用 catch 捕获和处理该异常，达到对不同异常进行特定处理的效果。

3.多个 catch 块

实际上，对于同一个脚本异常的捕获，不仅可以使用一个 try 语句对应于一个 catch 语句，还可以使用一个 try 语句对应于多个 catch 语句，用来检测多种情况。并且这些异常能够使用不同的异常类，返回不同的错误消息，具体示例代码如下。

```
$var = '12';
    try{
        if(is_numeric($var)){
            throw new Exception($var.' is a number');
        }else{
            //不是数字或数字组成的字符串，就抛出异常
            throw new CusException($var);
        }
    }catch(CusException $e){
        //输出异常信息
        echo    $e->excMessage();
```

```
    }
    catch(Exception $e){
        //输出异常信息
        echo   $e->getMessage();
    }
    //自定义异常类：检测不是数字或数字组成的字符串变量
    class CusException extends Exception{
        //定义异常信息方法
        public function excMessage(){
            //返回异常信息
            return $this->getMessage().' is not a number!';
        }
    }
```

在上述代码中，当变量$var 是一个数字或数字组成的字符串时，抛出 Exception 异常，输出该变量是一个数字，否则抛出一个自定义异常 CusException，输出该变量不是一个数字。由此可以看出，多个 catch 块的使用可以更好地捕获并处理异常信息。

任务实现

1.抛出异常

打开"project4/Employee.class.php"文件，添加以下代码，用于完成添加员工操作的异常处理。

```
1    public function add(){
2        //保存添加的员工信息
3        $info = isset($_POST['data']) ? $_POST['data'] : '';
4        //如果员工信息为空，则抛出异常
5        if(empty($info)){
6            throw new Exception("员工信息不能为空，添加失败！");
7        }else{
8            //接下来，处理员工添加，这里不过多介绍
9            echo "添加员工成功";
10       }
11   }
```

上述第 3 行代码用于获取员工添加信息，第 5 行代码用于判断该员工信息是否为空，为空时，利用第 6 行代码抛出异常，提示"员工信息不能为空，添加失败!"，不为空时，则对员工添加进行处理，这里仅输出提示信息表示添加成功。

2.捕获和处理异常

接下来，打开"project4/Framework.class.php"文件，修改入口方法 runApp()，完成对成员方法调用的异常捕获和处理，具体修改代码如下。

```
1    try{
2        //调用成员方法
```

```
3        $module->{self::$_action}();
4    }catch(Exception $e){
5        require 'temp.php';
6    }
```

在上述代码中，使用 try{}包裹可能出现异常的代码。当类调用成员方法出现异常时，使用 catch 捕获和处理异常，然后执行第 5 行代码，载入异常信息展示页面。

下面在当前文件夹下创建"temp.php"文件，用于展示异常信息，具体代码如下。

```
1    <div>
2    <p>异常提示</p>
3    <ul>
4        <li>程序发生异常</li>
5        <li><?php echo $e->getMessage(); ?></li>
6    </ul>
7    </div>
```

上述第 2 行代码用于展示异常信息页面的标题，第 4 行代码告诉用户程序运行发生异常，最后在第 5 行动态展示异常抛出时设置的提示信息。

3. 查看任务结果

打开浏览器，访问"http://localhost/project4/index.php"文件，同时传递"?module=Employee&action=add"参数，运行效果如图 4-10 所示。

图 4-10　异常处理

从图 4-10 可知，当用户未提交用户添加信息，直接访问 Employee 类中的 add()方法时，程序发生异常，并显示异常的提示信息"员工信息不能为空，添加失败！"。

任务七　抽象类与接口

任务说明

在实际项目开发中，为了更好、更方便地从代码上规范团队成员，通常类的基础属性和方法都是由项目负责人进行编写，其他团队成员在编写相关类时，通过继承来获取基础属性和方法。接下来，请利用 PHP 提供的接口和抽象方法实现员工通信接口的定义与实现。具体要求如下。

- 定义通信接口（ComInterface），完成通信的连接、数据传输和断开连接。
- 定义手机类（MobilePhone）实现（implements）通信接口，完成必要功能的实现。

知识引入

1.抽象类与抽象方法

在网站开发中，经常需要为一个类定义一些方法来描述该类的特征，但同时又无法确定该方法的实现。例如，动物都会叫，但是每种动物叫的方式又不同。因此，可以使用PHP提供的抽象类和抽象方法来实现。抽象类和抽象方法的定义则需使用 abstract 关键字来修饰，具体语法格式如下。

```
abstract class 类名{
    //抽象方法的定义
    abstract function 方法名();
}
```

在上述语法格式中，使用 abstract 修饰，只有方法声明而没有方法体的特殊方法称为抽象方法。该方法需要在子类继承时再编写该方法的实现。

而对于抽象类来说，它不能被直接实例化，必须先继承该抽象类，然后实例化子类。且抽象类中如果有抽象方法，则子类必须实现抽象类中的所有抽象方法。另外，这些方法的访问权限必须和抽象类中一致或者更为宽松。如抽象类中某个抽象方法被声明为 protected，那么子类中实现的方法就应该声明为 protected 或者 public，而不能定义为 private。

2.接口的定义与实现

如果说抽象类是一种特殊的类，那么接口又是一种特殊的抽象类。若抽象类中的所有方法都是抽象的，则此时可以使用接口来定义，就像定义一个标准的类一样，具体语法如下。

```
interface 接口名{
    public function 方法名();
}
```

在上述语法中，接口中定义的所有方法必须都是 public，这是接口的特性。而由于接口中的方法都是抽象方法，没有具体实现，因此需要使用 implements 关键字来实现，具体方式如下。

```
class 类名 implements 接口名{
    //需要实现接口中的所有方法
    ......
}
```

在上述语法中，类中必须实现接口中定义的所有方法，否则会报一个 fatal 错误。如果要实现多个接口，可以用逗号来分隔多个接口的名称。

任务实现

1.接口的定义

在"project4"文件夹下创建接口文件"ComInterface.php"，完成员工通信接口的定义，实现员工通信连接、数据传输以及断开通信连接，具体实现代码如下。

```
1    <?php
2    //定义通信接口
3    interface ComInterface{
4        //开始连接
5        public function connect();
6        //传输数据
7        public function transfer();
8        //断开连接
9        public function disconnect();
10   }
11   ?>
```

在上述代码中，首先使用 interface 关键字来实现接口的定义，接着，在该接口中定义 3 个抽象方法（只有方法的定义，没有方法的实现），为员工通信的具体实现做准备。

2. 接口的实现

在"project4"文件夹下创建"MobilePhone.class.php"文件，为员工添加电话类 MobilePhone，并让该类完成通信接口 ComInterface 的实现，具体代码如下。

```
1    <?php
2    //实现通信接口
3    class MobilePhone implements ComInterface{
4        public function connect(){
5            echo '连接开始...'.'<br>';
6        }
7        public function transfer(){
8            echo '传输数据开始...传输数据结束!'.'<br>';
9        }
10       public function disconnect(){
11           echo '连接断开...'.'<br>';
12       }
13   }
14   ?>
```

上述第 1 行代码定义了 MobilePhone 类，该类通过 implements 关键字实现了 ComInterface 接口。因此，在该类中必须实现 ComInterface 接口中定义的 3 个抽象方法 connect()、transfer() 和 disconnect()。需要注意的是，若没有实现这 3 个接口中的任何一个抽象方法，系统都会报告错误。

3. 查看任务结果

接下来，修改静态工具类 Framework 中的自动加载规则，完成接口的自动加载，具体实现代码如下。

```
1    //自定义类库加载规则
2    public static function user_autoload($className){
```

```
3        if(substr($className,-9) == 'Interface'){
4            require $className.'.php';
5        }else{
6            require $className.'.class.php';
7        }
8    }
```

在上述第 3 行代码中，首先使用 substr()函数截取所需加载文件名的后 9 位字符，若截取后的字符串与 "Interface" 相等，则使用第 4 行的加载规则，否则执行第 6 行的加载规则。

下面，在浏览器中访问 "http://localhost/project4/index. php?module=MobilePhone&action=connect"，运行效果如图 4-11 所示。

图 4-11　接口的实现

从图 4-11 可以清晰地看出，在手机类 MobilePhone 中实现 connect()连接方法成功。读者可自行尝试访问 transfer()和 disconnect()方法验证接口是否实现成功。

动手实践

学习完前面的内容，下面来动手实践一下吧：

在登录网站时，为了提高网站的安全性，避免用户灌水等行为，经常需要输入各种各样的验证码。通常情况下，验证码是图片中的一个字符串（数字或英文字母），用户需要识别其中的信息，才能正常登录。PHP 中的验证码是通过图像绘制实现的。下面请结合面向对象完成验证码类的封装。

扫描右方二维码，查看动手实践步骤！

PART 5

项目五
新闻发布系统

- 掌握数据库的设计，学会常用 SQL 语句的编写
- 掌握 MySQL 扩展，学会用 MySQL 扩展操作数据库
- 掌握 PDO 扩展，学会用 PDO 扩展操作数据库
- 掌握新闻发布系统的开发，学会数据的增、删、改、查

项目描述

随着网络、通信等技术的迅速发展和人们生活水平的不断提高，目前，网络正以一种前所未有的冲击力影响着人类的生活。网络的发展颠覆了传统的信息传播方式，冲破了时间、空间的局限性，极大改变了人们的物质、文化和生活水平。新闻发布系统也由此应运而生，加快了人们获取信息的速度。

在本项目中，新闻发布系统可以发布新闻信息，并能够对新闻信息进行修改、删除等管理操作；查看新闻时，可以对新闻列表进行分页展示。接下来，将通过开发新闻发布系统，讲解 MySQL 的基础知识和 PHP 操作 MySQL 数据库的相关技术。

任务一 设计数据库

任务说明

随着动态网站的兴起和流行，在网站开发领域，数据库设计也成为一项重要的技能。数据库设计主要是通过分析项目的需求，根据不同的需求设计出符合要求的数据关系，并且可以在数据库中方便地管理数据。接下来，将根据新闻管理系统的需求来介绍数据库的设计，并练习对数据库中数据的管理。

知识引入

1. 访问数据库

在介绍 PHP 环境搭建时，通过 MySQL 自带的命令行工具实现了数据库的登录与退出。下面再来回顾一下 MySQL 的常用命令。

（1）登录 MySQL 数据库

安装 MySQL 数据库后，在 MySQL 安装目录的"bin"目录下，有一个客户端工具"mysql.

exe"。由于在安装 MySQL 时已经配置了环境变量，因此可以在命令行中直接输入"mysql"命令来使用该工具。在命令行中登录 MySQL 数据库的具体命令如下。

```
mysql –h localhost –u root –p
```

上述命令表示登录的 MySQL 服务器主机地址为 localhost（本地服务器），以 root 用户的身份登录，在登录时需要输入密码。值得一提的是，当登录的主机为本地时，可以省略"–h localhost"参数。上述命令执行后，MySQL 程序会提示输出密码，输入正确的密码即可成功登录。

（2）为 MySQL 设定字符集，避免中文乱码问题

由于 MySQL 命令行工具在 Windows 系统中是运行在 GBK 编码环境的，而 MySQL 服务器默认并非使用这种编码，为了避免不同编码导致乱码的问题，应告诉 MySQL 服务器使用 GBK 编码进行通信。实现上述需求的 SQL 语句如下。

```
set names gbk;
```

需要注意的是，set names 命令只对本次访问有效；如果退出访问，下次还需要再次输入此命令。

（3）退出 MySQL 数据库

如果在命令行中退出 MySQL 服务器，输入"exit"和"quit"命令即可。

2. 管理数据库

对数据库的管理主要包括查看数据库、创建数据库、选择数据库和删除数据库，接下来分别进行讲解。

（1）查看数据库

当成功登录 MySQL 数据库后，可以查看数据库中现有的数据库，SQL 语句如下。

```
show databases;
```

当上述 SQL 语句执行后，MySQL 会显示数据库中已有的数据库。

（2）创建数据库

用户可以在 MySQL 中创建一个属于自己的数据库，具体 SQL 语句如下。

```
create table `itcast`;
```

在上述语句中，"create table"是创建数据库的命令，"itcast"是数据库的名字。需要注意的是，为了避免用户自定义的命名与系统命令冲突，最好使用反引号将数据库名、字段名、表名包裹。读者需要注意反引号与单引号的区别。

上述 SQL 语句执行效果如图 5-1 所示。从图中可以看出，itcast 数据库已经创建成功。

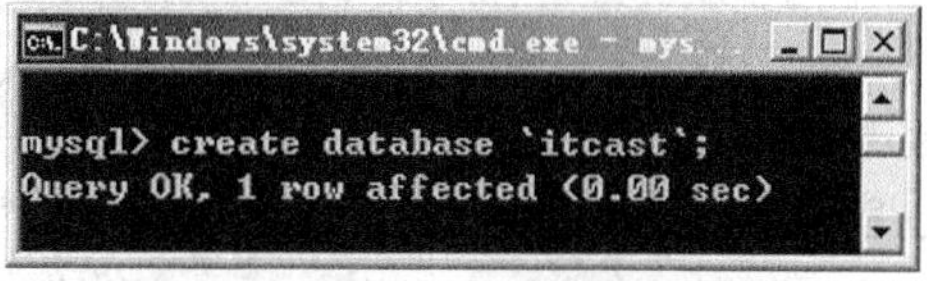

图 5-1　创建数据库

（3）选择数据库

由于 MySQL 服务器中有多个数据库，如果要针对某一个数据库进行操作，就需要执行"选择数据库"的操作，具体 SQL 语句如下。

```
use `itcast`;
```

在上述语句中，use 是选择数据库的命令。执行 SQL 语句后，在后面对数据表的操作都

是在 itcast 数据库中进行的。

（4）删除数据库

对于不需要的数据库，可以执行删除操作。在 MySQL 中，删除数据库的具体 SQL 语句如下。

```
drop database `itcast`;
```

当上述 SQL 语句执行后，名字为 itcast 的数据库将会被删除。

3. 管理数据表

在一个数据库中可以建立多张数据表。数据表用于保存一个主题的信息。以学校的教务管理系统为例，学生数据使用学生表来保存，班级数据使用班级表来保存，课程数据使用课程表来保存。对数据表的操作主要包括查看数据表、创建数据表、查看表结构和删除数据表，接下来分别进行讲解。

（1）查看数据表

在选择数据库之后，可以查看数据库中有哪些表，具体 SQL 语句如下。

```
show tables;
```

上述 SQL 语句执行后，MySQL 会将当前选择数据库中的所有的数据表显示出来。

（2）创建数据表

下面以学生信息表为例，创建一张 "student" 表，用于保存学生信息，具体 SQL 语句如下。

```
create table `student` (
    `id` int unsigned primary key auto_increment,
    `name` varchar(4) not null comment '姓名',
    `gender` enum('男','女') default '男' not null comment '性别',
    `birthday` date not null comment '出生日期'
)charset=utf8;
```

在上述语句中，"create table" 是创建数据表的命令，"student" 是表名，反引号中的 id、name、gender、birthday 是表中的字段名，字段名的后面是对该字段的详细设置。需要注意的是，表名、字段名使用反引号包裹，而 "姓名" "男" 等字符串使用单引号包裹。

为了使读者更好地理解上述 SQL 语句，接下来通过表 5-1 对其进行解读。

表 5-1 SQL 语句解读

语　　句	作　　用
int	表示该字段的数据类型是整型
int unsigned	表示该字段的数据类型是无符号整型，即正整数
varchar(4)	表示该字段保存可变长度的字符串，最多保存 4 个字符
enum('男','女')	表示该字段是枚举类型，只能保存 "男" 和 "女" 两种值
date	表示该字段保存日期，如 "1994-01-20"
primary key	表示该字段是表的主键，用于唯一地标识表中的某一条记录
auto_increment	表示该字段是自动增长的，每增加一条记录，该字段会自动加 1

语　句	作　用
not null	表示该字段不允许出现 NULL 值
default '男'	表示该字段的默认值为"男"
comment '姓名'	表示该字段的注释为"姓名"
charset=utf8	指定该表的字符集为 utf8

表 5-1 简要解读了上述 SQL 语句的具体含义。关于 SQL 语句的详细使用，建议读者通过查阅其他资料进行学习，这里就不再赘述。

（3）查看表结构

对于已经创建的数据表，可以通过如下 SQL 语句查看表的结构。

```
desc `student`;
```

上述 SQL 语句的执行效果如图 5-2 所示。

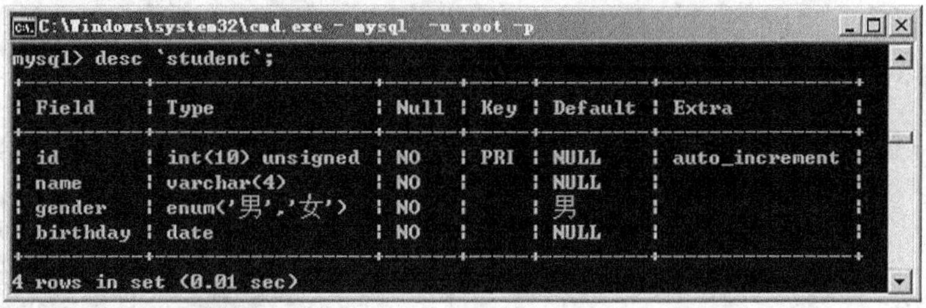

图 5-2　创建数据库

（4）查看建表的 SQL

对于已经创建的表，可以通过如下 SQL 语句查看建表 SQL。

```
show create table `student`\G
```

上述代码中，"\G"参数用于将查询结果纵向显示，在字段较多的时候非常有用。上述 SQL 语句的执行效果如图 5-3 所示。

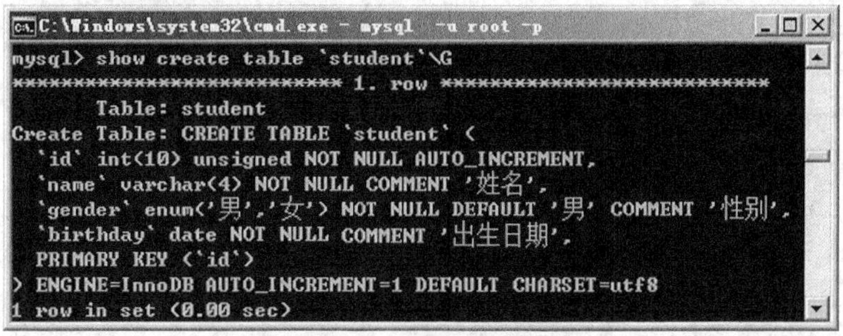

图 5-3　查看建表的 SQL

（5）删除数据表

当需要删除表时，使用如下 SQL 语句。

```
drop table `student`;
```

上述 SQL 语句执行后，student 表将会被删除，表中所有的数据都会被删除。

4. 管理表中的数据

在数据库中，数据是保存到表中的，只有创建好表，才可以向表中添加数据。在管理数据时，最常用的操作就是对数据进行添加、查找、修改和删除，接下来分别进行讲解。

（1）添加数据

添加数据的命令为 INSERT INTO。下面为 student 表中添加数据，具体 SQL 语句如下。

```
insert into `student` (`name`, `gender`, `birthday`) values
('张三', '男', '1994-01-20'),
('李四', '男', '1993-10-15'),
('王五', '女', '1993-12-02');
```

上述 SQL 语句向 student 表中添加了 3 条记录，每条记录中有姓名、性别和生日信息。

（2）查询数据

查询数据使用 SELECT 语句实现。下面将 student 表中所有的记录查询出来，具体 SQL 语句如下。

```
select * from `student`;
```

上述 SQL 语句中，"select *"表示查询出所有的字段，其执行效果如图 5-4 所示。

从图 5-4 中可以看出，新插入的 3 条学生数据已经查询出来，并且 ID 字段按照记录的插入顺序依次被赋值为 1、2、3。

（3）高级查询

在使用 SELECT 语句查询数据时，可以通过 where 子句限定查询的条件，用 order by 指定排序结果。下面进行代码演示。

图 5-4 查询所有记录

```
-- 查询出所有性别为"男"的学生
select * from `student` where `gender` = '男';
-- 查询出学号为 2 的学生的姓名和性别
select `name`,`gender` from `student` where `id` = 2;
-- 查询出学号为 2 或 3 的学生（方式一）
select * from `student` where `id` = 2 or `id` = 3;
-- 查询出学号为 2 或 3 的学生（方式二）
Select * from `student` where `id` in (2,3)
-- 查询出所有姓氏为"张"的男学生
select * from `student` where `gender` = '男' and `name` like '张%';
-- 将所有男学生按照出生日期升序排列
select * from `student` where `gender` = '男' order by `birthday` asc;
```

从上述 SQL 语句中可以看出，当通过 where 查询有多个条件时，可以通过"and"进行连接；当对数据进行模糊查找时，可以使用"like"进行查找。在查找条件中，"%"表示通配符。"order by"可以对查询结果按照指定字段进行排序，"asc"表示升序，"desc"表示降序。

（4）修改数据

修改数据又称为更新数据，可以使用 UPDATE 命令完成，具体 SQL 语句如下。

update `student` set `name` = '赵六', `gender` = '女' where `id` = 2;

上述 SQL 语句将 ID 为 2 的学生（张三）的名字修改为"赵六"，将性别（男）修改为"女"。修改后进行查询，效果如图 5-5 所示。

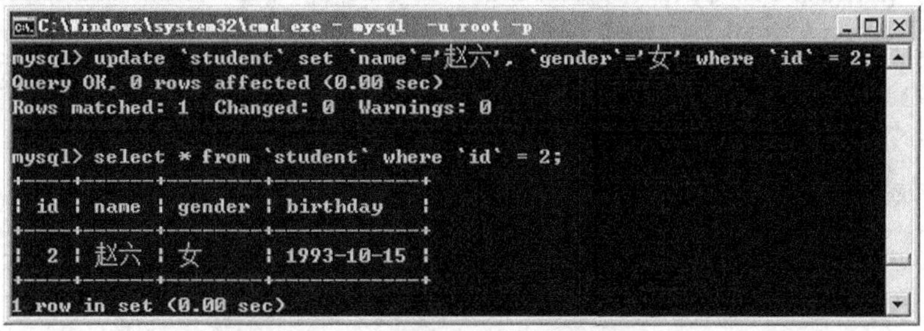

图 5-5　修改指定条件的记录

从图 5-5 中可以看出，ID 为 2 的学生数据已经更新。需要注意的是，在使用 UPDATE 命令时配合 WHERE 子句能够指定需要更新的记录；如果省略 WHERE 子句，将会更新所有的记录。

（5）删除数据

删除数据可以使用 DELETE 命令，具体 SQL 语句如下。

delete from `student` where `id` = 2;

执行上述 SQL 语句可以删除 ID 为 2 的学生记录，其效果如图 5-6 所示。

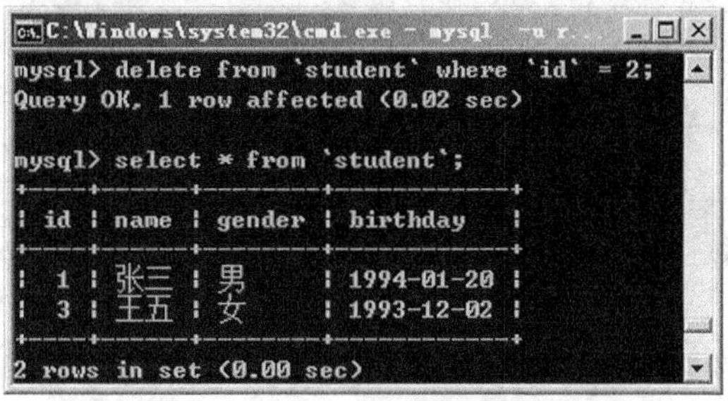

图 5-6　删除指定记录

从图 5-6 中可以看出，ID 为 2 的学生记录已经被删除，并且原来 ID 为 3 的学生，其 ID 并没有发生改变。由于 ID 字段是自动增长的，此时如果插入新记录，ID 会从 4 开始自增，不会填补空缺的 ID。如果需要填补该空缺 ID，可以在插入数据时指定其 ID 字段为 2。

任务实现

1.确定新闻表的结构

在开发项目时最主要的就是分析项目的需求，只有清楚了解需求之后才可以创建数据表。在本项目中，可以通过"news"表来保存新闻数据，在表中应该保存的有"新闻编号""新闻标题""新闻内容"和"发布时间"这些信息。新闻表的具体结构如表 5-2 所示。

表 5-2　新闻表的结构

编号	主键	名称	数据类型	大小	空	默认值	备注
1	√	id	INT		×		新闻编号
2	×	title	VARCHAR	60	×		新闻标题
3	×	content	TEXT		×		新闻内容
4	×	addtime	TIMESTAMP		×	当前时间	发布时间

在表 5-2 的字段中，"发布时间"是时间戳类型，其默认值为当前时间，即插入数据时的时间。

2. 创建数据库和新闻表

在项目开发中，通常会为一个项目创建一个数据库，然后管理数据库中的表。接下来为项目创建一个名称为"project5"的数据库，并在数据库中完成新闻表的创建，具体 SQL 语句如下。

```
1   -- 为项目创建数据库
2   create database `project5`;
3   -- 选择数据库
4   use `project5`;
5   -- 创建新闻表
6   create table `news` (
7     `id` int unsigned auto_increment primary key comment '新闻编号',
8     `title` varchar(60) not null comment '新闻标题',
9     `content` text not null comment '新闻内容',
10    `addtime` timestamp default current_timestamp not null comment '发布时间'
11  )charset=utf8;
```

上述代码通过 SQL 语句实现了"project5"数据库的创建和"news"数据表的创建。其中"新闻编号"是表的主键，通过编号可以在数据表中找到对应的新闻记录。

3. 插入测试数据

在成功创建新闻表之后，接下来向表中插入几条测试数据，具体 SQL 语句如下。

```
1   insert into `news` (`title`, `content`, `addtime`) values
2   ('新闻标题 1', '新闻内容 1', '2015-10-09 17:07:58'),
3   ('新闻标题 2', '新闻内容 2', '2015-10-11 12:06:56'),
4   ('新闻标题 3', '新闻内容 3', '2015-11-11 10:05:08');
```

以上代码向新闻表中插入了 3 条数据，每条数据中包含新闻标题、新闻内容和添加时间信息。在插入数据时并没有指定 id 字段，该字段的数据由 MySQL 主键的自动增长机制来填写。

4. 查看测试数据

在将插入数据的 SQL 语句执行后，数据就已经保存到数据库中。为了能够更直观地感受到数据的存在，接下来将刚才保存的测试数据查询出来，具体 SQL 语句如下。

```
1   select * from `news`\G
```

上述 SQL 语句在命令行中的执行结果如图 5-7 所示。从图中可以看出，测试数据已经添加到数据库中，并且由 MySQL 自动为主键生成了 id 值。

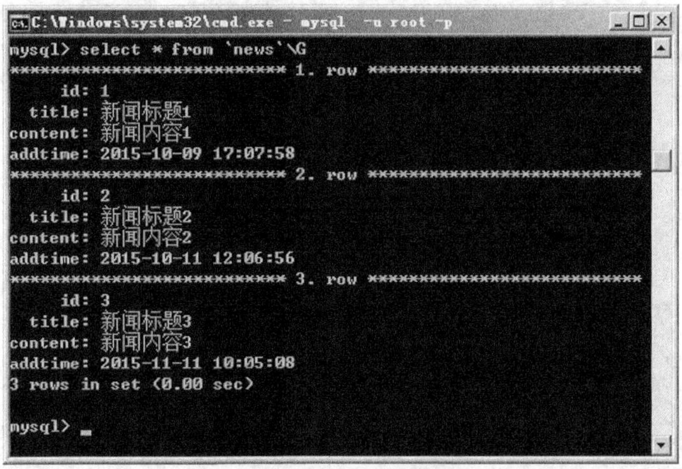

图 5-7   查看测试数据

任务二   使用 MySQL 扩展

任务说明

在完成新闻发布系统的数据库设计后，接下来开始编写 PHP 程序，实现 PHP 与 MySQL 的交互。在 PHP 中，MySQL 扩展专门用于与 MySQL 数据库进行交互。MySQL 扩展提供了一个面向过程的接口，可以实现连接数据库、执行 SQL 语句等功能。本任务将使用 MySQL 扩展开发新闻列表展示的功能。

知识引入

1. 开启 MySQL 扩展

在默认情况下，MySQL 扩展已经安装好，但并没有开启。如果要开启 MySQL 扩展，需要打开"php.ini"文件，将文件中的配置项";extension=php_mysql.dll"取消开头的分号注释即可。在修改"php.ini"配置文件后，需要重新启动 Apache 服务器使配置生效。

在成功重启 Apache 后，可以通过 phpinfo() 函数获取 MySQL 扩展的相关信息，验证 MySQL 扩展是否开启成功。开启 MySQL 扩展后，phpinfo 中显示的 MySQL 扩展的信息如图 5-8 所示。

在图 5-8 中，可以清晰地看到 MySQL 扩展的信息。此时可以确定 MySQL 扩展正常开启。

2. 连接和选择数据库

PHP 提供了大量的 MySQL 数据库操作函数，可以方便地实现访问 MySQL 数据库的各种需要，从而轻松实现 Web 应用程序开发。关于 PHP 访问 MySQL 数据库的基本步骤如图 5-9 所示。

144

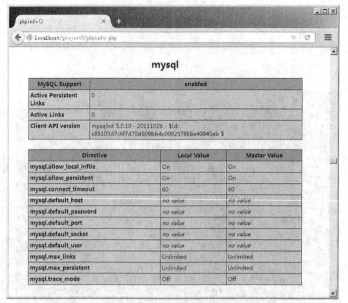

图 5-8　使用 phpinfo()查看 MySQL 扩展信息

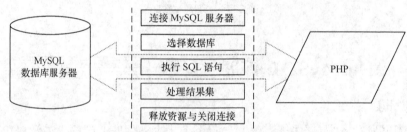

图 5-9　PHP 访问 MySQL 的基本步骤

（1）连接数据库

在操作 MySQL 数据库之前，需要先与 MySQL 数据库服务器建立连接。在 MySQL 扩展中通常使用 mysql_connect()函数与其建立连接，其声明方式如下。

resource mysql_connect ([string $server [, string $username [, string $password [, bool $new_link [, int $client_flags]]]]])

在上述声明中，参数$server 的默认值是 "localhost:3306"，其中 localhost 表示本地服务器，3306 表示默认端口号（可以省略）。$username 参数表示登录 MySQL 服务器的用户名；$password 参数表示 MySQL 服务器的用户密码；$new_link 参数表示该函数每次被调用时总是打开新的连接；$client_flags 参数的值是 MySQL 客户端常量，在实际使用中较少，读者可参考 PHP 手册。

（2）选择数据库

连接 MySQL 数据库成功之后，接下来使用 mysql_select_db()函数选择数据库，其声明方式如下。

bool mysql_select_db (string $database_name [, resource $link_identifier])

在上述声明中，参数$database_name 表示要选择的数据库名称，可选参数$link_identifier 表示 MySQL 连接，默认使用最近打开的连接；如果没有找到该连接，则尝试不带参数调用

mysql_connect()来创建；如果没有找到并无法建立该连接，提示警告级别的错误信息。

3.执行 SQL 语句

在"任务一"中简单讲解了数据的基本操作，读者应该已经熟悉了 MySQL 常用的 SQL 语句。在 PHP 操作数据库时，SQL 语句的写法完全相同。在 MySQL 扩展中，执行 SQL 语句需要使用 mysql_query()函数，每次调用只执行一条 SQL 语句。其声明方式如下。

> resource mysql_query (string $query [, resource $link_identifier = NULL])

在上述声明中，$query 表示 SQL 语句，不需要使用分号结束；$link_idenifier 是可选项，表示 MySQL 连接标识，若省略，则使用最近打开的连接。

需要注意的是，该函数仅对 SELECT、SHOW、EXPLAIN 或 DESC 语句执行成功时返回一个资源标识符，如果查询执行失败，则返回 false。如果 SQL 语句是 INSERT、DELETE、UPDATE 等操作指令，成功则返回 true，否则返回 false。

4.处理结果集

在执行完 SQL 语句后，当返回的结果是一个资源类型的结果集时，需要使用函数处理结果集才能获取信息。在 PHP 中，常用的处理结果集的函数有 mysql_fetch_row()、mysql_fetch_assoc()、mysql_fetch_array()以及 mysql_fetch_object()。下面分别介绍这几个函数的具体使用方法。

（1）mysql_fetch_row()函数

首先了解一下 mysql_fetch_row()函数，其声明方式如下。

> array mysql_fetch_row (resource $result)

从上述声明中可知，该函数的返回值是数组类型，参数$result 表示资源型结果集。每执行一次该函数，都将从结果集资源中取出一条记录放入一维数组中，下标从 0 开始，并且内部数据指针自动指向下一条数据，直到没有更多行时返回 false。

（2）mysql_fetch_assoc()函数

mysql_fetch_assoc()函数也可以获取结果集，它与 mysql_fetch_row()函数的唯一区别是通过字段名称来获取数据，其声明方式如下。

> array mysql_fetch_assoc (resource $result)

在上述声明中，array 表示该函数的返回值类型是数组，参数$result 表示资源型结果集。每执行一次该函数，都将从结果集资源中取出一条记录放入一维数组中，并且内部数据指针自动指向下一条数据，直到没有更多行时返回 false。

（3）mysql_fetch_array()函数

使用 mysql_fetch_array()函数同样可以获取结果集中的数据，其声明方式如下。

> array mysql_fetch_array (resource $result [, int $result_type])

在上述声明中，$result 是资源类型的参数，传入的是由 mysql_query()函数返回的数据指针。$result_type 是可选的常量，其值可以是 MYSQL_BOTH（默认参数）、MYSQL_ASSOC 或 MYSQL_NUM 中的一种。其中 MYSQL_ASSOC 只得到关联索引形如 mysql_fetch_assoc()，MYSQL_NUM 只得到数字索引形如 mysql_fetch_row()。

（4）mysql_fetch_object()函数

函数 mysql_fetch_object()与 mysql_fetch_array()类似。其区别是，mysql_fetch_object()函数

返回的是一个对象而不是数组，其声明方式如下。

> object mysql_fetch_object (resource $result)

在上述声明中，参数$result 是调用 mysql_query()函数返回的结果集。由于该函数的返回值类型是 object 类型，所以只能通过字段名来访问数据，并且此函数返回的字段名大小写敏感。

5. 释放资源和关闭链接

所谓释放资源，指的就是清除结果集和关闭数据库连接，下面将分别进行讲解。

（1）mysql_free_result()

由于从数据库查询到的结果集都是加载到内存中的，因此当查询的数据十分庞大时，如果不及时释放，就会占据大量的内存空间，导致服务器性能下降。而清除结果集就需要使用mysql_free_result()函数，其声明方式如下。

> bool mysql_free_result (resource $result)

该函数的返回值类型是布尔类型，执行成功则返回 true，执行失败则返回 false。

（2）mysql_close()

数据库连接也是十分宝贵的系统资源。一个数据库能够支持的连接数是有限的，而且大量数据库连接的产生，也会对数据库的性能造成一定影响。因此可以使用 mysql_close()函数及时关闭数据库连接，其声明方式如下。

> bool mysql_close ([resource $link_identifier = NULL])

在上述声明中，函数的返回值类型是布尔型，成功时返回 true，失败时返回 false。$link_identifer 代表要关闭的 MySQL 连接资源。如果没有指定$link_identifer，则关闭上一个打开的连接。

通常不需要使用 mysql_close()，因为已打开的非持久连接会在脚本执行完毕后自动关闭。

6. MySQL 扩展常用函数

在 MySQL 扩展中还有一些其他经常用到的函数，下面分别介绍。

（1）mysql_num_rows()

在执行 SELECT 查询语句时，使用 mysql_num_rows()函数可以返回查询的记录数，其声明方式如下。

> int mysql_num_rows (resource $result)

在上述声明中，$result 表示查询时返回的结果集资源。需要注意的是，此函数仅对SELECT 查询语句有效。

（2）mysql_affected_rows()

当需要取得 INSERT、UPDATE 或者 DELETE 语句执行后影响的行数时，可以使用mysql_affected_rows()函数，其声明方式如下。

> int mysql_affected_rows ([resource $link_identifier = NULL])

在上述声明中，int 表示执行成功则返回受影响行的数目；如果最近一次查询失败的话，则函数返回-1。参数$link_identifier 表示 MySQL 连接。如果不指定，则使用最近打开的连接。

（3）mysql_insert_id()

在项目中，经常要取得上一次插入操作时产生的 ID 号，这时可以使用 mysql_insert_id() 函数，其声明方式如下。

```
int mysql_insert_id ([ resource $link_identifier ] )
```

从上述声明中可知，此函数只有一个可选参数$link_identifier，即返回的资源结果集。需要注意的是，如果上一次查询没有产生 AUTO_INCREMENT 的 ID 值，则该函数的返回值为 0。

（4）mysql_real_escape_string()

该函数用于转义 SQL 语句字符串中的特殊字符，语法格式如下。

```
string mysql_real_escape_string($sql, $link)
```

其中$sql 是必选参数，表示被转义的 SQL 语句字符串。$link 是可选参数，表示 MySQL 连接；如果未指定，则使用上一个连接。因此使用该函数之前，一定要先连接 MySQL 数据库。

任务实现

1. 连接数据库

在开发展示新闻列表功能时，需要先与 MySQL 数据库建立连接。接下来在项目目录 "project5" 中创建 "index.php" 程序，编写代码如下。

```
1    <?php
2    //当文件的编码是 utf-8 时，要同时设定网页字符集为 utf-8，防止中文乱码
3    header('Content-Type:text/html;charset=utf-8');
4    //连接数据库
5    $link = mysql_connect('localhost','root','123456');
6    //判断数据库是否连接正确
7    if($link){
8        echo '数据库连接正确';
9    }else{
10       echo '数据库连接失败';
11   }
```

在上述代码中，第 5 行代码用于连接数据库。如果连接正确，则返回值类型是资源类型；否则，返回值类型是布尔类型的 false。

接下来通过浏览器访问 "index.php"，程序的运行结果如图 5-10 所示。

从图 5-10 中可以看出，数据库已经连接成功，但是 PHP 却提示 MySQL 扩展已经过时了，以后将会使用 MySQLi 扩展或 PDO 扩展替代。在 PHP 5.5 版本中，官方已经不推荐使用 MySQL 扩展，虽然会提示信息，但是还可以继续使用。

在连接数据库发生错误时，会出现错误信息，但在上线项目中建议对错误信息进行屏蔽，并可以自定义错误提示，通常有如下两种方式。

（1）在 mysql_connect()函数前面添加符号"@"，可以用于屏蔽这个函数出错信息的显示。

（2）当需要自定义错误提示时，可以写成如下形式。

```
mysql_connect('localhost:3306','root','123456') or die('数据库服务器连接失败！')
```

在上述代码中，如果调用函数出错，将执行 or 后面的语句，其中 die()函数用于停止脚本执行并向用户输出错误信息。建议在程序开发阶段不要屏蔽错误信息，避免出错后难以找到问题。

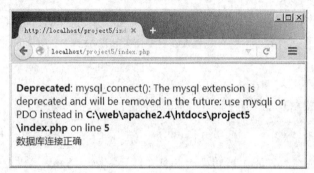

图 5-10　连接数据库

2. 选择数据库和设置字符集

在成功连接数据库后，再执行选择数据库和设置字符集的操作。继续编写"index.php"文件，具体代码如下。

```
1   //选择项目的数据库
2   mysql_select_db('project5');
3   //设置数据库编码格式为 utf8
4   mysql_query('set names utf8');
```

在上述代码中，第 4 行将数据库通信编码设置为 utf8。当 PHP 文件使用的编码、发送给浏览器时设置的编码以及数据库通信使用的编码都统一时，才能避免中文乱码问题。

3. 展示新闻列表

实现展示新闻列表功能，需要先使用 SQL 语句查询出新闻列表数据，然后将查询到的数据保存到数组中。继续编写"index.php"文件，具体代码如下。

```
1   //执行 SQL 语句
2   $sql = 'select `id`,`title`,`addtime` from `news` order by `addtime` desc';
3   $result = mysql_query($sql);
4   //处理结果集
5   $data = array(); //定义数组用于保存数据
6   while($row = mysql_fetch_assoc($result)){
7       $data[] = $row;
8   }
9   //载入 HTML 模板
10  require('./news.html');
```

上述代码实现了从数据库中查询出商品列表，并且按照发布时间进行降序排序。值得一提的是，如果不考虑发布时间修改的问题，可以直接按照 ID 降序排序。时间越早的新闻，其 ID 值就越小。第 6～8 行代码实现了循环调用 mysql_fetch_assoc()函数，该函数每次调用时返回结果集中的一行结果，直到没有下一行结果时退出循环。

接下来编写展示新闻列表的模板页面文件 "news.html"，其关键代码如下。

```
1    <table>
2        <tr><td>新闻标题</td><td>发布时间</td><td>操作</td></tr>
3        <?php foreach($data as $v):?>
4            <tr><td><?php echo $v['title'];?></td>
5            <td><?php echo $v['addtime'];?></td>
6            <td>编辑  删除</td></tr>
7        <?php endforeach;?>
8    </table>
```

在浏览器中访问新闻列表展示页面 "index.php"，程序运行结果如图 5-11 所示。从图中可以看出，程序成功展示了新闻列表。

图 5-11　展示新闻列表

任务三　使用 PDO 扩展

任务说明

在早期的 PHP 版本中，不同数据库扩展的应用程序接口互不兼容，导致 PHP 所开发的程序维护困难、可移植性差。为了解决这个问题，PHP 开发人员编写了一种轻型、便利的 API 来统一操作各种数据库，即数据库抽象层——PDO 扩展。本任务将使用 PDO 扩展开发新闻列表展示的功能。

知识引入

1.开启 PDO 扩展

PDO（PHP Data Object，PHP 数据对象）是与 PHP 5.1 版本一起发布的，目前支持的数据库包括 Firebird、FreeTDS、Interbase、MySQL、MS SQL Server、ODBC、Oracle、Postgre SQL、SQLite 和 Sybase。当操作不同数据库时，只需要修改 PDO 中的 DSN（数据库源），即可使用

PDO 的统一接口进行操作。

PHP 从 5.1 版本开始，在安装文件中含有 PDO，在 PHP 5.2 中默认为开启状态。但是若要启动对 MySQL 数据库驱动程序的支持，仍需要进行相应的配置操作。开启时，在 "php.ini" 配置文件中找到 ";extension=php_pdo_mysql.dll" 去掉分号注释即可。修改完成后重新启动 Apache，通过 phpinfo() 函数查看 PDO 扩展是否开启成功，如图 5-12 所示。

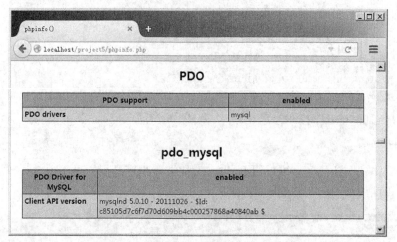

图 5-12　使用 phpinfo 查看 PDO 扩展信息

2. 连接和选择数据库

使用 PDO 扩展连接数据库，需要实例化 PDO 类，同时传递数据库连接参数，具体声明方式如下。

```
PDO::__construct ( string $dsn [, string $username [, string $password [, array
$driver_options ]]] )
```

在上述声明中，参数$dsn 用于表示数据源名称，包括 PDO 驱动名、主机名、端口号、数据库名称。其他都是可选参数，其中$username 表示数据库的用户名，$password 表示数据库的密码，而$driver_options 表示一个具体驱动连接的选项（键值对数组）。该函数执行成功时返回一个 PDO 对象，失败时则抛出一个 PDO 异常（PDOException）。

值得一提的是，PDO 驱动名就是连接的数据库服务器类型。例如，MySQL 数据库使用 "mysql" 表示，Oracle 数据库使用 "oracle" 表示。

接下来演示 PDO 连接和选择数据库的实现步骤，具体代码如下。

```php
<?php
//设置字符集
header('Content-Type:text/html;charset=utf-8');
//设置数据库的 DSN 信息（数据库类型:主机地址;数据库名;字符集）
$dsn = 'mysql:host=localhost;dbname=itcast;charset=utf8';
try{
    $pdo = new PDO($dsn, 'root', '123456');
    echo 'PDO 连接数据库成功';
}catch(PDOException $e){
```

```
//连接失败，输出异常信息
echo 'PDO 连接数据库失败：'.$e->getMessage();
}
```

在上述代码中，实例化 PDO 对象时使用了 try...catch 结构，这是因为当实例化 PDO 时会进行数据库连接操作，当连接发生失败时就会抛出 PDOException 异常信息。通过 try 包裹可能发生异常的代码，利用 catch 进行异常处理。当 PDOException 异常发生时，调用 getMessage() 方法可以查看错误信息。

另外，PDO 构造方法中的 $dsn 表示数据源，$user 表示用户名，$pwd 表示密码。它还有第 4 个参数，用于表示一个具体驱动连接的选项（键值对数组）。例如，可以通过第 4 个选项来设置字符集（如果 DSN 中已经设置字符集，则不需要在此处设置），示例代码如下。

```
1    $options = array(PDO::MYSQL_ATTR_INIT_COMMAND => "SET NAMES 'UTF8'");
2    $pdo = new PDO($dsn,$user,$pwd,$options);
```

上述第 2 行代码在实例化 PDO 对象时，把第 4 个参数添加上，就可以设置数据库的字符集。

3. 执行 SQL 语句

PDO 中提供了 query() 和 exec() 方法，用于执行 SQL 语句，具体示例代码如下。

```
//通过 query()执行查询类 SQL
$sql = 'select * from `news`';
var_dump($pdo->query($sql));     //输出结果：object(PDOStatement)#2 (1) {……}
//通过 exec()执行操作类 SQL
$sql = "insert into `news` (`title`,`content`) values ('标题', '内容')";
var_dump($pdo->exec($sql));      //输出结果：int(1)
```

从上述代码可知，执行 query() 方法成功时，返回 PDOStatement 类的对象；执行 exec() 方法成功，则返回受影响的行数。需要注意的是，exec() 方法不会对 select 语句返回结果，而使用 query() 方法可以获得返回结果。

4. 处理结果集

PDO 中常用获取结果集的方式有 3 种：fetch()、fetchColumn() 和 fetchAll()。下面分别详细介绍这 3 种方式的用法和区别。

（1）fetch()

PDO 中的 fetch() 方法可以从结果集中获取下一行数据，其语法格式如下。

```
mixed PDOStatement::fetch ([ int $fetch_style [, int $cursor_orientation =   PDO::FETCH_
ORI_NEXT [, int $cursor_offset = 0 ]]] )
```

在上述语法中，所有参数都为可选参数，其中 $fetch_style 参数用于控制结果集的返回方式，其值必须是 PDO::FETCH_* 系列常量中的一个，其可选常量如表 5-3 所示。参数 $cursor_orientation 是 PDOStatement 对象的一个滚动游标，可用于获取执行的一行；$cursor_offset 参数表示游标的偏移量。

表 5-3　PDO::FETCH_*系列常量

常 量 名	说 明
PDO::FETCH_ASSOC	返回一个键为结果集字段名的关联数组
PDO::FETCH_BOTH（默认）	返回一个索引为结果集列名和以 0 开始的列号的数组
PDO::FETCH_BOUND	返回 true，分配结果集中的列值给 bindColumn()方法绑定的 PHP 变量
PDO::FETCH_CLASS	返回一个请求类的新实例，映射结果集中的列名到类中对应的属性名
PDO::FETCH_INTO	更新一个已存在的实例，映射结果集中的列到类中命名的属性
PDO::FETCH_LAZY	返回一个包含关联数组、数字索引数组和对象的结果
PDO::FETCH_NUM	返回一个索引以 0 开始的结果集列号的数组
PDO::FETCH_OBJ	返回一个属性名对应结果集列名的匿名对象

需要注意的是，fetchObject()方法是 fetch()使用 PDO::FETCH_CLASS 或 PDO::FETCH_OBJ 这两种数据返回方式的一种替代。

（2）fetchColumn()

PDO 中的 fetchColumn()方法用于获取结果集中单独一列，其语法格式如下。

`string PDOStatement::fetchColumn ([ int $column_number = 0 ] )`

在上述语法中，可选参数$column_number 用于设置行中列的索引号，该值从 0 开始。如果省略该参数，则获取第一列。该方法执行成功，则返回单独的一列，否则返回 false。

（3）fetchAll()

若想要获取结果集中所有的行，则可以使用 PDO 提供的 fetchAll()方法，其语法格式如下。

`array PDOStatement::fetchAll ([ int $fetch_style [, mixed $fetch_argument [, array $ctor_args = array() ]]] )`

在上述语法中，$fetch_style 参数用于控制结果集中数据的返回方式，默认值为 PDO::FETCH_BOTH，参数$fetch_argument 根据$fetch_style 参数的值的变化而有不同的意义，具体如表 5-4 所示。参数$ctor_args 用于表示当$fetch_style 参数的值为 PDO::FETCH_CLASS 时，自定义类的构造函数的参数。

表 5-4　fetch_argument 参数的意义

fetch_style 参数取值	fetch_argument 参数的意义
PDO::FETCH_COLUMN	返回指定以 0 开始索引的列
PDO::FETCH_CLASS	返回指定类的实例，映射每行的列到类中对应的属性名
PDO::FETCH_FUNC	将每行的列作为参数传递给指定的函数，并返回调用函数后的结果

任务实现

1.连接数据库

使用 PDO 连接数据库，需要实例化 PDO 类，同时传递数据库连接参数，包括 DSN、用户名和密码。PDO 在连接数据库的同时可以完成选择数据库、设置字符集的操作。由于连接数据库的代码在项目中多个脚本文件中都需要用到，因此接下来创建文件"init.php"，编写项目连接数据库的公共代码，具体代码如下。

```php
1    <?php
2    //设置字符集
3    header('Content-Type:text/html;charset=utf-8');
4    //设置数据库的 DSN 信息
5    $dsn = 'mysql:host=localhost;dbname=project5;charset=utf8';
6    try{
7        $pdo = new PDO($dsn, 'root', '123456');
8    }catch(PDOException $e){
9        //连接失败，输出异常信息
10       exit('PDO 连接数据库失败：'.$e->getMessage());
11   }
12   echo 'PDO 连接数据库成功'; //此行输出用于查看运行结果，在后面的步骤删除即可
```

上述代码指定了数据库类型为 MySQL，主机为 localhost，数据库为 project5，字符集为utf8，用户名为 root，密码为 123456。

在完成"init.php"后，接下来修改"index.php"，实现连接数据库连接代码的引入，具体代码如下。

```php
1    <?php
2    //引入连接数据库的代码
3    require './init.php';
4    //引入 HTML 模板文件
5    require './news.html';
```

通过浏览器访问"index.php"，程序运行结果如图 5-13 所示。从图中可以看出，PDO 扩展成功连接了数据库。

2.展示新闻列表

展示新闻列表功能，其实就是用 SQL 语句从数据库中查询出新闻列表数据，然后展示到页面中。使用 PDO 提供的 query()方法可以执行查询类的 SQL 语句，然后使用fetchAll()方法处理结果集即可。接下来继续

图 5-13　PDO 扩展连接数据库

编写"index.php"，实现展示新闻列表功能，具体代码如下。

```php
1    //执行 SQL 语句
2    $sql = 'select `id`,`title`,`addtime` from `news` order by `addtime` desc';
```

```
3    $stmt = $pdo->query($sql);      //返回 PDOStatement 对象
4    //处理结果集
5    $data = $stmt->fetchAll(PDO::FETCH_ASSOC);   //以关联数组返回
6    //载入 HTML 模板
7    require './news.html'
```

上述代码将"任务二"中的 MySQL 扩展换成 PDO 扩展来处理。从代码中可以看出，使用 PDO 的面向对象语法，此处的代码更加简洁直观。

接下来，编写展示新闻列表的模板页面文件"news.html"，其关键代码如下。

```
1    <table>
2        <tr><td>新闻标题</td><td>发布时间</td><td>操作</td></tr>
3        <?php foreach($data as $v):?>
4            <tr><td><?php echo $v['title'];?></td>
5            <td><?php echo $v['addtime'];?></td>
6            <td>编辑 删除</td></tr>
7        <?php endforeach;?>
8    </table>
```

在浏览器中访问新闻列表展示页面"index.php"，程序运行结果如图 5-14 所示。从图中可以看出，使用 PDO 扩展成功从数据库中获取新闻信息，并将其展示到页面中。

图 5-14　展示新闻列表

任务四　新闻管理

任务说明

在新闻发布系统中，还需要开发新闻发布、查看、修改和删除功能，才能满足基本的功能要求。根据对项目的需求分析，上述功能的开发思路具体如下。

● 新闻发布功能是在网页中显示一个发布新闻的表单，网站编辑可以输入新闻的标题和内容，然后单击发布，就会保存到数据库中。

● 新闻查看功能是当浏览者在新闻列表中单击"新闻标题"链接时，将所要查看的新闻的 ID 发送给 PHP，然后由 PHP 到数据库中查询出新闻数据，再展示到网页中。

● 新闻修改功能就是将已经发布过的新闻显示在新闻修改的表单中，网站编辑可以修改里面的内容，提交表单后更新数据库中的记录。

● 新闻删除功能是当网站编辑在新闻列表中单击"删除"链接时，将所要删除的新闻的 ID 发送给 PHP，然后由 PHP 构造一条删除的 SQL 语句发送给数据库，执行删除数据的操作。

本任务将完成开发新闻的发布、查看、修改和删除这些功能，讲解使用 PDO 扩展如何对数据进行操作。

知识引入

1. PDO 预处理机制

PDO 有一种预处理语句机制，可以理解为 SQL 的一种编译过的模板。当需要以不同参数多次重复进行相同的查询时，使用预处理语句可以避免重复分析、编译、优化周期，从而节省资源，提高运行效率。同时，由于预处理语句实现了 SQL 和数据的分离，因此可以防止 SQL 注入。下面讲解 PDO 实现预处理功能的一些常用方法。

（1）prepare()方法

PDO 中提供了 prepare()方法执行预处理语句，它返回一个 PDOStatement 类对象，其语法格式如下。

PDOStatement PDO::prepare (string $statement [, array $driver_options = array()])

在上述声明中，参数$statement 表示预处理的 SQL 语句，在 SQL 语句中可以添加占位符。PDO 支持两种占位符，即问号占位符（?）和命名参数占位符（:参数名称）。$driver_options 是可选参数，表示设置一个或多个 PDOStatement 对象的属性值。

值得一提的是，通过 query()方法返回的 PDOStatement 是一个结果集对象；而通过 prepare()方法返回的 PDOStatement 是一个查询对象。本书使用 "$stmt" 表示 prepare()方法返回的查询对象。

（2）bindParam()方法

bindParam()方法可以将变量参数绑定到准备好的查询占位符上，其语法格式如下。

bool PDOStatement::bindParam (mixed $parameter , mixed &$variable [, int $data_type = PDO:: PARAM_STR [, int $length [, mixed $driver_options]]])

在上述语法中，参数$parameter 用于表示参数标识符；$variable 用于表示参数标识符对应的变量名；可选参数$data_type 用于明确参数类型，其值使用 PDO::PARAM_*常量来表示，如表 5-5 所示；$length 是可选参数，用于表示数据类型的长度。该方法执行成功时返回 true，执行失败则返回 false。

表 5-5　PDO::PARAM_*系列常量

常 量 名	说　　明
PDO::PARAM_NULL	代表 SQL 空数据类型
PDO::PARAM_INT	代表 SQL 整数数据类型
PDO::PARAM_STR	代表 SQL 字符串数据类型
PDO::PARAM_LOB	代表 SQL 中大对象数据类型
PDO::PARAM_BOOL	代表一个布尔值数据类型

（3）execute()方法

execute()方法用于执行一条预处理语句，其语法格式如下。

```
bool PDOStatement::execute ([ array $input_parameters ] )
```

在上述声明中，可选参数$input_parameters 表示一个元素个数与预处理语句中占位符数量一样多的数组，用于为预处理语句中的占位符赋值。当占位符为问号占位符（？）时，需为execute()方法传递一个索引数组参数；当占位符为命名参数占位符（:参数名称）时，需为execute()方法传递一个关联数组参数。

2. PDO 错误处理机制

在使用 SQL 语句操作数据库时，难免会出现各种各样的错误，比如语法错误、逻辑错误等。为此，PDO 提供了错误处理机制，能够捕获 SQL 语句中的错误，并提供了 3 种方案可以选择，具体如下。

（1）SILENT 模式（默认）

"PDO::ERRMODE_SILENT"为 PDO 默认的错误处理模式。此模式在错误发生时不进行任何操作，只简单设置错误代码。程序员可以通过 PDO 提供的 errorCode()和 errorInfo()这两个方法对语句和数据库对象进行检查。如果错误是由于调用语句对象 PDOStatement 而产生的，那么可以使用这个对象调用这两个方法；如果错误是由于调用数据库对象而产生的，那么可以使用数据库对象调用上述两种方法。

（2）WARNING 模式

在项目的调试或测试期间，如果想要查看发生了什么问题且不中断应用程序的流程，可以将 PDO 的错误模式设置为"PDO::ERRMODE_WARNING"；当错误发生时，除了设置错误代码外，PDO 还会发出一条 E_WARNING 信息。

（3）EXCEPTION 模式

PDO 中提供的"PDO::ERRMODE_EXCEPTION"错误模式，可以在错误发生时抛出相关异常。它在项目调试中较为实用，可以快速找到代码中问题的潜在区域。与其他发出警告的错误模式相比，用户可以自定义异常，而且检查每个数据库调用的返回值时，异常模式需要的代码更少。

在了解上述 3 种错误处理模式后，下面通过代码演示如何在程序中修改模式，代码如下。

```
//设置为 SILENT 模式
$pdo->setAttribute(PDO::ATTR_ERRMODE,PDO::ERRMODE_SILENT);
//设置为 WARNING 模式
$pdo->setAttribute(PDO::ATTR_ERRMODE,PDO::ERRMODE_WARNING);
//设置为 EXCEPTION 模式
$pdo->setAttribute(PDO::ATTR_ERRMODE,PDO::ERRMODE_EXCEPTION);
```

在默认的 SILENT 模式中，通过 prepare()当执行 SQL 语句失败时，出现错误时不会提示任何信息。下面通过代码进行演示（连接数据库的部分已经省略）。

```
1   //设置错误模式（读者可更改此处的模式，感受三种模式的区别）
2   //$pdo->setAttribute(PDO::ATTR_ERRMODE,PDO::ERRMODE_SILENT);
3   //预处理 SQL 语句
```

```
4    $stmt = $pdo->prepare('select * from `test`');
5    //执行预处理语句（execute()方法返回布尔值，表示执行结果）
6    if(!$stmt->execute()){
7        echo '错误码：'.$stmt->errorCode().'<br>';        //输出错误码
8        print_r($stmt->errorInfo());                      //输出错误信息
9    }
10   echo '<br>执行结束……';
```

上述代码执行后，程序的运行结果如图 5-15 所示。从图中可以看出，默认情况下，PDO不显示错误信息，需要手动判断 execute() 是否执行成功。

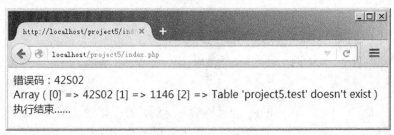

图 5-15　显示错误信息

任务实现

1. 新闻发布

实现新闻发布功能时主要包括两个步骤：第一步是当用户访问新闻发布页面时，显示一个发布新闻的表单，让用户输入新闻的标题和内容；第二步是接收用户提交的表单，保存到数据库中。下面开始编写新闻发布程序"add.php"，具体代码如下。

```
1    <?php
2    //判断是否有表单提交
3    if($_POST){
4        $data = array();                    //保存接收的数据
5        $fields = array('title', 'content');    //保存待接收的字段
6        //从表单中获取指定字段，并调用函数进行过滤
7        foreach($fields as $v){
8            $data[$v] = isset($_POST[$v]) ? trim(htmlspecialchars($_POST[$v])) : '';
9        }
10       //连接数据库，执行 SQL 语句，失败时显示错误提示
11       require './init.php';
12       $sql = 'insert into `news`(`title`,`content`) values (:title,:content)';
13       $stmt = $pdo->prepare($sql);
14       if(!$stmt->execute($data)){
15           exit('执行失败：'.implode('-',$stmt->errorInfo()));
16       }
17       //成功发表后重定向到首页
18       header("Location: index.php");
```

```
19      exit;
20    }
21    //没有表单提交时载入添加页面 HTML 模板
22    require './add.html';
```

在上述代码中，第 12 行是一个 SQL 语句的模板，模板中的":title"和":content"使用了命名参数占位符。第 14 行在调用 execute()方法时传入了$data 数组，$data 就是从表单中接收后的过滤数据。

接下来，创建文件"add.html"，编写一个新闻发布的表单页面，具体代码如下。

```
1    <form method="post">
2        新闻标题：<input type="text" name="title" />
3        新闻内容：<textarea name="content"></textarea>
4        <input type="submit" value="发布新闻"  />
5    </form>
```

在完成"add.php"和"add.html"的代码编写之后，接下来通过浏览器访问"add.php"，程序的运行结果如图 5-16 所示。从图中可以看出，新闻发布的页面已经显示。当填写表单提交后，成功发布的新闻将会在新闻列表中显示。

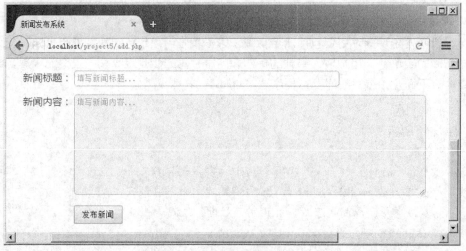

图 5-16 新闻发布页面

2.新闻查看

当用户在新闻列表中单击一个新闻标题时，就可以显示新闻的内容。接下来将开发查看新闻的功能，首先修改新闻列表页面"news.html"，关键代码如下。

```
1    <!-- 输出新闻标题 -->
2    <a href="./show.php?id=<?php echo $v['id']; ?>"><?php echo $v['title'];?></a>
```

上述代码为新闻标题添加了超链接。当用户单击链接时，就会访问到"show.php"，并携带了参数"id"。接下来创建文件"show.php"，根据 ID 查询出新闻的数据，具体代码如下。

```php
1    <?php
2    require './init.php';
3    //获取待查看的新闻 ID
4    $id = isset($_GET['id']) ? (int)$_GET['id'] : 0;
5    $data = array('id' => $id);
6    //根据 ID 到数据库中查询数据
7    $sql = 'select `title`,`content`,`addtime` from `news` where id=:id';
8    //执行 SQL 语句
9    $stmt = $pdo->prepare($sql);
10   if(!$stmt->execute($data)){
11       exit('执行失败：'.implode('-',$stmt->errorInfo()));
12   }
13   //处理结果集
14   $data = $stmt->fetch(PDO::FETCH_ASSOC);
15   //如果$data 为空数组，表示没有查询到数据，即新闻不存在
16   if(empty($data)){
17       exit('新闻 ID 不存在');
18   }
19   //新闻内容是来自<textarea>的数据，需要进行换行符转换
20   $data['content'] = nl2br($data['content']);
21   require './show.html';
```

上述代码实现了根据 ID 获取新闻数据，第 21 行载入了 HTML 页面用于展示数据。接下来编写 "show.html" 页面，实现数据的展示，具体代码如下。

```html
1    <!-- 新闻标题 -->
2    <div><?php echo $data['title']; ?></div>
3    <!-- 发布时间 -->
4    <div><?php echo $data['addtime']; ?></div>
5    <!-- 新闻内容 -->
6    <div><?php echo $data['content']; ?></div>
```

接下来通过浏览器访问 "index.html"，单击新闻进行查看，程序运行效果如图 5-17 所示。

图 5-17　新闻查看页面

3. 新闻修改

当用户在新闻列表中单击列表右侧的"编辑"链接时,可以对新闻进行修改。接下来将开发新闻修改的功能,首先修改新闻列表页面"news.html",关键代码如下。

```
1    <!-- 输出新闻标题 -->
2    <a href="./show.php?id=<?php echo $v['id']; ?>"><?php echo $v['title'];?></a>
3    <!-- 添加修改链接 -->
4    <a href="edit.php?id=<?php echo $v['id']; ?>">编辑</a>
```

上述代码在新闻标题的右边添加了"编辑"超链接。当用户单击链接时,就会访问到"edit.php",并携带参数"id"。接下来创建文件"edit.php",先根据 ID 查询出新闻的数据展示到页面中,再完成表单的接收,具体代码如下。

```
1    <?php
2    require './init.php';
3    //获取待查看的新闻 ID
4    $id = isset($_GET['id']) ? (int)$_GET['id'] : 0;
5    $data = array('id' => $id);
6    //判断是否有表单提交
7    if($_POST){
8        //接收表单数据
9        $fields = array('title', 'content'); //保存待接收的字段
10       foreach($fields as $v){
11           $data[$v] = isset($_POST[$v]) ? trim(htmlspecialchars($_POST[$v])) : '';
12       }
13       $sql = 'update `news` set `title`=:title,`content`=:content where `id`=:id';
14       $stmt = $pdo->prepare($sql);
15       if(!$stmt->execute($data)){
16           exit('执行失败: '.implode('-',$stmt->errorInfo()));
17       }
18       //修改成功后重定向到首页
19       header("Location: index.php");
20       exit;
21   }
22   //没有表单提交时,查询数据显示到表单中
23   $sql = 'select `title`,`content`,`addtime` from `news` where id=:id';
24   //执行 SQL 语句
25   $stmt = $pdo->prepare($sql);
26   if(!$stmt->execute($data)){
27       exit('执行失败: '.implode('-',$stmt->errorInfo()));
28   }
29   //处理结果集
```

```
30    $data = $stmt->fetch(PDO::FETCH_ASSOC);
31    //如果$data 为空数组，表示没有查询到数据，即新闻不存在
32    if(empty($data)){
33        exit('新闻 ID 不存在');
34    }
35    require './edit.html';
```

上述代码实现了根据 ID 获取新闻数据，当有表单时将表单数据保存到数据库中。第 35 行载入了 HTML 页面，用于展示修改新闻的表单。接下来创建文件"edit.html"，编写新闻修改页面，具体代码如下。

```
1    <form method="post">
2        新闻标题：<input type="text" name="title" value="<?php echo $data['title']; ?>" />
3        新闻内容：<textarea name="content"><?php echo $data['content']; ?></textarea>
4        <input type="submit" value="提交修改"  />
5    </form>
```

接下来，通过浏览器访问"index.html"，单击新闻标题右侧的"编辑"链接，运行效果如图 5-18 所示。从图中可以清晰地看出，ID 为 1 的新闻的相关信息已经正确显示到表单中。当修改完成后，单击【提交修改】按钮即可保存。

图 5-18　新闻修改页面

4. 新闻删除

当用户在新闻列表中单击列表右侧的"删除"链接时，可以将新闻删除。接下来将开发新闻删除的功能，首先修改新闻列表页面"news.html"，关键代码如下。

```
1    <!-- 输出新闻标题 -->
2    <a href="./show.php?id=<?php echo $v['id']; ?>"><?php echo $v['title'];?></a>
3    <!-- 修改链接 -->
4    <a href="edit.php?id=<?php echo $v['id']; ?>">编辑</a>
5    <!-- 删除链接 -->
6    <a href="del.php?id=<?php echo $v['id']; ?>">删除</a>
```

上述代码在新闻标题的右边添加了"删除"超链接。当用户单击链接时，就会访问到"del.php"，并携带参数"id"。通常在开发项目时，对于"删除"这种危险的操作，应该在执行操作前提示用户是否确认删除，以避免误操作带来的麻烦。通过 JavaScript 可以实现此需求，修改代码如下。

```
1    <!-- 删除链接 -->
2    <a href="del.php?id=<?php echo $v['id']; ?>"
3    onclick="return confirm('确定要删除该新闻吗？');">删除</a>
```

上述代码为删除链接添加删除前的确认提示。当用户在提示框中确认操作时，继续访问链接；如果取消操作，则不会继续访问链接。

在完成页面修改之后，创建文件"del.php"，实现从数据库中将指定 ID 的新闻删除，具体代码如下。

```
1    <?php
2    require './init.php';
3    //获取待查看的新闻 ID
4    $id = isset($_GET['id']) ? (int)$_GET['id'] : 0;
5    $data = array('id' => $id);
6    $sql = 'delete from `news` where id=:id';
7    //执行 SQL 语句
8    $stmt = $pdo->prepare($sql);
9    if(!$stmt->execute($data)){
10       exit('执行失败: '.implode('-',$stmt->errorInfo()));
11   }
12   //删除后重定向到首页
13   header('Location: index.php');
```

在完成上述代码后，接下来通过浏览器访问"index.php"进行删除测试，运行效果如图 5-19 所示。当单击图中提示框的【确定】按钮时，如果删除了该条新闻数据，说明删除功能开发成功。

图 5-19　新闻删除

任务五　新闻列表分页

任务说明

在开发新闻发布系统时，新闻列表功能的实现非常简单。但是当网站中的新闻越来越多时，会导致大量的数据堆积到页面中，既不美观又浪费了性能和流量。在实际项目开发时，数据分页是极为常见且重要的功能。接下来在新闻列表中实现分页功能，用户在浏览新闻时可以翻看上一页、下一页、首页和尾页。

知识引入

1. 限制查询的条数

实现分页的核心原理是利用 SQL 语句的 limit 子句。limit 子句需要两个参数，第一个参数表示查询的数据起始位置，第二个参数表示要获取的数据量，两个参数之间用逗号 "," 分隔，示例代码如下。

```
select * from `news` limit 0,10;      -- 获取第 1 页的 10 条数据
select * from `news` limit 10,10;     -- 获取第 2 页的 10 条数据
select * from `news` limit 20,10;     -- 获取第 3 页的 10 条数据
select * from `news` limit 30,10;     -- 获取第 4 页的 10 条数据
select * from `news` limit 40,10;     -- 获取第 5 页的 10 条数据
```

上述 SQL 语句中，limit 的第 2 个参数 "10" 表示每次读取的最大条数；第 1 个参数需要留意，仔细观察不难看出，它与页码之间存在一个数学关系，如下所示。

```
limit 第 1 个参数 = ( 页码 - 1 ) * 每页最大数据条数
```

需要注意的是，数据表中的数据条目是从 0 开始计算的，因此第 1 条数据的条目就是 0，第 2 条数据的条目才是 1。

值得一提的是，在使用 limit 时，第 1 个参数可以省略，表示从数据表的第 1 条数据开始获取指定数量的数据，示例代码如下。

```
select * from `news` limit 10
```

上述代码的含义是从 news 表中获取前 10 条数据。

2. 生成 GET 参数链接

在前面的开发中，当需要为一个 PHP 脚本传递 GET 参数时，代码通常会这样写：

```
<!-- 访问 index.php 并传递 page 参数-->
<a href="index.php?page=1">首页</a>
<a href="index.php?page=100">尾页</a>
```

虽然这样可以将 page 参数发送给 index.php，但是当项目的功能增加后，页面中可能会携带多个 GET 参数，使用这种方式以后将无法满足需求。为此，可以使用 PHP 提供的 http_build_query()函数来自动生成 GET 参数。下面简单演示 http_build_query()函数的使用，示例代码如下。

```
//获取 GET 参数
$params = $_GET;                          //假设 GET 参数为：page=1&id=1&order=desc
//修改 page 参数的值
$params['page'] = '100';
//清除 id 删除
unset($params['id']);
//重新生成 GET 参数
echo http_build_query($params);          //输出结果：page=100&order=desc
```

从上述代码中可以看出，http_build_query()函数接收一个数组参数，生成字符串型的 GET 参数结果。由于生成时的$params 数组中的数据来自$_GET 变量，因此生成的链接中会自动携带原有的 GET 参数。值得一提的是，http_build_query()函数支持多维数组参数，在生成 GET 参数连接时会自动进行 URL 编码。

任务实现

1. 封装分页类

新闻管理系统中通常有数百或上千的新闻，为了提高查询效率和用户体验，通常使用分页的方式显示数据。为了提高代码的复用性，接下来，创建分页类文件 "Page.class.php"，编写代码如下。

```
1    <?php
2    class Page{
3        private $total;              //总记录数
4        private $pagesize;           //每页显示的条数
5        private $current;            //当前页
6        private $maxpage;            //总页数
7        /**
8         * 分页类构造方法
9         * @param $total int  总记录数
10        * @param $pagesize int  每页显示的条数
11        * @param $current int    当前页
12        */
13       public function __construct($total,$pagesize,$current){
14           $this->total = $total;
15           $this->pagesize = $pagesize;
16           $this->current = max($current,1);
17           $this->maxpage = ceil( $this->total / $this->pagesize );
18       }
19       //获取 SQL 中的 limit 条件
20       public function getLimit(){
21           //计算 limit 条件
22           $lim = ($this->current -1) * $this->pagesize;
```

```
23          return $lim.','.$this->pagesize;
24      }
25      //获得 URL 参数，用于在生成分页链接时保存原有的 GET 参数
26      private function getUrlParams(){
27          unset($_GET['page']);                //删除 GET 参数中的 page
28          return http_build_query($_GET);      //重新构造 GET 字符串
29      }
30      //生成分页链接
31      public function showPage(){
32          //如果少于 1 页，则不显示分页导航
33          if($this->maxpage <= 1) return '';
34          //获取原来的 GET 参数
35          $url = $this->getUrlParams();
36          //拼接 URL 参数
37          $url = $url ? "?$url&page=" : '?page=';
38          //拼接 "首页"
39          $first = '<a href="'.$url.'1">[首页]</a>';
40          //拼接 "上一页"
41          $prev = ($this->current == 1) ? '[上一页]' :
                  '<a href="'.$url.($this->current-1).'">[上一页]</a>';
42          //拼接 "下一页"
43          $next = ($this->current == $this->maxpage) ? '[下一页]' :
                  '<a href="'.$url.($this->current+1).'">[下一页]</a>';
44          //拼接 "尾页"
45          $last = '<a href="'.$url.$this->maxpage.'">[尾页]</a>';
46          //组合最终样式
47          return "当前为 {$this->current}/{$this->maxpage}
                 {$first} {$prev} {$next} {$last}";
48      }
49  }
```

上述第 3～6 行代码为该类的私有属性，用于保存实例化该类时传递的总记录数、每页显示的记录数、当前页以及计算得到的总页数。第 20～24 行用于获取分页查询的条件，第 26～29 行用于获取 URL 地址中去掉 page 参数的 GET 参数值，第 31～48 行用于获取分页的 HTML 页面。

2.分页查询数据

修改新闻列表程序 "index.php"，在程序中引入分页类，实现在查询新闻列表数据时以分页形式进行查询，实现代码如下。

```
1   <?php
2   //引入连接数据库的代码
3   require './init.php';
```

```
4    //载入分页类
5    require './Page.class.php';
6    //获取当前访问的页码
7    $page = isset($_GET['page']) ? (int)$_GET['page'] :    1;
8    //获取总记录数
9    $sql = "select count(*) as total from `news` ";
10   $total = $pdo->query($sql)->fetchColumn();
11   //实例化分页类
12   $Page = new Page($total,3,$page); //page(总页数，每页显示条数，当前页)
13   //获取 limit 条件
14   $limit = $Page->getLimit();
15   //获取分页 HTML 链接
16   $page_html = $Page->showPage();
17   //分页查询新闻列表
18   $sql = "select `id`,`title`,`addtime` from `news` order by `addtime` desc
     limit $limit";
19   //执行 SQL 语句，处理结果集
20   $data = $pdo->query($sql)->fetchAll(PDO::FETCH_ASSOC);
21   //引入 HTML 模板文件
22   require './news.html';
```

在上述代码中，第 5 行代码用于引入分页类；第 8~10 行用于获取数据总条数，其中 $pdo->query()的返回结果为 PDOStatement 对象，因此可以继续调用 fetchColumn()方法获取第一列数据；第 12~20 行实现了分页查询数据，分页类的 getLimit()方法用于生成 SQL 语句中的 limit 参数，showPage()方法用于生成分页链接 HTML 页面，该页面将在"news.html"中进行输出。

3. 展示分页链接

在获取分页链接的 HTML 代码后，接下来编辑"news.html"，将分页链接进行输出，实现代码如下。

```
1    <table>
2        <tr><td>新闻标题</td><td>发布时间</td><td>操作</td></tr>
3        <?php foreach($data as $v):?>
4            <tr><td>
5            <a href="./show.php?id=<?php echo $v['id']; ?>">
6            <?php echo $v['title'];?></a></td>
7            <td><?php echo $v['addtime'];?></td>
8            <td>
9                <a href="edit.php?id=<?php echo $v['id']; ?>">编辑</a>
10               <a href="del.php?id=<?php echo $v['id']; ?>"
11               onclick="return confirm('确定要删除该新闻吗？');">删除</a>
12           </td></tr>
```

```
13        <?php endforeach;?>
14    </table>
15    <!-- 输出分页链接 -->
16    <div><?php echo $page_html ?></div>
```

在上述代码中，第 16 行将分页类生成的分页链接输出到页面中。为了测试分页功能是否完成，接下来在浏览器中运行"index.php"，分页展示效果如图 5-20 所示。从图中看出，新闻列表共有 2 页，每页显示 3 条记录，当前页为第 1 页。

图 5-20　新闻列表分页

动手实践

学习完前面的内容，下面来动手实践一下吧：

在新闻发布系统中，随着使用时间的增加，过期的、没有意义的新闻会逐渐增加，这会带来很多重复性的删除操作。所以为了节省时间，加快工作效率，本项目中应该添加一个批量删除的功能。请动手实现批量操作功能，在新闻列表中为每个新闻添加一个复选框，使用户可以通过复选框进行批量操作。

扫描右方二维码，查看动手实践步骤！

PART 6 项目六 jQuery 个人主页

项目描述

　　jQuery 是一个优秀的 JavaScript 库。它简化了 HTML 与 JavaScript 之间的操作，使得 DOM 对象、事件处理、动画效果、Ajax 等操作的实现语法更加简洁，同时显著提高了程序的开发效率，消除很多跨浏览器的兼容问题。

　　本项目将结合 jQuery 的基本使用、DOM 文档操作、事件处理、动画效果以及插件等相关知识，完善个人主页，实现个性相册、焦点图特效及瀑布流布局的功能开发。

任务一　jQuery 快速入门

任务说明

　　jQuery 是一个简单易学、可以快速上手的工具。为了更好地使用 jQuery 开发炫酷的项目功能效果，请通过本任务完成对 jQuery 的初步认识，具体任务要求如下。

- 了解什么是 jQuery，并将 jQuery 引入个人主页中。
- 通过 jQuery 选择器更改页面中元素的内容和样式。
- 通过 jQuery 选择器为页面中的按钮添加事件。
- 在页面中添加加载事件，确定页面中事件的加载顺序。

知识引入

1.什么是 jQuery

　　jQuery 是一个开源的 JavaScript 类库，由 John Resig 在 2006 年 1 月的纽约 BarCamp 国际研讨会上首次发布，吸引了众多来自世界各地的 JavaScript 高手的加入，目前由 Dava Methvin 带领团队进行开发。

随着 Web 技术的不断发展，相继诞生了许多优秀的 JavaScript 库，常见的有 jQuery、Prototype、ExtJS、Mootools 和 YUI 等。jQuery 凭借其 write less, do more（写得更少，做得更多）的核心理念和以下 6 个不可忽视的特点，成为 Web 开发人员的最佳选择。

- jQuery 是一个轻量级的脚本，其代码非常小巧；
- 语法简洁易懂，学习速度快，文档丰富；
- 支持 CSS 1~CSS 3 定义的属性和选择器；
- 跨浏览器，支持的浏览器包括 IE 6.0~IE 11.0 和 FireFox、Chrome 等；
- 实现了 JavaScript 脚本和 HTML 代码的分离，便于后期编辑和维护；
- 插件丰富，可以通过插件扩展更多功能。

2. 获取 jQuery

要想获取 jQuery，可以从 jQuery 的官方网站（http://jquery.com/）上下载最新版本的 jQuery 文件，具体操作如图 6-1 所示。

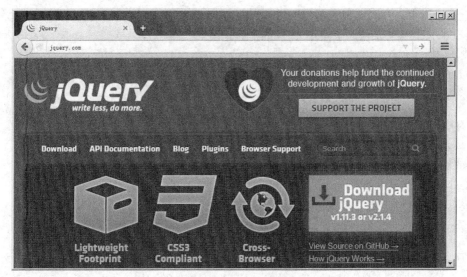

图 6-1　jQuery 官方网站

从图 6-1 中可以看出，单击【Download jQuery】按钮可以下载 jQuery。目前 jQuery 的版本分为 jQuery 1.x 系列的经典版本和 jQuery 2.x 系列的新版本，前者保持了对早期浏览器的支持，而后者不再支持 IE 6/7/8 浏览器，从而更加轻量级。本书中讲解的是 jQuery 1.x 系列版本。

单击进入下载页面后，会看到 jQuery 文件的类型主要包括未压缩的开发版和压缩后的生产版。所谓压缩，指的是去掉代码中所有换行、缩进和注释等，减少文件的体积，从而更有利于网络传输，如图 6-2 所示。

在图 6-2 中选择一种版本进行下载，然后在 HTML 中引入 jQuery 文件，实现对 jQuery 的部署，代码如下。

```
<!--方式一：引入本地下载的 jQuery -->
<script src="jquery.min.js"></script>
<!--方式二：通过 CDN(内容分发网络)引入 jQuery -->
<script src="http://libs.baidu.com/jquery/1.11.3/jquery.min.js"></script>
```

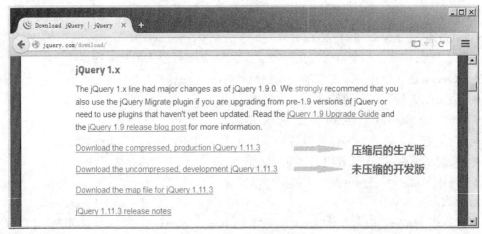

图 6-2　jQuery 下载页面

上述代码中，方式一引入了当前目录下的 jQuery 文件库 "jquery.min.js"，方式二则通过公共的 CDN 的优势加快了 jQuery 文件的加载速度。

3. 使用 jQuery

在引入 jQuery 类库后，就可以使用 jQuery 提供的功能。例如，通过 jQuery 去除字符串左右两端的空格，示例代码如下。

```
<script>
var str1 = "    hello    ";
var str2 = $.trim(str1); //调用 jQuery 中的 trim()方法
console.log("原字符串：[" + str1+ "]");
console.log("去除两端空格：[" + str2 + "]");
</script>
```

在上述代码中，"$.trim()" 表示调用 jQuery 中的 "trim()" 方法，其中美元符号 "$" 表示 jQuery 本身，也就是说，"$.trim()" 等价于 "jQuery.trim()"；"console.log()" 表示在浏览器的控制台中输出调试信息，可以按 "F12" 键打开浏览器的开发者工具进行查看，如图 6-3 所示。

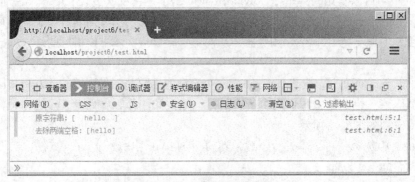

图 6-3　查看运行结果

4. jQuery 对象

jQuery 对象是对 DOM 对象的一层包装。它的作用是通过自身提供的一系列快捷功能来简化 DOM 操作的复杂度，提高程序的开发效率，同时解决不同浏览器的兼容问题，示例代码如下。

```
<script>
var $doc = $(document);        //创建一个 jQuery 对象，该对象包装了 document 对象
console.log($doc);             //在控制台中输出 jQuery 对象
</script>
```

在上述代码中，$ (document)表示将 document 对象转换为 jQuery 对象，通过 console.log() 可以查看其内部结构，运行结果如图 6-4 所示。

图6-4　查看运行结果

从图 6-4 左栏可以看出，jQuery 对象内部有三个元素，其中数组元素 0 表示其内部的 DOM 对象，即 document 对象，length 表示其内部数组元素的个数，一个 jQuery 对象中可以包装多个 DOM 对象。单击左栏中的"Object"可以在右栏查看到详细信息，通过__proto__可以查看该对象的原型（jQuery 本身）所具有的属性和方法。

5. jQuery 选择器

在程序开发过程中，经常需要对 HTML 元素进行操作，在操作前必须先准确地找到对应的 DOM 元素。为此，jQuery 提供了类似 CSS 选择器的机制。利用 jQuery 选择器可以很轻松地获取 DOM 元素。

使用 jQuery 选择器的基本语法为"$ (选择器)"，其中最常用的选择器为标签选择器、类选择器和 ID 选择器，其使用说明如表 6-1 所示。

表 6-1　常用的基本选择器

选　择　器	功　能　描　述	示　　例
element	根据指定元素名匹配所有元素	$ ("div") 选取所有的\<div\>元素
.class	根据指定类名匹配所有元素	$ (".test") 选取所有 class 为 test 的元素
#id	根据指定 id 匹配一个元素	$ ("#test") 选取 id 为 test 的元素

从表 6-1 中可以看出，jQuery 选择器的语法非常简单。为了使读者更好地理解，下面通过一段代码进行演示。

```
<body>
    <div id="myid"></div>
    <div class="myclass"></div>
    <div class="myclass"></div>
    <script>
        var myID = $("#myid");            //获取 id 为 myid 的元素
        var myClass = $(".myclass");      //获取 class 为 myclass 的所有元素
```

```
            console.log(myID);
            console.log(myClass);
        </script>
    </body>
```

在上述代码中，首先创建了一个 ID 为 "myid" 的<div>和两个 class 为 "myclass" 的<div>，然后通过 ID 选择器和类选择器分别获取相应元素，最后在控制台进行输出，运行效果如图 6-5 所示。

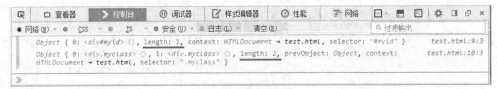

图 6-5　选择器的使用

从图 6-5 中可以看出，length 属性表示匹配到符合条件的 DOM 对象个数，没有匹配到时结果为 0。其中，类选择器可以获取多个元素，ID 选择器只能获取 1 个元素（网页标准规定 ID 不能重复）。

6. 元素内容操作

在 jQuery 中，操作元素内容的方法主要包括 html()和 text()方法。html()方法用于获取或设置元素的 HTML 内容，text()方法用于获取或设置元素的文本内容。具体使用说明如表 6-2 所示。

表 6-2　元素内容操作

语　　法	说　　明
html()	获取第 1 个匹配元素的 HTML 内容
html(content)	设置第 1 个匹配元素的 HTML 内容
text()	获取所有匹配元素包含的文本内容组合起来的文本
text(content)	设置所有匹配元素的文本内容

表 6-2 列举了 html()和 text()方法的语法和说明。为了使读者更好地理解，接下来通过一段代码演示其用法和区别。

```
<body>
<div class="content">
    <font color="red"><b>总有那么一群人</b></font>，
学个半吊子就急着找工作，面试题做不出来，吹牛都吹不来，所以你只能低工资。
</div>
<script>
    var content = $(".content");       //获取 class 为 content 的元素
    var html = content.html();         //获取 content 的 HTML 内容（含有标记）
    var text = content.text();         //获取 content 的文本内容
```

```
        console.log(html);
        console.log(text);
    </script>
</body>
```

在上述代码中，首先在 class 为 "content" 的<div>内，编写一段含有文本样式的句子，然后分别使用 html()和 text()方法获取<div>中的内容并通过控制台输出对比，效果如图 6-6 所示。

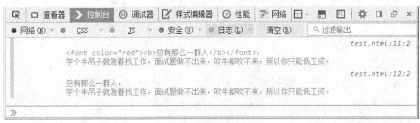

图 6-6　获取元素内容

从图 6-6 中可以清晰地看出，使用 html()方法获取的元素内容含有文本样式标签<font>和<b>；而使用 text()方法获取的元素内容是去除文本样式，将该元素包含的文本内容组合起来的文本。因此，读者根据项目的需求，在开发中选择合适的方法使用即可。

任务实现

1. 引入 jQuery

首先在站点下创建 "project6" 目录，用于保存本项目中所有的文件。然后在项目中创建 "js" 目录，将 jQuery 压缩版文件放入，并将文件命名为 "jquery.min.js"。

接下来，在项目中创建个人主页文件 "test_1.html"，并在网页中引入 jQuery 库，具体代码如下。

```
1   <!DOCTYPE html>
2   <html>
3   <head>
4   <meta charset="utf-8">
5   <title>jQuery 测试</title>
6   <script src="./js/jquery.min.js"></script>
7   </head>
8   <body>
9       <div class="top">页面头部</div>
10      <div class="main">页面中部</div>
11      <div class="footer">页面尾部</div>
12  </body>
13  </html>
```

在上述代码中，第 6 行代码引入了 "js" 目录下的 "jquery.min.js" 文件，jQuery 就可以使用了。

2. 更改元素内容

在编写 JavaScript 程序时，可以通过 DOM 对象的 innerHTML 属性来修改元素的内容，而 jQuery 对象提供了更方便的 text() 和 html() 方法。接下来将通过 jQuery 选择器来创建 jQuery 对象，并实现元素内容的修改，具体代码如下。

```
1    ……
2    <body>
3        <div class="top">页面头部</div>
4        <div class="main">页面中部</div>
5        <div class="footer">页面尾部</div>
6        <script>
7            $(".top").text("欢迎来访");
8            $(".main").text("大家好：我叫小明，正在学习 jQuery。");
9            $(".footer").html("<i>这是我的个人主页</i>");
10       </script>
11   </body>
12   ……
```

通过浏览器访问"test_1.html"，运行结果如图 6-7 所示。可以看出，jQuery 成功修改了选择器匹配到的元素的内容。

3. 更改元素样式

通过 jQuery 提供的 css() 方法可以快速修改元素的 CSS 样式，css() 方法的第 1 个参数表示样式的名称，第 2 个参数表示样式的值。接下来复制 "test_1.html" 为 "test_2.html"，并修改代码如下。

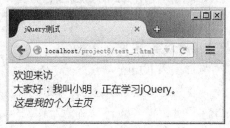

图 6-7 更改元素内容

```
1    ……
2    <body>
3        <div class="top">页面头部</div>
4        <div class="main">页面中部</div>
5        <div class="footer">页面尾部</div>
6        <script>
7            //通过修改 CSS 使文本居中
8            $(".top").css("text-align","center");
9            //通过修改 CSS 使文本加粗
10           $(".main").css("font-weight","bold");
11           //通过修改 CSS 添加背景色
12           $(".footer").css("background","#ccc");
13       </script>
14   </body>
15   ……
```

通过浏览器访问"test_2.html"，运行结果如图 6-8 所示。可以看出，jQuery 成功修改了选择器匹配到的元素的样式。

4. 添加事件

在 JavaScript 程序中，DOM 元素可以添加事件处理函数，示例代码如下。

```
//获取 DOM 对象
var element = document.getElementById("button");
//添加单击事件
element.onclick = function(){
    alert("按钮被单击了");
};
```

上述代码首先获取到 ID 为"button"的 DOM 元素，然后为元素添加了单击事件的处理函数。在引入 jQuery 后，可以更加方便地添加事件。接下来，复制"test_1.html"为"test_3.html"，并修改代码如下。

```
1    ……
2    <body>
3        <button id="button">单击测试</button>
4        <script>
5            $("#button").click(function(){
6                alert("按钮标题为："+$(this).text());
7            });
8        </script>
9    </body>
10   ……
```

在上述代码中，第 5 行通过 jQuery 选择器来获取 ID 为"button"的元素，然后通过 jQuery 对象提供的 click 方法来添加单击事件，将事件处理函数作为参数传进去。

通过浏览器访问"test_3.html"，单击页面中的【单击测试】按钮，运行效果如图 6-9 所示。

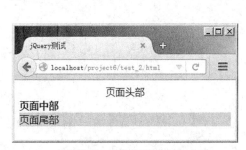

图 6-8　更改元素样式

图 6-9　添加事件

5. 页面加载事件

在编写 JavaScript 程序时，经常需要使用页面加载事件来访问整个页面中的元素。使用 jQuery 同样可以实现页面加载事件，示例代码如下。

```
$(document).ready(function(){
    alert("页面已经完成加载");
});
```

上述代码表示将 document 对象转换为 jQuery 对象，然后调用了 ready 方法来添加页面加载事件。值得一提的是，jQuery 提供了页面加载事件的简写形式，具体代码如下。

```
$(function(){
    alert("页面已经完成加载");
});
```

上述代码省略了 document 对象，将事件处理函数直接通过参数传递给 "$()"，同样实现了页面加载事件。接下来创建文件 "test_4.html"，编写代码来测试 jQuery 的页面加载事件，具体代码如下。

```
1    <!DOCTYPE html>
2    <html>
3    <head>
4    <meta charset="utf-8">
5    <title>jQuery 测试</title>
6    <script src="./js/jquery.min.js"></script>
7    <script>
8        //位置 1 测试
9        var test1 = $(".test").text();
10       console.log("位置 1：" + test1);
11       //位置 2 测试
12       $(function(){
13           var test2 = $(".test").text();
14           console.log("位置 2：" + test2);
15       });
16   </script>
17   </head>
18   <body>
19       <div class="test">页面内容</div>
20       <script>
21           //位置 3 测试
22           var test3 = $(".test").text();
23           console.log("位置 3：" + test3);
24       </script>
25   </body>
26   </html>
```

上述代码在页面的三个位置中添加了测试代码，其中位置 1 和位置 2 位于目标元素<div class="test">之前，位置 3 位于目标元素之后。通过浏览器访问 "test_4.html"，运行结果如

图 6-10 所示。

通过图 6-10 可以看出，由于位置 1 的代码位于目标元素之前，此时目标元素还没有加载，因此没有输出正确的内容。而位置 2 使用了页面加载事件，在页面完成加载后才执行事件函数，因此输出了正确内容，并且其执行顺序在位置 3 的后面。

至此，读者应该已经快速掌握了 jQuery 的基本使用，能够通过 jQuery 选择器快速获取要操作的 DOM 对象，并且可以很方便地修改元素的内容及样式、为元素添加事件，为后面的学习奠定了基础。

图 6-10　页面加载事件

任务二　个性相册

任务说明

个人主页就是为了展示自我、与人交流而存在的。为了丰富个人主页的应用、增强用户的体验，下面请使用 jQuery 的 DOM 文档操作完成个性相册的实现。具体要求如下。

● 编写图片上传的 HTML 页面，实现图片展示相框类型的选择（直角、圆角、圆形）。
● 使用 jQuery 对 DOM 文档进行操作，完成图片的创建与展示。
● 利用 jQuery 完成"上移""下移""删除"按钮的创建与功能实现。

知识引入

1.元素遍历

在操作 HTML 文档中的 DOM 元素时，经常需要进行元素遍历。为此，jQuery 提供了 each()方法，使用户更方便地进行元素遍历，并且可以进行指定的操作，具体示例代码如下。

```html
<ul>
    <li>PHP</li><li>iOS</li>
    <li>Java</li><li>UI</li>
</ul>
<script>
    $("li").each(function(index,element){
        console.log("第"+(index+1)+"个:"+$(element).text());
    });
</script>
```

在上述代码中，使用 each()方法可以遍历选择器匹配到的所有 li 元素。该方法的参数是一个回调函数，每个匹配元素都会执行这个函数。在回调函数中，index 表示当前元素的索引位置（从 0 开始），element 表示当前的元素。值得一提的是，在回调函数内部可以直接使用$ (this)表示当前元素。运行结果如图 6-11 所示。

图 6-11　元素遍历

2. 元素查找

使用 jQuery 选择器可以很方便地匹配满足一定条件的 HTML 元素，并对其进行操作，但有时需要根据 HTML 元素的具体情况对其进行个性化的处理，此时可以使用 jQuery 提供的元素过滤和查找方法来实现此功能，增强对文档的控制能力，具体如表 6-3 所示。

表 6-3　元素查找

分　　类	语　　法	说　　明
查找	find(expr)	搜索所有与指定表达式匹配的元素
	parents([expr])	取得一个包含所有匹配元素的祖先元素的元素集合（不包含根元素）
	parent([expr])	取得一个包含所有匹配元素的唯一父元素的元素集合
	siblings([expr])	取得一个包含匹配的元素集合中每一个元素的所有唯一同辈的元素集合
	next([expr])	取得一个包含匹配的元素集合中每一个元素紧邻的后面同辈元素的元素集合
	prev([expr])	取得一个包含匹配的元素集合中每一个元素紧邻的前一个同辈元素的元素集合
过滤	eq(index)	获取第 N 个元素
	hasClass(class)	检查当前的元素是否含有某个特定的类，如果有，则返回 true
	is(expr)	用一个表达式来检查当前选择的元素集合，如果其中至少有一个元素符合这个给定的表达式，就返回 true
	has(expr)	保留包含特定后代的元素，去掉那些不含有指定后代的元素

表 6-3 列举了元素查找和过滤常用的语法和说明。为了使读者更好地理解，接下来以 find() 和 eq() 方法为例进行详细的讲解，具体示例代码如下。

```
<div>
    <ul><li>PHP_Base</li><li>PHP_Senior</li></ul>
    <ul class="special"><li>Java_Base</li><li>Java_Senior</li></ul>
</div>
<script>
    //获取 div 下的所有 ul
    $uls = $("div").find("ul");
    //为下标为 1 的 ul 设置背景色
    $uls.eq(1).css('background-color', '#ccc');
</script>
```

在上述代码中，首先利用 find() 方法获取 <div> 下的所有 <ul>，然后使用 eq() 方法从获取的 <ul> 中查找下标为 1 的 ul，并为该 <ul> 设置背景色。其中，css() 方法用于为匹配到的元素设置样式，它的第 1 个参数表示属性名，第 2 个参数表示属性值，示例效果如图 6-12 所示。

3.元素属性操作

HTML 标记具有各种各样的属性。jQuery 提供了一些方法，使用户可以快捷地操作这些属性。接下来针对元素属性操作进行详细讲解。

图 6-12　元素查找

（1）基本属性操作

jQuery 元素属性操作方法中，attr()方法用于获取或设置元素属性，removeAttr()方法用于删除元素属性。其中，attr()方法的参数支持多种形式。attr()方法和 removeAttr()方法的使用说明如表 6-4 所示。

表 6-4　属性操作方法

语　　法	说　　明
attr(name)	取得第 1 个匹配元素的属性值，否则返回 undefined
attr(properties)	将一个属性-值（attribute-value）对形式的对象设置为所有匹配元素的属性
attr(name, value)	为所有匹配的元素设置一个属性值
attr(name, function)	为所有匹配的元素设置一个计算的属性值
removeAttr(name)	从每一个匹配的元素中删除一个属性

在表 6-4 中，由于 attr()方法只能获取第 1 个匹配元素的属性值，因此，要获取所有匹配元素的属性值，则需要配合 jQuery 提供的 each()方法进行元素遍历。

（2）class 属性操作

在程序开发中，经常需要操作元素的 class 属性设置动态的样式，虽然使用 attr()方法可以完成基本的属性操作，但是对于 class 属性的操作却不够灵活。因此，为了方便操作，jQuery 提供了针对 class 属性操作的方法，其详细说明如表 6-5 所示。

表 6-5　class 属性操作方法

语　　法	作　用	说　　明
addClass(class)	追加样式	为每个匹配的元素追加指定的类名
removeClass(class)	移除样式	从所有匹配的元素中删除全部或者指定的类
toggleClass(class)	切换样式	判断指定类是否存在，存在则删除，不存在则添加

在表 6-5 中，addClass()和 removeClass()方法经常一起使用来切换元素的样式。其中，若要为匹配到的元素添加和移除多个样式类名，则样式类名之间可使用空格进行分隔。

（3）value 属性操作

jQuery 中对于获取表单元素的 value 属性值，提供了专用的 val()方法，具体语法和说明如表 6-6 所示。

表 6-6　value 属性操作方法

语　　法	说　　明
val ()	读取指定表单元素的值
val(value)	向指定的表单元素写入值

值得一提的是，val()方法还可以操作表单元素的属性和选中情况，支持表单中的多选元素，如<select>和<input type="checkbox">。当要获取的元素是<select>元素时，返回结果是一个包含所选值的数组。当要为表单元素设置选中情况时，可以传递数组参数。

4. 元素样式操作

元素样式操作是指获取或设置元素的 style 属性。在 jQuery 中，可以很方便地设置元素的样式、位置、尺寸等属性，如前面用过的 css()方法。常用元素样式操作方法如表 6-7 所示。

表 6-7　元素样式操作

语　　法	说　　明
css(name)	获取第 1 个匹配元素的样式
css(properties)	将一个属性–值（property–value）对形式的对象设置为所有匹配元素的样式
css(name, value)	为所有匹配的元素设置样式
width()	获取第 1 个匹配元素的当前宽度值（返回数值型结果）
width(value)	为所有匹配的元素设置宽度样式（可以是字符串或数字）
height()	获取第 1 个匹配元素的当前高度值（返回数值型结果）
height(value)	为所有匹配的元素设置高度样式（可以是字符串或数字）

5. 文档节点操作

在程序的开发过程中，除了可以使用 jQuery 的 DOM 操作完成元素属性、内容和样式的修改，还可以使用 jQuery 的文档节点操作完成 HTML 文档在浏览器中动态地发生变化，达到更好的页面效果。下面将针对这些方法分别进行讲解。

（1）节点追加

节点追加是指在现有的文档节点中进行父子或兄弟节点的追加。关于节点追加的方法和说明如表 6-8 所示。

表 6-8　节点追加

关　系	语　　法	说　　明
父子节点	append(content)	向每个匹配的元素内部追加内容
	prepend(content)	向每个匹配的元素内部前置内容
	appendTo(content)	把所有匹配的元素追加到指定元素集合中
	prependTo(content)	把所有匹配的元素前置到指定元素集合中
兄弟节点	after(content)	在每个匹配的元素之后插入内容
	before(content)	在每个匹配的元素之前插入内容
	insertAfter(content)	把所有匹配的元素插入到指定元素集合的后面
	insertBefore(content)	把所有匹配的元素插入到指定元素集合的前面

（2）节点替换

节点替换是指将选中的节点替换为指定的节点。关于节点替换的方法和说明如表 6-9 所示。

表6-9　节点替换

语　法	说　明
replaceWith(content)	将所有匹配的元素替换成指定的 HTML 或 DOM 元素
replaceAll(selector)	用匹配的元素替换掉所有 selector 匹配到的元素

（3）节点删除

jQuery 可以轻松实现节点追加，相对地，也可以轻松实现节点删除。jQuery 提供了节点删除方法，其详细说明如表6-10所示。

表6-10　节点删除

语　法	说　明
empty()	删除匹配的元素集合中所有的子节点
remove([expr])	删除所有匹配的元素及子节点（可选参数 expr 用于筛选元素）
detach([expr])	删除所有匹配的元素及子节点（保留所有绑定的事件、附加的数据等）

（4）节点复制

jQuery 提供了节点复制方法，用于复制匹配的元素。关于节点复制方法的说明如表6-11所示。

表6-11　节点复制

语　法	说　明
clone([false])	复制匹配的元素并且选中这些复制的副本，默认参数为 false
clone(true)	参数设置为 true 时，复制元素的所有事件处理

任务实现

1. 编写 HTML 页面

个性相册是个人主页中的一个模块。在项目中创建"album.html"来编写个性相册的页面。具体 HTML 代码如下。

```
1    <div class="album">
2    <div class="act">
3        输入图片 URL：<input type="text" name="url" /><br />
4        选择相框类型：<input type="radio" id="r1" name="border" value="0" checked />
5        <label for="r1">直角</label>
6        <input type="radio" id="r2" name="border" value="20px" /><label for="r2">圆角</label>
7        <input type="radio" id="r3" name="border" value="75px" /><label for="r3">圆形</label>
8        <br /><button class="act-add">添加</button>
9    </div>
10   <div class="list"></div>
11   </div>
```

上述代码在页面中添加了文本框、单选按钮等表单元素，可以让用户输入图片 URL 以添加到相册中，并且可以自定义相框的类型。在编写网页时还需要 CSS 样式代码，读者可通过本书配套源代码获取。通过浏览器访问 "album.html"，个性相册的页面效果如图 6-13 所示。

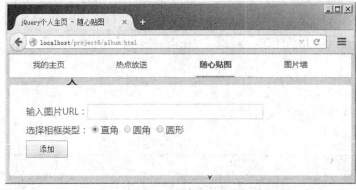

图 6-13　个性相册页面

2. 实现相册图片添加

当用户在个性相册中单击【添加】按钮时，应获取用户输入的图片 URL 和相框类型，将用户添加的图片在相册中显示出来。接下来，继续编写 JavaScript 代码，实现上述功能，具体代码如下。

```
1   <script>
2   $(".act-add").click(function(){
3       //获取用户输入的 URL 地址
4       var imageUrl = $(".act input[name=url]").val();
5       //获取用户选择的相框
6       var imageBorder = $(".act input[name=border]:checked").val();
7       //创建图片元素
8       var $img = $("<img />").attr("src",imageUrl);
9       //设置相框的圆角样式
10      $img.css("border-radius",imageBorder);
11      //创建容器
12      var $imgBox = $('<div class="imgbox"></div>');
13      //将元素放入容器
14      $imgBox.append($img);
15      //将容器放入页面中
16      $(".list").append($imgBox);
17  });
18  </script>
```

在上述代码中，第 4 行用于获取 name 属性值为 "url" 的 input 元素，即用户输入的图片 URL 地址；第 6 行用于获取 name 属性值为 "border" 的 input 元素，其中 ":checked" 表示只获取被选中的元素，即用户选择的相框类型；第 8 行创建了 <img> 图片元素，并设置了图片地址为用户输入的 URL 地址；第 10 行设置了图片的边框样式。

接下来通过浏览器访问 "album.html"，并添加三张图片进行测试，运行效果如图 6-14 所示。

图 6-14　相册图片添加

3. 实现图片的移动和删除

在相册中添加图片后，还需要对图片进行管理，接下来将开发每个图片的移动、删除功能。继续编写"album.html"中的 JavaScript 代码，具体如下。

```
1   <script>
2   $(".act-add").click(function(){
3       //……
4       //创建容器
5       var $imgBox = $('<div class="imgbox"></div>');
6       //创建上移按钮
7       var $moveUp = $('<button>上移</button>');
8       //创建下移按钮
9       var $moveDown = $('<button>下移</button>');
10      //创建移除按钮
11      var $remove = $('<button>移除</button>');
12      //为上移按钮添加单击事件
13      $moveUp.click(function(){
14          $imgBox.prev().before($imgBox);
15      });
16      //为下移按钮添加单击事件
17      $moveDown.click(function(){
18          $imgBox.next().after($imgBox);
19      });
20      //为移除按钮添加单击事件
21      $remove.click(function(){
22          $imgBox.remove();
23      });
24      //将各元素放入容器
25      $imgBox.append([$img,$moveUp,$moveDown,$remove]);
```

```
26      //将容器放入页面中
27      $(".list").append($imgBox);
28   });
29   </script>
```

上述代码为每个图片添加了【上移】、【下移】、【移除】按钮。单击【上移】按钮时，当前图片所在的容器"<div class="imgbox">"会移动到上一个图片容器的前面；单击【下移】按钮时，则将当前图片容器移动到下一个图片容器的后面；单击【移除】按钮时，会将整个图片容器删除。通过浏览器进行测试，程序运行效果如图6-15所示。

图6-15 相册图片管理

任务三 焦点图切换

任务说明

焦点图切换是网页设计中常见的效果。在学习jQuery后，读者可以轻松实现一个带有动画效果的焦点图切换放到个人主页中。下面请利用jQuery中的事件和动画，开发焦点图特效。具体要求如下。

● 准备焦点图特效的HTML页面。

● 使用定时器和jQuery提供的animate()动画方法，完成图片的自动切换。

● 当图片移动到最后1张图片时，无缝切换到第1张图片。

● 设计底部的小圆点，单击小圆点可以直接切换到对应图片。

知识引入

1. 常用事件

在网页中要给DOM对象指定事件处理程序，可在标签中设置事件处理程序属性的值。对于元素支持的每种事件，都有一个on和事件名组成的属性。例如，click事件对应的属性为onclick。而在jQuery中，则可直接使用其提供的与事件类型同名的处理函数，使代码更加清晰明了。

在jQuery中，常用处理事件的方法具体如表6-12所示。

表 6-12 jQuery 常用事件

方 法	说 明
blur([[data],function])	当元素失去焦点时触发
change([[data],function])	当元素的值发生改变时触发
click([[data],function])	当单击元素时触发
dblclick([[data],function])	当双击元素时触发
focus([[data],function])	当元素获得焦点时触发
focusin([data],function)	在父元素上检测子元素获取焦点的情况
focusout([data],function)	在父元素上检测子元素失去焦点的情况
mouseover([[data],function])	当鼠标指针移入对象时触发
mouseout([[data],function])	在鼠标指针从元素上离开时触发
scroll([[data],function])	当滚动条发生变化时触发
select([[data],function])	当文本框（包括 input 和 textarea）中的文本被选中时触发
submit([[data],function])	当表单提交时触发

在表 6-12 中，参数 function 表示触发事件时执行的函数，参数 data 表示为函数传入的参数。

为了使读者更好地理解 jQuery 常用事件的使用，下面以 mouseover ()和 mouseout()方法为例进行具体讲解，具体示例代码如下。

```
<body>
<div class="hit">点我啊</div>
<script>
    //鼠标移入
    $(".hit").mouseover(function(){
        $(".hit").css("background-color","green");
    });
    //鼠标移出
    $(".hit").mouseout(function(){
        $(".hit").css("background-color","");
    });
</script>
</body>
```

在上述代码中，当鼠标指针划过"点我啊"时，执行 mouseover()方法，将 class 名为"hit"的<div>背景色设置为绿色。当鼠标指针移出"点我啊"时，执行 mouseout()方法，去掉 class 名为"hit"的<div>的背景色。

2. 页面加载事件

jQuery 与 JavaScript 中都有页面加载事件表示页面初始化行为，但是两者在使用时有一定的区别，具体如表 6-13 所示。

表 6-13　页面加载事件对比

	window.onload	$(document).ready()
执行时机	必须等待网页中的所有内容加载完成后（包括图片）才能执行	网页中的所有 DOM 结构绘制完成后就执行（可能关联内容并未加载完成）
编写个数	不能同时编写多个	能够同时编写多个
简化写法	无	$()

从表 6-13 可以看出，jQuery 中的 ready 与 JavaScript 中的 onload 相比，不仅可以在页面加载后立即执行，还允许注册多个事件处理程序。

值得一提的是，jQuery 中的页面加载事件方法有三种语法形式，具体如下。

```
$(document).ready(function(){   })
$().ready(function(){   })
$(function(){   })
```

上述语法中，第 1 种是完整写法，即调用 document 元素的 ready() 事件方法。第 2 种语法省略了 document，第 3 种语法省略了 ready()，但是三种语法的功能完全相同。

3. 事件绑定与切换

jQuery 中不仅提供了事件添加机制，还提供了更加灵活的事件处理机制，即事件绑定和事件切换，统一了事件处理的各种方法，具体语法和说明如表 6-14 所示。

表 6-14　事件绑定与切换

语　法	说　明
on(events,[selector],[data],function)	在匹配元素上绑定一个或多个事件处理函数
off(events,[selector],[function])	在匹配元素上移除一个或多个事件处理函数
one(type,[data],function)	为每个匹配元素的事件绑定一次性的处理函数
trigger(type,[data])	在每个匹配元素上触发某类事件
triggerHandler(type,[data])	同 trigger()，但浏览器默认动作将不会被触发
hover([over], out)	元素鼠标移入与移出事件切换
toggle()	元素显示与隐藏事件切换

在表 6-14 列举的方法中，参数 events 表示事件名（多个用空格分隔），data 表示将要传递给事件处理函数的数据，selector 表示选择器，function 表示事件处理函数，type 表示添加到元素的事件（多个用空格分隔），over 和 out 分别表示鼠标移入、移出时的事件处理函数。

为了使读者更好地掌握事件绑定与切换的使用，下面列举 7 种典型用法。

（1）事件的绑定与取消绑定

以 <div> 标签为例，演示绑定单击事件和取消单击事件的写法，示例代码如下。

```
//on()方法绑定事件
$("div").on("click",function(){
    console.log("已完成点击");
});
```

```
//off()方法取消绑定
$("div").off("click");
```

（2）绑定单次事件

为<div>标签绑定单击事件，让该事件在执行一次后就失效，示例代码如下。

```
$("div").one("click",function(){
    console.log("已完成 1 次点击");
});
```

（3）多个事件绑定同一个函数

为<div>标签的鼠标移入、移出事件绑定同一个处理函数，示例代码如下。

```
$("div").on("mouseover mouseout",function(){
    console.log("鼠标移入或移出");
});
```

（4）多个事件绑定不同的函数

利用 on()方法为<div>标签的鼠标移入和移除事件分别绑定不同的处理函数，并在控制台输出提示信息，示例代码如下。

```
$("div").on({
    mouseover:function(){
        console.log("鼠标移入");
    },
    mouseout:function(){
        console.log("鼠标移出");
    }
});
```

从上述代码可知，当使用 on()方法对多个事件绑定不同处理函数时，事件名称与其处理函数之间使用冒号（:）分隔，多个事件之间使用逗号（,）分隔。这是 JavaScript 的对象语法，读者了解即可。

（5）为以后创建的元素委派事件

为<body>中不存在的<div>元素委派单击事件，并在控制台输出提示信息，示例代码如下。

```
$("body").on("click","div",function(){
    console.log("收到");
});
//测试：创建<div>元素
$("body").append("<div>测试</div>");
```

从上述代码可知，当 on()方法设置 3 个参数时，其第 1 个参数表示事件名称，第 2 个参数表示待设置事件的 HTML 元素（已存在或不存在的元素），第 3 个参数表示事件处理函数。

（6）鼠标移入移出事件切换

使用 hover()方法为<div>元素分别对鼠标移入和移出设置不同的处理函数，示例代码如下。

```
$("div").hover(function(){
    console.log("鼠标移入")
},function(){
    console.log("鼠标移出");
});
```

从上述代码可以看出，hover()方法的第 1 个参数是用于处理鼠标移入的函数，第 2 个参数是用于处理鼠标移出的函数。

（7）隐藏与显示事件切换

```
$("div").toggle();
```

在上述代码中，如果<div>元素的状态设置为可见，在调用 toggle()方法后则会隐藏<div>；如果<div>元素的状态设置为隐藏，在调用 toggle()方法后则会显示<div>。

从以上事件绑定与切换的例子中可以看出，jQuery 事件处理方法的功能非常丰富，通过灵活运用，可以实现很多复杂的页面交互效果。

需要注意的是，on()方法与 off()方法是 jQuery 从 1.7 版本开始新增的方法。jQuery 官方推荐使用 on()方法进行事件绑定，在新版本中已经取代了 bind()、delegate()和 live()方法。

4. 动画效果

在 Web 开发中，动画效果的添加不仅可以增加页面的美感，更能增强用户的体验。jQuery 中提供了两种增加动画效果的方法，一种是内置的动画方法，另一种就是通过 animate()方法进行自定义动画效果。接下来对这两种方式进行详细的讲解。

（1）内置动画方法

jQuery 提供了许多动画效果，如一个元素逐渐淡入用户视野，或是一个元素渐渐淡出效果等。jQuery 中可以实现动画效果的常用方法如表 6-15 所示。

表6-15　动画效果方法

语　　法	说　　明
show([speed,[easing],[function]])	显示隐藏的匹配元素
hide([speed,[easing],[function]])	隐藏显示的匹配元素
toggle([speed],[easing],[function])	元素显示与隐藏切换
slideDown([speed],[easing],[function])	垂直滑动显示匹配元素（向下增大）
slideUp([speed,[easing],[function]])	垂直滑动显示匹配元素（向上减小）
slideToggle([speed],[easing],[function])	在 slideUp()和 slideDown()两种效果间的切换
fadeIn([speed],[easing],[function])	淡入显示匹配元素
fadeOut([speed],[easing],[function])	淡出隐藏匹配元素
fadeTo([[speed],opacity,[easing],[function]])	以淡入淡出方式将匹配元素调整到指定的透明度
fadeToggle([speed,[easing],[function]])	在 fadeIn()和 fadeOut()两种效果间的切换

在表 6-15 中，参数 speed 表示动画的速度，可以设置为预定的三种速度（"slow"、"fast"和"normal"）或动画时长的毫秒值（如 1000）；参数 easing 表示切换效果，默认效果为 swing，还可以使用 linear 效果；参数 function 表示在动画完成时执行的函数；参数 opacity 表示透明度数值（范围在 0~1，如 0.5）。

（2）自定义动画

jQuery 支持自定义动画。用户只需要指定一个最终样式，就可以使指定元素以动画效果变为最终样式。使用 animate()方法可以完成自定义动画的创建，其声明方式如下。

```
animate(params,[speed],[easing],[function])
```

在上述语法中，参数 params 表示一组包含动画最终属性值的集合，speed 表示动画速度，easing 表示动画效果，function 表示动画完成后执行的函数。

例如，为元素添加自定义动画时，示例代码如下。

```
//定义动画最终效果
var cssjn = {width:"400px",height:"300px",fontSize:"25px"};
//添加自定义动画
//$("div").animate(cssjn,2000);
```

通过连贯操作，可以实现连续的动画效果，示例代码如下。

```
//定义动画最终效果
var cssjn = {width:"400px",height:"300px",fontSize:"25px"};
//实现连贯动画
$("div").animate(cssjn,2000).slideUp(2000,function(){
    alert("任务完成！");
});
```

任务实现

1. 编写 HTML 页面

焦点图切换是个人主页中的一个模块，在项目中创建"hot.html"来编写焦点图切换的页面，具体 HTML 代码如下。

```
1   <div class="hot">
2       <div class="hot-pics">
3           <ul>
4               <li><img src="./images/hot_1.jpg" /></li>
5               <li><img src="./images/hot_2.jpg" /></li>
6               <li><img src="./images/hot_3.jpg" /></li>
7               <li><img src="./images/hot_4.jpg" /></li>
8               <li><img src="./images/hot_5.jpg" /></li>
9           </ul>
10      </div>
11      <div class="hot-bar">
```

```
12          <ul>
13              <li class="current"></li><li></li><li></li><li></li><li></li>
14          </ul>
15      </div>
16  </div>
```

在上述代码中，class 为"hot-pics"的\<div\>用于放图片，class 为"hot-bar"的\<div\>用于放小圆点。第 4~8 行向页面中引入了 5 张图片。本页面所需的 CSS 样式文件和图片文件可以通过配套源代码获取。通过浏览器访问"hot.html"，程序运行结果如图 6-16 所示。

图 6-16　焦点图页面效果

图 6-16 是添加样式后的效果，焦点图的各个图片是依次竖向排列的，由于父级\<div\>设置了高度并且超出部分自动隐藏，因此只能看到第 1 张图片。当需要切换到下一张时，只需要修改图片外层\<ul\>样式中的 top 值，就可以将 ul 整体向上移动，从而显示第 2 张图片。

2. 实现图片无缝切换

当焦点图显示到最后 1 张图片时，再向下切换就会回到第 1 张图片，因此需要将第 1 张图片连接到最后 1 张图片的后面。继续编辑"hot.html"，具体代码如下。

```
1   //焦点图切换功能
2   $(function(){
3       var $picsUl = $(".hot-pics ul"); //获取对象
4       //复制列表中的第 1 张图片，追加到列表最后
5       $picsUl.find("li:first").clone().appendTo($picsUl);
6   });
```

在上述代码中，第 5 行选择器"li:first"表示匹配第 1 个\<li\>元素，从而匹配到第 1 张图片。图片无缝切换的原理是，当\<ul\>向上移动到最后 1 张图片时，继续向上移动就会看到第 1 张图片。当放在最后的第 1 张图片向上移动直到完全显示之后，立即将\<ul\>样式的 top 值设

为 0，就无缝切换到第 1 张图片了。

3.实现图片自动切换

　　当焦点图特效加载后，图片应每隔一段时间自动切换下一张，当鼠标指针悬停到图片上方时暂停切换，鼠标指针移出后继续切换，实现上述功能的代码如下。

```
1   //焦点图切换功能
2   $(function(){
3       var height = 382;                    //每张图片的高度
4       var speed = 700;                     //动画时间
5       var delay = 1500;                    //自动切换的间隔时间
6       var now = 0;                         //当前显示图片的索引
7       var max = 4;                         //图片的最大索引
8       var $picsUl = $(".hot-pics ul");     //获取对象
9       //复制列表中的第 1 个图片，追加到列表最后
10      $picsUl.find("li:first").clone().appendTo($picsUl);
11      //设置周期计时器，实现图片自动切换
12      var timer = setInterval(changeAuto,delay);
13      //鼠标指针滑过时暂停移动，移出时恢复移动
14      $(".hot").on({
15          mouseenter:function(){
16              clearInterval(timer);
17          },
18          mouseleave:function(){
19              clearInterval(timer);
20              timer = setInterval(changeAuto,delay);
21          }
22      });
23      //图片自动切换
24      function changeAuto(){
25          if(!$picsUl.is(":animated")){
26              //判断是否达到图片列表末尾
27              if(now < max){
28                  now += 1;
29                  changeNext();
30              }else{
31                  now = 0;
32                  changeFirst();
33              }
34          }
35      }
36      //切换到下一张图片
```

```
37    function changeNext(){
38        $picsUl.animate({top:-height*now},speed);
39    }
40    //切换到第一张图片
41    function changeFirst(){
42        $picsUl.animate({top:-height*(max+1)},speed,function(){
43            $(this).css("top",0);
44        });
45    }
46  });
```

上述代码中，第 3~7 行用于设置一些程序运行时的参数。第 12 行设置了周期定时器，每隔 1.5 秒就会自动调用一次 changeAuto()方法。changeAuto()方法用于自动切换图片，当图片显示到最后 1 张时自动切换到第 1 张图片。第 38、42 行代码用于实现图片切换时的动画效果，第 25 行用于限制只有动画结束时执行下一个切换。第 14~22 行用于实现鼠标指针滑过图片时暂停切换，鼠标指针移出时恢复切换。

4. 实现底部小圆点切换

当单击小圆点时，应自动切换到小圆点对应的图片。继续编辑"hot.html"，具体代码如下。

```
1   //焦点图切换功能
2   $(function(){
3       //……
4       var $barLi = $(".hot-bar li");     //获取对象
5       //单击小圆点切换图片
6       $barLi.click(function(){
7           now = $(this).index();
8           changeNext();
9           changeBar();
10      });
11      //点亮当前的小圆点
12      function changeBar(){
13          $barLi.eq(now).addClass("current").siblings().removeClass("current");
14      }
15  });
```

在上述代码中，第 6~10 行为小圆点添加了单击事件，在事件函数中，"$(this).index()"用于获取发生事件时的小圆点的索引值，然后调用"changeNext()"函数实现图片切换。第 12~14 行定义了小圆点切换的函数，该函数为当前索引值的元素添加了 "current" 样式，然后为其他兄弟元素移除了 current 样式，从而实现了当前小圆点的点亮。

在实现将当前小圆点点亮的函数后，还需要在图片自动切换时调用，以同步更新小圆点的点亮。修改 changeAuto()函数，在切换图片后调用 changeBar()函数实现小圆点切换，代码如下。

```
//图片自动切换
function changeAuto(){
    if(!$picsUl.is(":animated")){
        //……
        changeBar();    //点亮当前图片对应的小圆点
    }
}
```

经过上述修改后，焦点图切换特效就开发完成了。在浏览器中测试程序，运行效果如图 6-17 所示。

图 6-17　焦点图切换

任务四　瀑布流布局

任务说明

瀑布流，又称瀑布流式布局，是指一个网页可以通过滚动条一直向下拖动，每当拖到页面底部时，通过 JavaScript 继续请求新的内容，从而给人一种琳琅满目的感觉。本任务将通过 jQuery 插件的形式来实现瀑布流布局。jQuery 插件是以 jQuery 核心代码为基础编写的符合一定规范的应用程序。随着 jQuery 的发展，同时诞生了许多优秀的插件。运用这些插件可以解决项目开发中的某些需求，节约开发成本。

下面请使用 jQuery 开发一个瀑布流插件，通过插件实现瀑布流特效，具体要求如下。

● 编写瀑布流布局的 HTML 页面。
● 根据传入的图片数据在网页中动态添加图片。
● 当滚动条滚动到页面底部时，自动加载新的图片。

知识引入

1.jQuery 插件机制

相较于 JavaScript 来说，jQuery 虽然非常便捷且功能强大，但还是不可能满足用户的所有需求。因此，基于 jQuery 的插件机制，很多人将自己日常工作中积累的功能通过插件的方式进行共享，供其他人使用，大大增强了 jQuery 的可扩展性，扩充了 jQuery 的功能。

jQuery 插件的开发有 3 种方式，分别为封装 jQuery 对象方法、定义全局函数和自定义选择器。下面将针对这 3 种方式的使用进行详细讲解。

（1）封装 jQuery 对象方法的插件

该插件就是把一些常用或重复使用的功能定义为函数，绑定到 jQuery 对象上，从而成为 jQuery 对象的一个扩展方法。具体语法如下。

① 在插件中封装 1 个方法

```
(function($){
    $.fn.方法名 = function(){
        //实现插件的代码
        ……
    };
})(jQuery);
```

在上述代码中，$.fn 是 jQuery 的命名空间，通过 $.fn.方法名的方式将封装的功能方法对每一个 jQuery 实例都有效，成为 jQuery 的插件。

值得一提的是，jQuery 的简写 "$" 是可以被修改的，为了避免影响到插件中的代码，建议将插件方法放在 "(function($){……})(jQuery);" 这个包装函数中。该函数的参数 $ 就表示 jQuery 全局对象。

② 在插件中封装多个方法

```
jQuery.fn.extend({
    方法名 1:function(参数列表){
        //实现插件的代码
        ……
    },
    方法名 2:function(参数列表){
        //实现插件的代码
        ……
    }
});
```

从上述语法可知，若要在一个插件中封装多个方法，则需要借助 extend() 方法。在该方法体中利用 JavaScript 对象语法的编写方式实现多个方法的封装。

需要注意的是，插件文件的名称建议遵循 jquery.插件名.js 的命名规则，防止与其他 JavaScript 库插件混淆。

（2）定义全局函数的插件

此方式定义的扩展就是把自定义函数附加到 jQuery 命名的空间下，从而作为一个公共的全局函数使用。例如，jQuery 的 ajax() 方法就是利用这种途径内部定义的全局函数，具体语法格式如下。

```
jQuery.extend({
    方法名 1:function(参数列表){
        //实现插件的代码
        ……
    },
    方法 2:function(参数列表){
        //实现插件的代码
        ……
    }
});
```

（3）自定义选择器的插件

为了更方便地选择满足条件的 HTML 元素，jQuery 提供了更强大的选择器功能。用户可以利用 jquery.expr 实现选择器的自定义，具体语法如下。

```
$.expr[":"].方法名称 = function(obj){
    //自定义选择器代码
    return  匹配 HTML 元素的条件;
};
```

上述代码中，obj 表示进行匹配的 HTML 元素对应的 jQuery 对象。根据需要对 jQuery 对象的属性进行判断，并使用 return 返回匹配结果。

2. jQuery 插件库

随着 jQuery 的发展，诞生了许多优秀的插件。jQuery 官方网站（http://plugins.jquery.com）中提供了丰富的插件资源库。通过在搜索框中输入插件名即可搜索需要的插件，如图 6-18 所示。

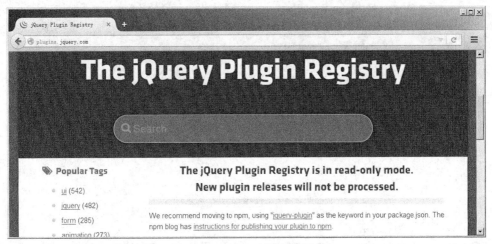

图 6-18　jQuery 插件下载页面

3. jQuery UI

jQuery UI 是在 jQuery 基础上新增的一个库，不过它相较于 jQuery 来说，不仅拥有强大的可扩展功能，更具有吸引人的漂亮页面，能够更轻松地在网页中添加专业级的 UI 元素，实现诸如日历、菜单、拖曳、调整大小等交互效果。下面以实现日历功能为例，简单演示 jQuery UI 插件的使用。

（1）下载 jQuery UI datepicker

打开官方网址"http://jqueryui.com/download/"，下载"jQuery UI datepicker"，如图 6-19 所示。

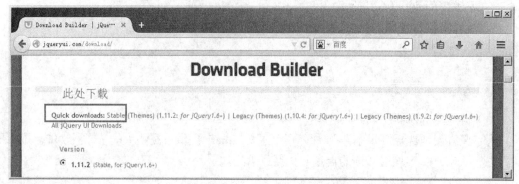

图 6-19   jQuery UI 网站

jQuery UI 是以 jQuery 为基础的网页用户界面代码库，日历插件 datepicker 是 jQuery UI 中的控件之一。通过 jQuery UI 网站（http://jqueryui.com/）可以在线定制需要的 UI 部件。

（2）运行示例文件

在 jQuery UI 的下载包中，"index.html"是示例文件。该文件演示了 jQuery UI 的基本用法，其运行结果图 6-20 所示。

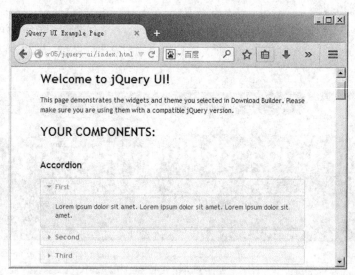

图 6-20   jQuery UI 示例文件

（3）实现"日历"功能

将下载后的 jQuery UI 插件放到"jquery-ui"目录中，接着直接载入相关文件即可，具体代码如下。

```
<!DOCTYPE html>
<html>
```

```
<head>
    <meta charset="utf-8">
    <link href="./jquery-ui/jquery-ui.css" rel="stylesheet" />
    <script src="./jquery.min.js"></script>
    <script src="./jquery-ui/jquery-ui.min.js"></script>
</head>
<body>
    <div></div>
    <script>
        $("div").datepicker();
    </script>
</body>
</html>
```

在上述代码中，首先载入了 "jquery-ui.css" 样式文件，接着载入了 "jquery-ui.min.js" 文件，通过这两个文件即可载入 jQuery UI 插件。最后实例化 jQuery UI 中的 datepicker 控件，并显示到<div>元素中。

（4）查看运行效果

在浏览器中查看运行结果，具体如图 6-21 所示。

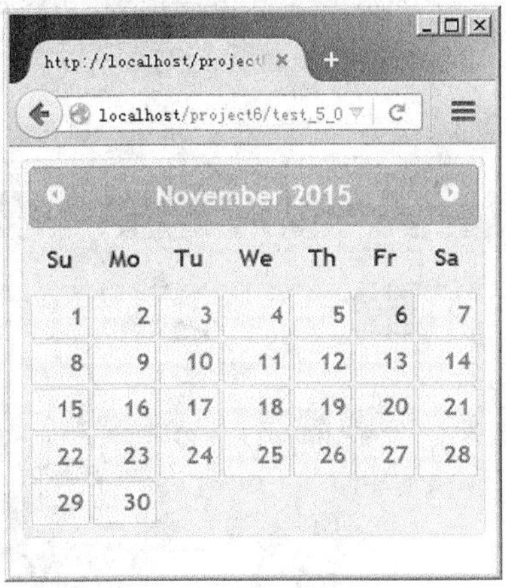

图 6-21　运行结果

从图 6-21 中可以看出，jQuery 插件的使用方法非常简单，只需要载入文件并调用其中的方法即可。

任务实现

1. 编写 HTML 页面

瀑布流是目前一种非常流行的网页布局方式，其实现方式有很多。本任务的实现原理是在页面中放 4 个等宽且并列的<div>，然后在 4 个<div>中放入图片。由于每张图片的长宽比例不一，所以看上去有了瀑布的效果。当浏览器滚动到页面底部时，每个<div>会自动追加新的图片，从而有了瀑布流动的效果。

接下来在个人主页项目中编写 "waterfall.html" 页面，具体代码如下。

```
1    <div class="water">
2        <div class="water-flow">
3            <div class="water-each"><img src="./waterfall/0.jpg" /></div>
4            <div class="water-each"><img src="./waterfall/4.jpg" /></div>
5        </div>
6        <div class="water-flow">
7            <div class="water-each"><img src="./waterfall/1.jpg" /></div>
8            <div class="water-each"><img src="./waterfall/5.jpg" /></div>
9        </div>
10       <div class="water-flow">
11           <div class="water-each"><img src="./waterfall/2.jpg" /></div>
12           <div class="water-each"><img src="./waterfall/6.jpg" /></div>
13       </div>
14       <div class="water-flow">
15           <div class="water-each"><img src="./waterfall/3.jpg" /></div>
16           <div class="water-each"><img src="./waterfall/7.jpg" /></div>
17       </div>
18   </div>
```

上述代码在页面中创建了 4 个 class 为 "water-flow" 的<div>，每个<div>中都放入了图片。读者可通过本书的配套源代码获取该页面所需的图片和样式文件。从浏览器中访问页面，运行效果如图 6-22 所示。

图 6-22　瀑布流页面效果

2. 准备图片数据

瀑布流页面需要显示的图片位于项目的 "waterfall" 目录中，为了方便测试，将图片的文件名以 "0.jpg、1.jpg…" 的形式存放，如图 6-23 所示。

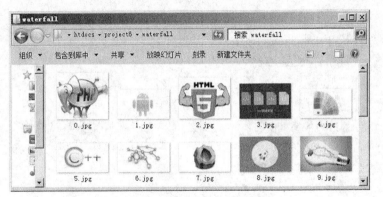

图 6-23 图片文件

接下来，在 JavaScript 程序中生成图片列表数组，通过循环在数组中生成 100 张图片的数据，具体代码如下。

```
1    <script>
2    $(function(){
3        var imgArr = createImageArr();
4        console.log(imgArr);
5    });
6    //创建图片列表数组
7    function createImageArr(){
8        var imgArr = [];
9        for(var i=0;i<100;i++){
10           imgArr[i] = "./waterfall/"+i+".jpg";
11       }
12       return imgArr;
13   }
14   </script>
```

在上述代码中，createImageArr()函数用于自动生成保存了 100 张图片路径的数组。可以通过 console.log()查看生成的结果，如图 6-24 所示。

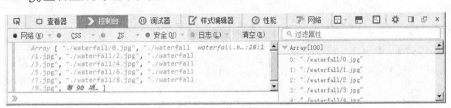

图 6-24 自动生成数组

3. 创建瀑布流插件

在本项目中，瀑布流特效是通过插件实现的，因此使用插件的形式进行开发。创建插件文件 "./js/jquery.waterfall.js" 进行代码编写，具体代码如下。

```
1    (function($){
2        $.fn.extend({
```

```
3            //实现瀑布流
4            "waterfall":function(options){
5                options = $.extend({
6                    "flowNum": 4,                //列数
7                    "flowWidth": 230,            //每列宽度（像素值）
8                    "defRowNum": 2,              //页面打开时默认显示的行数
9                    "imgArr": []                 //图片信息数组
10               }, options);
11               var flowNum = options.flowNum;
12               var flowWidth = options.flowWidth;
13               var defRowNum = options.defRowNum;
14               var imgArr = options.imgArr;
15               //图片数组信息
16               var imgIndex = 0;                //图片数组当前索引
17               var imgCount = imgArr.length;    //图片数组总数
18               //缓存常用对象
19               var $document = $(document);
20               var $window = $(window);
21               var $wrapDiv = this;
22               //……
23           }
24       });
25   })(jQuery);
```

在上述代码中，第 5～10 行实现了方法的可选传参。用户在调用 waterfall 方法时，可以传入对象形式的参数，通过"$.extend()"方法可以将传入参数与默认参数合并。

接下来，修改瀑布流页面文件"waterfall.html"，引入前面封装的瀑布流插件，并进行调用。由于图片数据是自动生成的数组，因此瀑布流的容器只需要一个空的<div>即可，具体修改的代码如下。

```
1   <!-- 准备一个空 div -->
2   <div class="water"></div>
3   <!-- 引入前面封装的插件 -->
4   <script src="./js/jquery.waterfall.js"></script>
5   <script>
6   $(function(){
7       var imgArr = createImageArr();
8       $(".water").waterfall({"imgArr":imgArr}); //调用插件并传参
9   });
10  //……
11  </script>
```

上述第 8 行代码通过 "$(".water")" 创建了瀑布流容器<div>对象，然后调用 waterfall()方法来实现瀑布流。在调用 waterfall()方法时，使用对象形式传递了 imgArr 参数，imgArr 是生成好的图片列表数组。

4. 自动生成每一列

在开发瀑布流插件时，为了增强插件的通用性，可以通过参数 flowNum 来指定瀑布流的列数，默认为 4 列。接下来，根据 flowNum 参数在容器中自动生成列元素，具体代码如下。

```
1   //……
2   var $flowDiv = $(createFlow());         //创建列
3   $wrapDiv.html($flowDiv);                //将 flowDiv 放入父容器
4   //根据列数创建元素
5   function createFlow(){
6       var str = '<div class="water-flow" style="width: '+flowWidth+'px"></div>';
7       return new Array(flowNum+1).join(str);
8   }
```

在上述代码中，createFlow()方法用于创建列元素，其中第 7 行代码用于将变量 str 根据 flowNum 进行连续拼接，该函数将返回拼接好的字符串。由于 flowNum 的默认值为 4，所以程序将得到 4 列的 class 为 "water-flow" 的<div>元素。在浏览器的开发者工具中查看网页结构，运行结果如图 6-25 所示。

图 6-25　自动生成列

5. 自动填充内容

当插件收到传入的图片列表后，就可以在网页中动态生成图片元素了。接下来，继续编写瀑布流插件，在页面打开时根据 defRowNum 参数自动生成默认填充的图片，具体代码如下。

```
1   //……
2   //自动撑大以显示滚动条
3   $wrapDiv.css("min-height",$window.height());
4   //页面打开时默认显示的内容
5   autoFill();
6   //自动填充
7   function autoFill(){
8       //遍历图片数组
9       for(var i=0;i<defRowNum;i++){
```

```
10            rowFill();
11        }
12    }
13    //填充一行
14    function rowFill(){
15        for(var i=0;i<flowNum;i++){
16            if(imgIndex < imgCount){
17                var $imgDiv = $(createImage(imgArr[imgIndex++]));
18                $flowDiv.eq(i).append($imgDiv);
19                $imgDiv.fadeIn(500);                        //以淡入效果显示
20            }
21        }
22    }
23    //创建图片元素
24    function createImage(src){
25        return '<div class="water-each"><img src="'+src+'" /></div>';
26    }
```

在上述代码中，第 7～12 行的 autoFill() 函数用于根据 defRowNum 参数指定的行数进行图片的动态添加。第 14～22 行的 rowFill() 函数用于向网页中添加一行图片。由于瀑布流共有 4 列，因此该函数每调用一次就会添加 4 张图片。第 19 行通过 fadeIn() 方法实现了图片的淡入效果。需要注意的是，需要先在 CSS 样式中将图片设置为"display:none"，此处才能够显示淡入动画。

6. 滚动加载新图片

在瀑布流布局中，每当用户浏览到页面底部时，就会自动加载新的内容，可以利用滚动事件来实现。当滚动事件发生时，需要判断用户是否已经浏览到底部，如果到达底部，则添加新的图片。由于每张图片长短不一，可以通过程序判断，为最短的一列进行图片添加。

接下来，继续编写瀑布流插件，实现上述功能的程序代码如下。

```
1    //滚动条事件
2    $window.scroll(function(){
3        if(isScrollBottom()){
4            shortFill();                                    //最短列填充图片
5            $wrapDiv.css("min-height",($wrapDiv.height()+20)+"px");    //自动撑大滚动条
6        }
7    });
8    //为最小高度的一列增加一张图片
9    function shortFill(){
10        if(imgIndex < imgCount){
11            var $imgDiv = $(createImage(imgArr[imgIndex++]));
12            getShortFlow().append($imgDiv);
13            $imgDiv.fadeIn(1000);                          //以淡入效果显示
```

```
14          }
15      }
16      //获取最短的一列
17      function getShortFlow(){
18          var $flowMin = $flowDiv.eq(0);
19          $flowDiv.each(function(){
20              if($(this).height() < $flowMin.height()){
21                  $flowMin = $(this);
22              }
23          });
24          return $flowMin;
25      }
26      //判断滚动条是否到达底部
27      function isScrollBottom(){
28          return ($document.scrollTop()+250) >= ($document.height()-$window.height());
29      }
```

　　上述代码为 window 对象添加了滚动事件。在事件中，首先调用 isScrollBottom()函数判断滚动条是否到达底部，然后调用 shortFill()函数进行图片添加。在 shortFill()函数中又调用 getShortFill()函数获取最短一列瀑布的对象，进行图片的添加，并以淡入效果显示。

动手实践

　　学习完前面的内容，下面来动手实践一下吧：
　　请通过 jQuery 实现一个用户登录的弹出层，该弹出层显示在网页的中心位置，并使用一层半透明的黑色背景遮挡住底部的网页。程序的实现效果如图 6-26 所示。

图 6-26　jQuery 弹出层

扫描右方二维码，查看动手实践步骤！

项目七
Ajax 商品发布

- 掌握 Ajax 的核心技术，学会 XMLHttpRequest 对象的使用
- 掌握 Ajax 对象的创建、常用方法和属性的实际应用
- 掌握 jQuery 的 Ajax 操作，学会在 jQuery 中使用 Ajax
- 熟悉什么是跨域请求，学会使用 JSONP 处理跨域请求
- 了解在线编辑器的使用，并学会对富文本进行过滤

项目描述

Ajax 技术是 Web 2.0 应用中异步交互的翘楚。相对于传统的 Web 应用开发，Ajax 技术实现了用户体验更好、占用带宽更少、运行速度更快及用户等待时间更少等优点，被开发人员所喜爱。接下来请在本项目中结合 Ajax 技术和 PHP 脚本语言完成商品的发布，具体包括商品表单的验证、进度条文件上传、下拉菜单三级联动、JSONP 跨域请求以及在线编辑器的应用。

任务一　Ajax 表单验证

任务说明

俗话说，"无规矩不成方圆"。在电子商务网站中，发布的所有商品信息都要符合规定要求。接下来请利用 Ajax 技术实现商品发布的表单验证，具体要求如下。

- 商品名称长度需在 3 ~ 50 个字符。
- 商品价格必须是 0.01 ~ 99 999 的数字。
- 商品数量或库存必须为 0 ~ 999 999 的整数。
- 商品编号不能够重复。
- 商品简介需在 140 个字符以内。

知识引入

1. 什么是 Ajax

Ajax（Asynchronous JavaScript And XML，异步 JavaScript 和 XML 技术）并不是一门新的语言或技术，它是由 JavaScript、XML、DOM、CSS、XHTML 等多种已有技术组合而成的一种浏览器端技术，用来实现与服务器进行异步交互的功能。

首先说一说普通网页链接请求的特点。当页面中用户每触发一个 HTTP 请求时，即便只有少量数据发生变化，网页中所有的表格、图片等都没有改变，在表单提交时，依然必须从服务器重新加载网页。

相较于普通网页的"处理—等待—处理—等待"的特点，Ajax 技术可以"按需获取数据"，只发送和接收少量必不可少的数据，网页中没有改变的数据不再进行重新加载，最大程度地减少了冗余请求和响应，减轻对服务器的负担，节省了带宽，增强了用户的体验效果。

2. Ajax 对象的创建

Ajax 中最核心的技术就是 XMLHttpRequest，它最早是 1999 年微软公司发布的 IE 5 浏览器中嵌入的一种技术。现在许多浏览器都对其提供了支持，不过针对不同的浏览器使用方式有所不同。下面介绍如何在不同浏览器中创建 Ajax 对象。

（1）主流浏览器

主流浏览器包括火狐、Google Chrome、Safari、opera 等，具体语法格式如下。

```
var xhr = new XMLHttpRequest();
```

在上述语法格式中，变量 xhr 就是主流浏览器中 Ajax 的一个对象。需要注意的是，对于 Ajax 对象的命名，与 JavaScript 中变量命名规则相同，且大小写敏感。

（2）早期版本的 IE 浏览器

早期版本的 IE 浏览器指的是 IE 5、IE 6、IE 7 等。按照从上到下的顺序依次针对 IE 从 5.0 到高版本之间的语法格式如下。

```
var xhr = new ActiveXObject("Microsoft.XMLHTTP");
//或写为
var xhr = new ActiveXObject("Msxml2.XMLHTTP");
//或写为
var xhr = new ActiveXObject("Msxml2.XMLHTTP.3.0");
//或写为
var xhr = new ActiveXObject("Msxml2.XMLHTTP.5.0");
//或写为
var xhr = new ActiveXObject("Msxml2.XMLHTTP.6.0");
```

3. Ajax 向服务器发送请求

Ajax 对象创建完成后，下面讲解 Ajax 如何使用。首先详细讲解 Ajax 向服务器发送请求所需的两个方法。

（1）open() 方法

open() 方法用于创建一个新的 HTTP 请求，并指定此请求的类型（如 GET、POST 等）、URL 以及验证信息，其声明方式如下。

```
open("method","URL"[,asyncFlag[,"userName"[,"password"]]])
```

在上述声明中，method 用于指定请求的类型，其值可为 POST、GET、PUT 及 PROPFIND，大小写不敏感；URL 表示请求的地址，可以为绝对地址，也可以为相对地址，并且可以传递查询字符串。其余参数为可选参数，其中，asyncFlagy 用于指定请求方式，同步请求为 false，默认为异步请求 true；userName 用于指定用户名，password 用于指定密码。

（2）send()方法

send()方法用于发送请求到 HTTP 服务器并接收回应，其声明方式如下。

```
send(content)
```

在上述声明中，content 用于指定要发送的数据，其值可为 DOM 对象的实例、输入流或字符串，一般与 POST 请求类型配合使用。需要注意的是，如果请求声明为同步，该方法将会等待请求完成或者超时才会返回，否则此方法将立即返回。

需要注意的是，在使用 GET 方式传递特殊字符或中文参数时，要使用 JavaScript 中的 encodeURI Component()函数将其转换成"%十六进制数"的形式，防止在某些浏览器（如 IE 浏览器）中出现中文乱码的问题。

4. Ajax 接收服务器返回的信息

了解 Ajax 向服务器发送请求后，下面将对 Ajax 如何接收服务器返回的信息（如 HTML 标签、CSS 样式、字符串、XML、JSON 等）进行详细讲解。

（1）readyState 属性

readyState 属性用于返回 Ajax 的当前状态，状态值有 5 种形式，具体如表 7-1 所示。

表 7-1　Ajax 对象的状态值

状　态　值	说　　明
0（未初始化）	对象已建立，但是尚未初始化（尚未调用 open 方法）
1（初始化）	对象已建立，尚未调用 send 方法
2（发送数据）	send 方法已调用，但是当前的状态及 HTTP 头未知
3（数据传送中）	已接收部分数据，因为响应及 HTTP 头不全，这时通过 responseBody 和 responseText 获取部分数据会出现错误
4（完成）	数据接收完毕，此时可以通过 responseBody 和 responseText 获取完整的回应

（2）onreadystatechange 属性

onreadystatechange 事件属性用于感知 readyState 属性状态的改变。为了使读者更好地理解这两个属性的使用，下面创建一个服务器端的文件"index.php"，用于输出字符串，然后在浏览器端"index.html"文件中向服务器端发送请求，并在控制台输出状态值，具体示例代码如下。

① 创建服务器端文件"index.php"

```php
<?php
    echo "testing...";
?>
```

② 创建浏览器端文件"index.html"

```
<script>
    //主流浏览器创建 Ajax 对象
    var xhr = new XMLHttpRequest();
    //感知 Ajax 状态的改变
```

```
        xhr.onreadystatechange=function(){
            //输出 Ajax 当前的状态值
            console.log(xhr.readyState);
        };
        //创建一个新的 HTTP 请求
        xhr.open("get",",/index.php");
        //向服务器端发送新建的 HTTP 请求
        xhr.send(null);
    </script>
```

在浏览器中访问客户端文件，按"F12"键，切换到控制台，查看输出结果，具体如图 7-1 所示。

图 7-1　感知 Ajax 状态的改变

从图 7-1 可以看出，通过 onreadystatechange 事件属性可以清晰地感知 Ajax 状态的改变，同时使用 readyState 获取转变后的状态值。例如，Ajax 从 0（未初始化）状态变成 1（初始化）状态值时，Ajax 的状态值为 1。

（3）status 属性

status 属性用于返回当前请求的 HTTP 状态码，常见的状态码如表 7-2 所示。

表 7-2　HTTP 状态码

状 态 码 值	说　　　明
200	服务器成功返回网页
403	被禁止访问
404	请求的网页不存在
503	服务不可用

值得一提的是，在感知当前 Ajax 对象状态时，为了追求程序的严谨性，需要同时判断当前 HTTP 状态 status 是否等于 200（请求成功）。

需要注意的是，Ajax 中的 statusText 属性仅当数据发送并接收完毕后，才可以获取当前请求的响应状态。

（4）获取响应信息的相关属性

当数据接收完毕且请求服务器的请求成功时，即可使用 Ajax 中提供的相关属性获取服务器的响应信息。具体的属性及相关说明如表 7-3 所示。

在表 7-3 中，responseText 属性用于返回文本格式的响应数据；responseBody 属性表示直接从服务器返回并未经解码的二进制数据；responseXML 属性用于接收 XML 数据格式的响应数据。

表 7-3　获取服务器响应信息的相关属性

属 性 名	说　明
responseText	将响应信息作为字符串返回
responseBody	将响应信息正文以 unsigned byte 数组形式返回，只读
responseXML	将响应信息格式化为 XML Document 对象并返回，只读

5. XML 数据格式

XML（eXtensible Markup Language，可扩展标记语言）与 HTML 都是标签语言。但是 XML 可以自定义标签，将数据的描述和显示相分离，主要用于描述和存储数据。因此，Ajax 可以通过 XML 数据格式与 PHP 服务器进行数据交换，具体如图 7-2 所示。

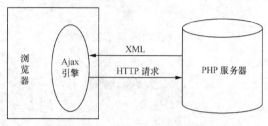

图 7-2　Ajax 通过 XML 数据格式交互

从图 7-2 可以看出，当浏览器端的用户通过 Ajax 向服务器发送 HTTP 请求时，若服务器端返回的数据是 XML 格式的数据，则浏览器端可以通过 responseXML 获取服务器端响应的信息。

为了使读者熟悉 XML 数据格式，下面创建一个简单的 XML 文档，具体示例代码如下。

```
<?xml version="1.0" encoding="utf-8" ?>
<student>
    <name>Wendy</name>
    <addr>Caldera</addr>
</student>
```

上述第 1 行代码用于 XML 的声明，version 表示 XML 的版本，是声明中必不可少的属性，且必须放在第 1 位，encoding 用于编码声明。<student>、<name>与<addr>是开始标签，</student>、</name>与</addr>是结束标签。开始标签、结束标签与它们之间的数据内容共同组成了 XML 元素。其中，在 XML 文档中，标签必须成对出现，且大小写敏感。

任务实现

1. 编写 HTML 页面

在站点下创建"project7"目录作为项目 7 的开发目录，然后进行代码编写。在开发商品发布功能时，需要先设计出填写商品信息的表单。下面开始编写"goods_1.html"，其关键代码如下。

```
1    <div class="title">编辑商品信息</div>
2    <table>
3      <tr><th>商品名称：</th><td>
4        <input type="text" name="title" /><span class="tip"></span>
5        <p>商品名称长度在 3～50 个字符之间。</p>
6      </td></tr>
7      <tr><th>商品简介：</th><td>
```

```
8       <textarea name="desc"></textarea><span class="tip"></span>
9       <p>商品简介在 140 个字符以内。</p>
10   </td></tr>
11   <tr><th>商品编号：</th><td>
12       <input type="text" class="num" name="sn" /><span class="tip"></span>
13       <p>商品编号不能重复。</p>
14   </td></tr>
15   <tr><th>商品价格：</th><td>
16       <input type="text" class="num" name="price" /><span class="tip"></span>
17       <p>商品价格必须是 0.01～99999 的数字。</p>
18   </td></tr>
19   <tr><th>商品库存：</th><td>
20       <input type="text" class="num" name="stock" /><span class="tip"></span>
21       <p>商品库存必须为 0～999999 的整数。</p>
22   </td></tr>
23   </table>
24   <button>发布</button>
25   <script>
26       //此处编写 JavaScript 程序
27   </script>
```

上述代码创建了填写商品信息的表单，表单中有"商品名称、商品简介、商品编号、商品价格、商品库存"5 个字段，每个字段各有不同的填写规则。在编写页面时，还需要一些 CSS 样式代码。读者可通过本书的配套源代码获取。接下来，在浏览器中浏览页面，运行效果如图 7-3 所示。

图 7-3　商品发布页面

2. 添加鼠标移出事件

在进行表单验证时，为了获得更好的用户体验，可以在用户填完一个字段后就对该字段进行验证。在判断用户是否完成填写时，可以通过文本框的鼠标移出事件来完成，具体代码如下。

```
1    //为表单各字段添加鼠标移出事件
2    checkForm();
3    function checkForm(){
4        //为每个表单字段定义不同的验证函数
5        var validate = {
6            "title" : checkTitle,
7            "desc" : checkDesc,
8            "sn" : checkSn,
9            "price" : checkPrice,
10           "stock": checkStock
11       };
12       var objs = [];
13       //绑定鼠标移出事件
14       for(var i in validate){
15           objs[i] = document.getElementsByName(i)[0];
16           objs[i].onblur = validate[i];
17       }
18       //表单各字段的验证函数
19       function checkTitle(){}        //验证商品标题
20       function checkDesc(){}         //验证商品描述
21       function checkSn(){}           //验证商品编号
22       function checkPrice(){}        //验证商品价格
23       function checkStock(){}        //验证商品库存
24   }
```

上述代码实现了为表单中的各字段添加鼠标移出的事件处理函数。第 19 ~ 23 行是各字段对应的事件处理函数，目前编写的是一些空函数，将在后面的步骤中实现。

3. 验证表单字段

在表单中的各字段有了事件处理函数后，接下来就可以实现各函数中的验证功能，具体代码如下。

```
1    //验证标题是否合法
2    function checkTitle(){
3        if(this.value.length>=3 && this.value.length<=50){
4            success(this,"填写正确");
5        }else{
6            error(this,"填写错误");
7        }
```

```
8        }
9        //验证描述是否合法
10       function checkDesc(){
11           if(this.value.length<=140){
12               success(this,"填写正确");
13           }else{
14               error(this,"填写错误");
15           }
16       }
17       //验证价格是否合法
18       function checkPrice(){
19           var value = Number(this.value);
20           if(value>=0.01 && value<=99999){
21               success(this,"填写正确");
22           }else{
23               error(this,"填写错误");
24           }
25       }
26       //验证库存是否合法
27       function checkStock(){
28           var value = parseInt(this.value);
29           if(value==this.value && value>=0 && value<=999999){
30               success(this,"填写正确");
31           }else{
32               error(this,"填写错误");
33           }
34       }
35       //验证通过
36       function success(obj,message){
37           var tipObj = obj.parentNode.getElementsByClassName("tip")[0];
38           tipObj.className = "tip tip-success";      //通过样式设置文字为绿色
39           tipObj.innerHTML = message;
40       }
41       //验证未通过
42       function error(obj,message){
43           var tipObj = obj.parentNode.getElementsByClassName("tip")[0];
44           tipObj.className = "tip tip-error";         //通过样式设置文字为红色
45           tipObj.innerHTML = message;
46       }
```

　　上述代码实现了商品表单的标题、描述、价格、库存的验证。这些验证都非常简单，只要长度、格式符合要求即可。在表单中还有"商品编号"字段需要验证，该字段需要服务器验证是否存在相同编号的商品，将通过 Ajax 来进行验证。

在浏览器中访问"goods_1.html"，并填写表单进行测试，程序的运行结果如图 7-4 所示。从图中可以看出，表单各字段的验证结果显示在文本框的右侧。

图 7-4　表单验证

4. Ajax 表单验证

假设 PHP 服务器端通过"goods_1.php"接收 Ajax 验证，接下来在 checkSn()函数中实现 Ajax 验证商品编号是否已经存在，具体代码如下。

```
1   //通过 Ajax 验证商品编号是否存在
2   function checkSn(){
3       var thisObj = this;              //获取发生事件的 DOM 对象
4       var value = thisObj.value;        //获取 DOM 对象的值
5       if(value===""){return false;}     //未填写时不进行验证
6       var xhr = new XMLHttpRequest(); //创建 Ajax 对象
7       xhr.onreadystatechange = function(){
8           //当 Ajax 请求完成且服务器响应 200 时，执行操作
9           if(xhr.readyState==4 && xhr.status==200){
10              //……
11          }
12      };
13      //创建请求并发送
14      xhr.open("get","goods_1.php?action=checkSn&data="+encodeURIComponent(value));
15      xhr.send();
16  }
```

上述代码实现了 Ajax 对象的创建，第 7～12 行代码用于感知 Ajax 执行状态，当请求完成时执行操作，该操作的代码将在后面的步骤完成。第 14 行指定了 Ajax 请求发送的目标 URL 地址，通过 GET 参数告知 PHP 服务器当前验证的字段和用户填写的内容。在将用户输入的内容拼接到 URL 地址中时，应注意使用 encodeURIComponent()函数进行 URL 编码，以避免出现问题。

5. PHP 处理 Ajax 请求

为了接收来自浏览器端的 Ajax 验证请求，需要编写服务器端 PHP 脚本程序实现验证。假设所有商品的编号已经查询出来并且保存到数组中，这里通过接收 GET 参数进行验证即可。

在 PHP 程序完成验证后，需要返回验证结果，可以通过 XML 格式来保存验证结果，以便于 JavaScript 进行处理。验证成功的 XML 数据格式如下。

```xml
<?xml version="1.0" encoding="utf-8"?>
<result>
    <flag>ok</flag>
    <message>填写正确</message>
</result>
```

验证失败时的 XML 数据格式如下。

```xml
<?xml version="1.0" encoding="utf-8"?>
<result>
    <flag>error</flag>
    <message>该编号已经存在</message>
</result>
```

在确定 XML 数据格式之后，接下来编写"goods_1.php"程序接收 GET 参数进行验证，并返回验证结果，具体代码如下。

```php
1    <?php
2    //保存已经存在的商品编号
3    $snArr = array('sn01','sn02','sn03','sn04');
4    //接收验证参数
5    $action = isset($_GET['action']) ? $_GET['action'] : '';
6    //接收验证数据
7    $data = isset($_GET['data']) ? $_GET['data'] : '';
8    //处理验证
9    if($action=='checkSn'){
10       $xml = '<?xml version="1.0" encoding="utf-8"?>';
11       if(in_array($data,$snArr)){
12           $xml .= '<result><flag>error</flag><message>该编号已经存在</message></result>';
13       }else{
14           $xml .= '<result><flag>ok</flag><message>填写正确</message></result>';
15       }
```

```
16      //输出 XML 结果
17      header('content-type:text/xml');
18      echo $xml;
19  }
```

为了验证 Ajax 请求是否已经发送，可以通过浏览器的开发者工具进行查看，如图 7-5 所示。从图中可以看出，浏览器发送了 Ajax 请求，并携带了 GET 参数 "action=checkSn&data=sn01"。该参数表示验证的表单字段为"商品编号"，验证的值为"sn01"。

图 7-5　查看 Ajax 请求

6. 接收表单验证结果

在浏览器端 JavaScript 程序中收到服务器返回的 XML 数据后，应对数据进行解析，取出里面的信息。接下来继续编写"goods_1.html"中 Ajax 请求完成后的处理代码，具体如下。

```
1   //当 Ajax 请求完成且服务器响应 200 时，执行操作
2   if(xhr.readyState==4 && xhr.status==200){
3       //获取 XML 格式的响应数据，返回 XML 文档对象
4       var xmlobj = xhr.responseXML;
5       if(xmlobj===null){
6           error(thisObj,"验证失败");
7       }else{
8           var flag = xmlobj.getElementsByTagName("flag")[0].firstChild.nodeValue;
9           var message = xmlobj.getElementsByTagName("message")[0].firstChild.nodeValue;
10          if(flag==="ok"){
11              success(thisObj,message);
12          }else{
13              error(thisObj,message);
14          }
15      }
16  }
```

上述代码实现了对 PHP 服务器返回的 XML 数据的处理。根据验证结果，当<flag>中的文本为"ok"时，调用 success()函数显示验证成功的信息，否则调用 error()函数显示验证失败的信息。

接下来通过浏览器测试"商品编号"是否验证成功，程序运行结果如图 7-6 所示。

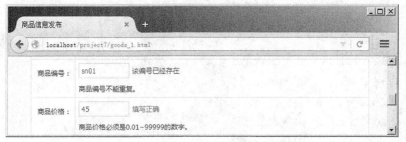

图 7-6　Ajax 表单验证

任务二　进度条文件上传

任务说明

当用户在上传比较大的文件时，需要等待较长时间。为了增加用户使用的友好感，经常在文件上传时显示上传的进度条。下面请使用 Ajax 实现文件上传，具体要求如下。

- 使用 FormData 收集表单数据，获取上传文件的信息。
- 利用 onprogress 属性，通过浏览器的事件对象感知当前文件上传情况，获取文件总大小和已上传文件大小。
- 计算文件上传的进度，并将其显示到对应位置。

知识引入

1.收集表单数据

在之前的学习中，读者都知道要收集表单提交的数据需要获取 DOM 对象，然后依次获取表单中的数据。但是当表单中的数据非常多时，使用此种方式将会给开发和维护带来不必要的麻烦。接下来讲解 HTML 5 中提供的新技术特性——FormData（表单数据对象），使用它快速收集表单信息。

为了使读者更好地理解 FormData 的具体使用，下面通过一个具体的示例进行讲解。

（1）准备 FORM 表单

```
<form>
    姓　名：<input type="text" name="uname" />
    性　别：<input type="radio" name="sex" value="1"/>女
            <input type="radio" name="sex" value="0"/>男
    电　话：<input type="text" name="tel" />
    邮　件：<input type="text" name="email" />
    密　码：<input type="password" name="pwd" />
    <input type="button" id="sub" value="上传"/>
</form>
```

需要注意的是，在使用 FormData 收集表单域信息时，每个表单域必须设置 name 属性，否则获取不到提交的表单信息。

（2）收集表单信息

接下来，为上传按钮添加单击事件，并使用 FormData 获取用户提交的表单信息，具体代码如下。

```
<script>
    var form = document.getElementsByTagName("form")[0];
    var sub = document.getElementById("sub");
    sub.onclick = function(){
        //使用 FormData 收集表单信息
        var fd = new FormData(form);
    };
</script>
```

在上述代码中，通过 new 实例化 FormData 对象，并为该对象传递需要收集信息的参数对象。其中，变量 form 表示获取 HTML 中第一个匹配的 form 对象。

（3）查看表单信息

通过 Ajax 的方式，将获取到的表单信息 fd 传递给服务器端文件"index.php"，具体实现代码如下。

```
var xhr = new XMLHttpRequest();            //主流浏览器创建 Ajax 对象
xhr.onreadystatechange=function(){         //感知 Ajax 状态的改变
    if(xhr.readyState == 4 && xhr.status == 200 ){
        console.log(xhr.responseText);
    }
};
xhr.open("post","./index.php");            //创建一个新的 HTTP 请求
xhr.send(fd);                              //向服务器端发送请求，并传递收集的表单信息 fd
```

接着在服务器端文件"index.php"中打印$_POST，在浏览器端文件中接收服务器返回的信息，并在控制台显示输出，具体如图 7-7 所示。

图 7-7　FormData 收集表单信息

从图 7-7 可以看出，使用 FormData 成功收集了表单提交的信息。值得一提的是，若表单为零散信息，没有<form>元素，则可以通过 FormData 对象的 append()方法完成表单信息的收集，具体语法如下。

```
var fd = new FormData();
fd.append(name,value);
```

上述语法格式中，利用 append()方法给当前 FormData 对象 fd 添加一个键/值对。其中，参数 name 表示字段名，即表单零散信息名称（可随意命名）；value 表示字段值，即用户提交的表单零散信息。

2. 获取 Ajax 传输进度

为了满足用户的需要，HTML 5 中提供了 progress 事件，可以更加方便地获取传输文件的总字节数和到目前为止已上传的字节数，具体示例如下。

```html
<form>
    商 品：<input type="text" name="goods" /><br />
    附 件：<input type="file" name="gfile" /><br />
    <input type="button" id="sub" value="上传"/>
</form>
<script>
    var form = document.getElementsByTagName("form")[0];
    var sub = document.getElementById("sub");
    sub.onclick = function(){
        //使用 FormData 收集表单信息
        var fd = new FormData(form);
        //主流浏览器创建 Ajax 对象
        var xhr = new XMLHttpRequest();
        //利用 progress 事件属性感知文件上传的情况
        xhr.upload.onprogress=function(evt){
            console.log(evt);
        };
        //创建一个新的 HTTP 请求
        xhr.open("post","./index.php");
        //向服务器端发送新建的 HTTP 请求
        xhr.send(fd);
    };
</script>
```

在上述代码中，upload 是 Ajax 对象的一个属性，同时也是 XMLHttpRequestUpload 的一个对象，onprogress 是它的一个事件属性，用于每间隔 50 ~ 100 毫秒就感知一下当前文件的上传情况。其中，evt 表示主流浏览器的事件对象。在浏览器中运行该示例并选择文件上传，效果如图 7-8 所示。

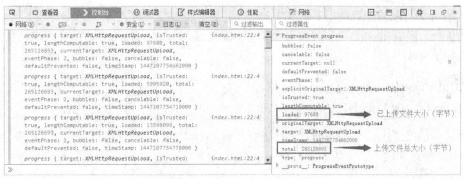

图 7-8　查看浏览器事件对象的属性

单击图 7-8 左侧的 progress，查看具体属性和方法。从图 7-8 右侧可以清晰地看出 loaded 属性表示已上传文件的总字节数，total 属性表示上传文件的总字节数。因此，要获取 Ajax 上传文件的进度，仅需要获取 loaded 和 total 属性并进行计算即可。

任务实现

1. 编写 HTML 页面

在实现进度条文件上传时，需要在商品发布的表单中添加一个上传商品图片的字段，并设计一个用于显示上传进度的进度条。接下来编写 "goods_2.html"，其关键代码如下。

```
1    <table>
2      <tr><th>商品名称：</th><td>
3        <input type="text" name="title" /><span class="tip"></span>
4        <p>商品名称长度在 3 ~ 50 个字符。</p>
5      </td></tr>
6      <tr><th>商品图片：</th><td>
7        <form id="form">
8          <input type="file" name="image" />
9          <input type="submit" value="上传" />
10       </form>
11       <p>上传进度：<span class="progress"><i></i></span><span>0%</span></p>
12       <img id="thumb" style="display:none;" />
13     </td></tr>
14   </table>
```

在上述代码中，第 7 ~ 10 行是上传商品图片的表单，第 11 行用于显示上传进度和百分比，第 11 行用于在上传成功后显示已上传的图片。接下来在浏览器中查看运行结果，如图 7-9 所示。

2. 实现 Ajax 文件上传

通过 HTML 5 中的 FormData 对象可以实现收集表单数据，通过 Ajax 进行发送。接下来继续编写 "goods_2.html" 中的 JavaScript 程序，具体代码如下。

```
1    //获取 DOM 对象
2    var form = document.getElementById("form"); //表单
```

```
3    var image = document.getElementsByName("image")[0]; //图片上传文件域
4    //表单提交事件通过 Ajax 处理
5    form.onsubmit = function(){
6        //如果没有选择文件，则不进行上传
7        if(image.value===""){
8            alert("请先选择文件。");
9            return false;
10       }
11       //创建 Ajax 对象
12       var xhr = new XMLHttpRequest();
13       //收集表单数据
14       var fd = new FormData(form);
15       xhr.open("post","goods_2.php");
16       xhr.send(fd);
17       return false; //阻止浏览器的表单提交操作
18   };
```

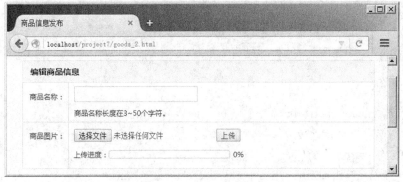

图 7-9　商品图片上传

在上述代码中，第 5 行为商品图片上传表单的提交事件添加了事件处理函数，由于函数中使用了 Ajax 进行处理，因此在函数的最后通过返回 false 来阻止表单的提交操作。

3. 显示上传进度

当 Ajax 发送数据后，可以通过 Ajax 对象获取上传进度，具体代码如下。

```
1    //……
2    //获取 DOM 对象
3    var progress = document.getElementsByClassName("progress")[0];
4    var barObj = progress.getElementsByTagName("i")[0]; //进度条
5    var perObj = progress.nextSibling;        //百分比
6    //上传进度
7    xhr.upload.onprogress = function(e){
8        var total = e.total;              //数据总大小
9        var loaded = e.loaded;            //已经上传的大小
```

```
10      var per = Math.floor(loaded/total*100); //计算百分比
11      barObj.style.width = per + "%";
12      perObj.innerHTML = per + "%";
13    };
14    //……
```

在上述代码中，第 3～5 行获取了网页中用于显示进度条和百分比的<i>元素的 DOM 对象；第 12 行用于计算进度的百分比；第 13 行用于将进度条中的增长柱的宽度按照进度百分比进行设置；第 14 行用于显示进度百分比。

4. PHP 接收上传文件

当服务器端 PHP 接收到 Ajax 提交的信息时，判断文件上传是否成功，如果成功，则将文件从临时目录移动到项目的 "uploads" 目录下，并返回图片文件的 URL 地址；如果上传失败，则返回错误信息。下面开始编写 "goods_2.php"，实现上述功能的代码如下。

```
1    <?php
2    //上传文件
3    if(isset($_FILES['image'])){
4        $result = uploadImage($_FILES['image']);
5        header('content-type:text/xml');
6        echo '<?xml version="1.0" encoding="utf-8"?>';
7        echo '<result>'.$result.'</result>';
8    }
9    //图片上传函数
10   function uploadImage($file){
11       //判断是否上传成功
12       if($file['error'] > 0){
13           return '<flag>error</flag><message>上传失败</message>';
14       }
15       //获取上传文件的类型
16       $type = strchr($file['name'],'.');
17       if($type!=='.jpg'){
18           return '<flag>error</flag><message>上传失败，只允许 jpg 扩展名</message>';
19       }
20       //生成新文件名
21       $filename = substr(uniqid(rand()),-6).'.jpg';
22       //上传文件保存路径
23       $filepath = './uploads/'.$filename;
24       if(move_uploaded_file($file['tmp_name'], $filepath)){
25           return '<flag>ok</flag><message>'.$filepath.'</message>';
26       }else{
27           return '<flag>error</flag><message>上传失败</message>';
```

```
28        }
29    }
```

上述代码实现了 PHP 端对上传文件的处理，其中第 17 行用于限制只允许上传 ".jpg" 扩展名的文件。当程序完成执行后，返回 XML 格式的结果。

5. 显示已上传的图片

当 Ajax 请求发送完成后，还需要处理服务器端返回的信息，告知用户此次 Ajax 是否执行成功。继续编写 "goods_2.html"，具体代码如下。

```
1    //获取 DOM 对象
2    var thumb = document.getElementsByClassName("thumb")[0]; //图片框
3    //处理 Ajax
4    xhr.onreadystatechange = function(){
5        if(xhr.readyState= =4){
6            if(xhr.status!= =200){
7                alert('图片上传失败');
8            }else{
9                var xmlobj = xhr.responseXML;
10               if(xmlobj===null){
11                   alert('图片上传失败');
12               }else{
13                   //上传完成，显示图片
14                   var flag = xmlobj.getElementsByTagName("flag")[0].firstChild. nodeValue;
15                   var message = xmlobj.getElementsByTagName("message")[0]. firstChild.
nodeValue;
16                   if(flag==="ok"){
17                       thumb.src = message;
18                       thumb.style.display = "block";
19                   }else{
20                       alert(message);
21                   }
22               }
23           }
24       }
25   };
```

上述代码实现了当图片上传成功后返回信息。当上传成功时，显示已经上传的图片；当上传失败时，弹出警告窗口，告知用户图片上传失败。

接下来，通过浏览器访问 "goods_2.html"，上传一个图片进行测试，程序的运行结果如图 7-10 所示。

图 7-10　上传图片测试

任务三　下拉菜单三级联动

任务说明

为了便于管理，电子商务网站中的商品都是分类进行保存和显示的，且商品的分类又分为多个等级。因此，在商品发布时，商品分类的下拉菜单是必不可少的。下面请通过本任务实现一个下拉菜单的三级联动。具体要求如下。

● 准备静态页面，利用<table>和< select>实现一个编辑商品信息页面，包括商品分类、商品名称及商品发布按钮。

● 在服务器端页面准备商品分类的数据，实现根据父类 ID 查询数据，并以 JSON 格式输出。

● 利用 jQuery+Ajax 完成一级商品分类自动加载和三级商品分类联动的效果。

知识引入

1. JSON 数据格式

与前面学过的 XML 功能类似，JSON 是一种轻量级的数据交换格式，是 JavaScript Object Notation（JavaScript 对象符号）的缩写。它采用完全独立于语言的文本格式，这使得 JSON 更易于程序的解析和处理。相较于 XML 数据交换格式，使用 JSON 对象访问属性的方式获取数据更加方便。下面详细介绍一下 JSON 数据格式的基本结构。

（1）对象形式

JSON 对象形式与 JavaScript 对象语法类似，具体示例如下。

```
{"name":"小明","age":5}
```

在上述代码中，对象以"{"开始，以"}"结束，属性之间使用英文","分隔，属性名和属性值之间使用英文":"分隔。

（2）数组形式

JSON 数组形式与 JavaScript 数组语法类似，具体示例如下。

```
[{"name":"小明","age":5},{"name":"小强","age":6}]
```

在上述代码中，数组中有两个成员，分别是{"name":"小明","age":5}和{"name":"小强

","age":6}，成员之间使用英文"，"分隔。

通过以上的介绍，读者大致了解了 JSON 数据格式的基本结构。下面将对 JSON 数据格式在 PHP 和 JavaScript 中的使用进行详细讲解。

（1）PHP 中 JSON 相关函数

PHP 中提供了 json_encode() 和 json_decode() 两个函数用于对 JSON 数据进行操作。其中，json_encode() 函数用于将任意类型变量（除了资源类型外）生成 JSON 格式的字符串，json_decode() 函数用于将 JSON 格式的字符串转换为对象或数组类型。关于这两个函数的使用，具体示例代码如下。

```php
<?php
    //定义一个数组变量
    $fruit = array('north'=>'pear','south'=>'apple');
    //对此变量进行 JSON 编码
    $json_f = json_encode($fruit);
    echo $json_f;                      //输出结果：{"north":"pear","south":"apple"}
    //对 JSON 信息反编码，并设置其返回值为 array
    print_r(json_decode($json_f,true)); //输出结果：Array([north]=>pear [south]=>apple)
?>
```

从上述代码的输出结果可以看出，json_encode() 函数可以将数组转换为 JSON 格式的字符串。函数 json_decode() 的第 2 个参数为 true 时，可以将 JSON 格式的字符串转换为数组类型；当省略该参数时，默认转换为对象类型。

（2）JavaScript 中 JSON 相关函数

JavaScript 中提供的 JSON.stringify() 函数可以将 JavaScript 的变量转换为 JSON 格式的字符串。关于此函数的使用，具体代码如下。

```javascript
<script>
    //创建对象
    var con ={"name":"Jesper","age":12}
    console.log(con);        //输出结果：Object { name: "Jesper", age: 12 }
    //将对象转化为 JSON 字符串
    var json_con= JSON.stringify(con);
    console.log(json_con); //输出结果：{"name":"Jesper","age":12}
</script>
```

从上述代码的输出结果可知，JSON.stringify() 函数成功地将对象类型的变量 con 转换为 JSON 格式的字符串。

2. jQuery 操作 Ajax

在传统的 Ajax 中，通过 XMLHttpRequest 实现 Ajax 不仅代码复杂，浏览器兼容问题也比较多。jQuery 对 Ajax 操作进行了封装，使用 jQuery 可以极大地简化 Ajax 程序的开发过程。下面将对 jQuery 中常用的 Ajax 操作方法进行讲解。

（1）$.get()

jQuery 中的 $.get() 方法用于通过 GET 方式向服务器发送请求，并载入数据，具体使用示例如下。

```
$.get("./index.php",{"book":"PHP","sales":2000},function(msg){
    alert(msg.book+"-"+msg.sales);
},"json");
```

上述代码中，$.get()方法的第 1 个参数表示待请求页面的 URL 地址，第 2 个参数表示传递的参数，第 3 个参数表示请求成功时执行的回调函数，第 4 个参数用于设置服务器返回的数据类型，如 XML、JSON、HTML、TEXT 等。

值得一提的是，jQuery 中的$. getJSON ()方法与$.get()方法功能类似，唯一的区别在于前者只能获取 JSON 格式的数据，而后者可以获取多种格式的数据。

（2）$.post()

如果向服务器发送 POST 请求方式，可以使用 jQuery 提供的$.post()方法。其语法和使用方式与$.get()完全相同，这里不再进行赘述。

（3）$.ajax()

jQuery 中对 Ajax 的操作方法中，$.ajax(url,[settings])是通用方法。通过该方法的 setting 参数，可以实现与$.get()、$.post()、$.getJSON()和$.getScript()方法同样的功能。

下面列举$.ajax()方法的 3 种常用方式，具体示例代码如下。

① 只发送 GET 请求。

```
$.ajax("./index.php");
```

② 发送 GET 请求并传递数据，接收返回结果。

```
$.ajax("./index.php",{
    data:{"book":"PHP","sales":2000},    //要发送的数据
    success:function(msg){               //请求成功后执行的函数
        alert(msg);
    }
});
```

③ 只配置 setting 参数，同样实现 Ajax 操作。

```
$.ajax({
    type:"GET",                          //请求方式（GET 或 POST），默认为 GET
    url:"./indcx.php",                   //请求地址
    data:{"book":"PHP","sales":2000},
    success:function(msg){
        alert(msg);
    }
});
```

以上列举了$.ajax()方法的基本使用。其中，setting 参数还可以接收更多的可选值。例如，dataType 表示要接收的数据格式，async 表示异步或同步请求，cache 表示是否缓存等。读者可以参考 jQuery 手册中的详细说明。

值得一提的是，对于频繁与服务器进行交互的页面来说，每一次交互都要设置很多选项，这种操作不仅烦琐，也容易出错。为此，jQuery 定义了 ajaxSetup() 方法。它可以预先设置全局 Ajax 请求的参数，实现全局共享，具体使用如下。

```
//预先设置全局参数
$.ajaxSetup({
    type:"GET",
    url:"./index.php",
    data:{"book":"PHP","sales":2000},
    success:function(msg){
        alert(msg);
    }
});
//执行 Ajax 操作，使用全局参数
$.ajax();
```

从上述代码可知，当使用$.ajaxSetup()方法预设异步交互中的通用选项后，再调用$.ajax()、$.get()、$.post()等方法执行 Ajax 操作时，只需要进行个性化参数设置即可。

任务实现

1. 编写 HTML 页面

在电子商务网站中，商品分类通常是有多个等级的，如一级分类有服装、书籍、家电、数码产品等，服装可以分成上衣和裤子，它们属于二级分类。现在开发一个具有三级分类功能的商品发布系统，使用三个下拉菜单来表示各级分类。

在项目中创建"goods_3.html"文件，编写商品发布的 HTML 页面，其关键代码如下。

```
1   <table>
2     <tr><th>商品分类：</th><td>
3       <select class="sel1"><option value="0">未选择</option></select>
4       <select class="sel2"><option value="0">未选择</option></select>
5       <select class="sel3"><option value="0">未选择</option></select>
6     </td></tr>
7     <tr><th>商品名称：</th><td>
8       <input type="text" name="title" /><span class="tip"></span>
9       <p>商品名称长度在 3~50 个字符。</p>
10    </td></tr>
11  </table>
```

上述代码的运行效果如图 7-11 所示。

2. 准备分类数据

商品分类数据通常保存在网站的数据库中，这里假设 PHP 已经从数据库获取了数据并以关联数组的形式保存在数组中，编写"goods_3.php"实现根据 GET 参数获取分类数据，具体代码如下。

图 7-11　商品三级分类

```php
1    <?php
2    //准备测试数据
3    $arr = array(
4        //array(分类 ID, 分类名, 上级分类 ID)
5        array('id'=>'1','name'=>'数码产品','pid'=>'0'),
6        array('id'=>'2','name'=>'家电','pid'=>'0'),
7        array('id'=>'3','name'=>'书籍','pid'=>'0'),
8        array('id'=>'4','name'=>'服装','pid'=>'0'),
9        array('id'=>'5','name'=>'手机','pid'=>'1'),
10       array('id'=>'6','name'=>'笔记本','pid'=>'1'),
11       array('id'=>'7','name'=>'平板电脑','pid'=>'1'),
12       array('id'=>'8','name'=>'智能手机','pid'=>'5'),
13       array('id'=>'9','name'=>'功能机','pid'=>'5'),
14       array('id'=>'10','name'=>'电视机','pid'=>'2'),
15       array('id'=>'11','name'=>'电冰箱','pid'=>'2'),
16       array('id'=>'12','name'=>'智能电视','pid'=>'10'),
17       //……
18   );
19   //获取指定分类的商品
20   function getByPid($arr,$pid){
21       $result = array();
22       foreach($arr as $v){
23           if($v['pid']==$pid){
24               $result[] = $v;
25           }
26       }
27       return $result;
```

```
28    }
29    //获取请求参数
30    $pid = isset($_GET['pid']) ? $_GET['pid'] : '0';
31    //查询数据
32    $result = getByPid($arr,$pid);
33    //输出 JSON 数据
34    echo json_encode($result);
```

在上述代码中，第 3～18 行定义了商品分类的测试数据，在数组中，"id"表示分类在数据库中保存的 ID，"name"表示分类名称，"pid"保存上级分类的 ID，如果"pid"的值为 0，则表示该分类是最顶级的分类。第 20 行定义的 getByPid()函数用于根据"pid"参数到数组中取出匹配的分类。

3. 一级分类自动加载

在三级分类的下拉菜单中，一级分类在默认情况下是有数据的，而二级、三级分类没有数据，只有用户在一级分类中选择了某个分类时，再根据一级分类的 ID 去获取相应的二级分类数据。接下来继续编写"goods_3.html"，具体代码如下。

```
1     <script>
2     $(function(){
3         //请求的 PHP 脚本路径
4         var url = "./goods_3.php";
5         //option 默认情况下的内容
6         var option = '<option value="0">未选择</option>';
7         //保存 jQuery 对象
8         var $sel1 = $(".sel1");
9         var $sel2 = $(".sel2");
10        var $sel3 = $(".sel3");
11        //自动载入第 1 个下拉菜单
12        ajaxSelect($sel1,"0");
13        //自动填充下拉菜单
14        function ajaxSelect($select,id){
15            $.getJSON(url,{"pid":id},function(data){
16                $select.html(option);
17                for(var i in data){
18                    $select.append(createOption(data[i].id,data[i].name));
19                }
20            });
21        }
22        //自动生成一个<option>元素
23        function createOption(value,text){
24            var $option = $("<option></option>");
25            $option.attr("value",value);
```

```
26              $option.text(text);
27              return $option;
28          }
29      });
30  </script>
```

上述代码实现了在页面打开时通过 Ajax 自动请求一级分类数据，并将数据显示在下拉菜单中。第 15～20 行使用了 jQuery 封装的$.getJSON()方法，该方法表示发送 GET 方式的 Ajax 请求，接收 JSON 格式的返回数据；第 23 行的 createOption()函数用于自动生成下拉菜单中的 <option>元素，该函数中在第 25、26 行分别设置了元素的 value 属性和文本内容，jQuery 会自动处理传入字符串中的一些 HTML 特殊符号。

4. 三级分类联动

实现三级分类的联动，就需要获取用户在下拉菜单中选择的分类，可以通过下拉菜单的 "change" 事件来实现。当下拉菜单选中的值发生改变时就会触发事件函数。接下来继续编写 "goods_3.html"，实现下拉菜单三级分类的联动，具体代码如下。

```
1   //一级下拉菜单的 change 事件
2   $sel1.change(function(){
3       var id = $(this).val();
4       if(id==="0"){
5           $sel2.html(option);
6       }else{
7           ajaxSelect($sel2,id);
8       }
9       $sel3.html(option);//清空三级菜单
10  });
11  //二级下拉菜单的 change 事件
12  $sel2.change(function(){
13      var id = $(this).val();
14      if(id==="0"){
15          $sel3.html(option);
16      }else{
17          ajaxSelect($sel3,id);
18      }
19  });
```

上述代码为一级和二级下拉菜单添加了 change 事件。当用户选择一级分类时，请求该分类下的二级分类显示在二级下拉菜单中，并清空三级分类的下拉菜单；当用户选择二级分类时，将该分类下的三级分类显示在三级下拉菜单中。这样就完成三级分类的下拉菜单联动效果。在浏览器中测试，程序运行结果如图 7-12 所示。

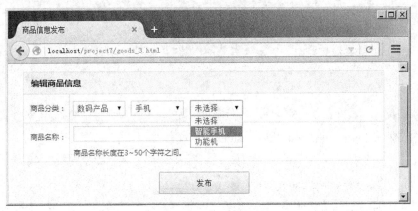

图 7-12　三级分类联动

任务四　JSONP 跨域请求

任务说明

出于安全方面的考虑，浏览器禁止跨域请求。但是在实际开发过程中，又经常需要跨域请求实现某些功能。例如，获取二维码的 API。要解决这类问题，目前有多种方式。接下来，请使用 jQuery+JSON 的方式，通过跨域请求重新实现任务一中的表单验证，具体要求如下。

● 配置 Apache 服务器，准备一个虚拟主机"www.test.com"。

● 在当前网站下编写商品信息编辑页面，并通过 JSONP 进行跨域验证。

知识引入

1. Ajax 跨域问题

在网站开发中，有时需要将其他网站的内容异步载入自己的网站中，但是浏览器出于安全方面的考虑，禁止页面中的 JavaScript 访问其他服务器上的数据，即"同源策略"。为了解决 Ajax 跨域问题，可以通过某些手段来绕过浏览器"同源策略"的限制，从而在浏览器端实现跨域名通信的效果。

2. 通过 PHP 跨域请求

要想实现跨域请求，在服务器端可以通过 PHP 中提供的 file_get_contents()函数或 cURL 库来实现，具体使用如下。

（1）file_get_contents()函数

利用 PHP 的 file_get_contents()函数实现跨域请求，就是通过此函数从给定的 URL 地址中获取内容，并将该内容输出，即可从浏览器端获取跨域请求的内容。

下面在当前网站（www.php.test）的"index.html"文件中，获取测试网站（www.test.com）中的 test.json 文件内容，具体实现如下。

① 当前网站（www.php.test）中的 index.html 文件

```
<script>
    $.ajax({
```

```
            url:"./index.php",
            success:function(msg){
                console.log(msg);        //输出结果：{"name":"Tom","age":25}
            }
        });
    </script>
```

② 当前网站（www.php.test）中的 index.php 文件

```php
<?php
    $con = file_get_contents("http://www.test.com/test.json");
    echo $con;
?>
```

③ 测试网站（www.test.com）中的 test.json 文件

```
{"name":"Tom","age":25}
```

在上述代码中，首先通过当前网站中的"index.html"文件向当前网站中的服务器端文件"index.php"发送请求，然后在"index.php"文件中通过 file_get_contents()函数获取测试网站中的"test.json"文件中的内容，并将其输出，最后在浏览器中访问当前网站中的浏览器端文件，即可在控制台查看跨域请求的内容。

（2）cURL 库

PHP 中提供的 cURL 可以简单、有效地抓取网页的内容。因此，在服务器端可以通过 cURL 库的使用实现跨域请求。

要想使用 cURL 库，需在 PHP 的配置文件中开启;extension=php_curl.dll 扩展，并在 Apache 的配置文件中载入 PHP 安装目录中的 libssh2.dll 动态链接库，具体示例代码如下。

```
loadFile "c:/web/php5.4/libssh2.dll"
```

接下来，修改上一个示例中服务器端的代码，具体实现代码如下。

```php
<?php
    //初始化一个 cURL 会话
    $curl = curl_init();
    //设置请求选项，包括具体的 url
    curl_setopt($curl, CURLOPT_URL, "http://www.test.com/test.json");
    //执行一个 cURL 会话
    curl_exec($curl);
    //释放 cURL 句柄,关闭一个 cURL 会话
    curl_close($curl);
?>
```

在上述代码中，首次创建一个 cURL 会话，并通过 curl_setopt()函数为 cURL 会话设置 URL 请求参数，然后利用 curl_exec()函数执行 cURL 会话，同时返回抓取结果，最后关闭 cURL 会话即可。

3. 通过 JSONP 跨域请求

JSONP（JSON with Padding）是一种非官方跨域请求数据的交互协议。由于浏览器间的"同源策略"，一般位于当前网站的网页无法与其他网站进行沟通，但是\<script>标签元素的 src 属性是没有跨域的限制的，因此可以使用此种方式实现跨域请求，JSONP 请求原理如图 7-13 所示。

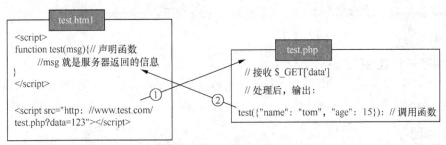

图 7-13　JSONP 跨域请求原理

图 7-13 中，首先在当前网站的客户端页面"test.html"中创建一个回调函数 test()，然后通过\<script>标签的 src 属性载入测试网站（www.test.com）中的 test.php 文件，实现跨域请求；接着在"test.php"文件中调用 test()函数，将处理后的 JSON 格式数据作为参数进行传递；最后在当前网站的客户端页面"test.html"中获取返回的 JSON 数据并完成 test()函数的回调。

接下来，为了让读者更好地理解在 jQuery 中如何实现 JSONP 跨域请求，具体使用示例如下。

（1）当前网站（www.php.test）中的文件：index.html

```
<script>
    $.ajax({
        type:"POST",
        dataType:"jsonp",
        jsonp:"myback",
        url:"http://www.test.com/test.php",
        success:function(msg){
            console.log(msg);//输出结果：Object {a: "PHP",b: "Java"}
        }
    });
</script>
```

在上述代码中，dataType 属性用于设置服务器返回的数据类型；jsonp 属性用于重写jsonp回调函数名对应的参数名称，默认值为 callback，这个值用来替代在"callback=?"这种 GET或 POST 请求中 URL 参数里的"callback"部分，如上述代码会导致将"myback =?"传给服务器；url 属性用于设置发送请求的地址，这里指的是跨域请求地址。

（2）测试网站（www.test.com）中的文件：test.php

```
<?php
    $data = array('a'=>'PHP','b'=>'Java');
```

```
$callback = $_GET['myback'];
echo $callback.'('.json_encode($data).')';
?>
```

在上述代码中，$_GET['myback']用于获取在浏览器端设置的 jsonp 回调函数名，然后调用该函数，并将 JSON 格式的数据作为参数传递给此函数，最后使用 echo 输出。此时在当前网站（www.php.test）的控制台中即可看到跨域请求成功后的返回结果。

任务实现

1. 编写 HTML 页面

本任务是将"任务一"中针对商品编号的验证使用 jQuery 的方式重新实现，并将负责验证的 PHP 程序放到另一个域名的站点下。下面开始编写"goods_4.html"，其关键代码如下。

```
1    <table>
2        <tr><th>商品名称：</th><td>
3            <input type="text" name="title" /><span class="tip"></span>
4            <p>商品名称长度在 3~50 个字符。</p>
5        </td></tr>
6        <tr><th>商品编号：</th><td>
7            <input type="text" class="num" name="sn"/><span class="tip"></span>
8            <p>商品编号不能重复。</p>
9        </td></tr>
10   </table>
```

上述代码的运行效果如图 7-14 所示。

图 7-14　商品发布页面

2. jQuery 表单验证

在完成商品发布页面的表单后，为"商品编号"的文本框添加失去焦点事件的处理函数，通过该事件进行表单验证。在验证时，将通过 jQuery 提供的 JSONP 方式跨域请求服务器。继续编写"goods_4.html"，具体代码如下。

```
1    <script>
2    // "商品编号"文本框 失去焦点事件
```

```
3      $("input[name=sn]").blur(function(){
4          var thisObj = $(this);              //获取发生事件的 DOM 对象
5          var value = thisObj.val();           //获取 DOM 对象的值
6          if(value===""){return false;}        //未填写时不进行验证
7          $.ajax({
8              url:"http://www.test.com/goods_4.php",
9              data:{"action":"checkSn","data":value},
10             dataType:"jsonp",
11             jsonp:"callback",
12             success:function(data){
13                 if(data.flag==="ok"){
14                     success(thisObj,data.message);
15                 }else{
16                     error(thisObj,data.message);
17                 }
18             }
19         });
20     });
21     //验证通过
22     function success(obj,message){
23         var $tip = obj.parent().find(".tip");
24         $tip.attr("class","tip tip-success");
25         $tip.text(message);
26     }
27     //验证未通过
28     function error(obj,message){
29         var $tip = obj.parent().find(".tip");
30         $tip.attr("class","tip tip-error");
31         $tip.text(message);
32     }
33     </script>
```

在上述代码中，第 8 行指定了请求的 URL 地址为"www.test.com"域名下的"goods_4.php"；第 9 行指定了要发送的数据；第 10 行指定了数据类型为 JSONP；第 11 行表示保存回调函数名的 GET 参数名，如果设置为"callback"，则在 PHP 中可以通过"$_GET['callback']"获取 JSONP 的回调函数名。

3. PHP 处理 JSONP 请求

为了实现跨域请求，需要创建一个不同域名的虚拟主机。这里创建的是域名为"www.test.com"的虚拟主机，在该站点下编写"goods_4.php"用于实现表单验证，具体代码如下。

```php
1   <?php
2   //保存已经存在的商品编号
3   $snArr = array('sn01','sn02','sn03','sn04');
4   //接收验证参数
5   $action = isset($_GET['action']) ? $_GET['action'] : '';
6   //接收验证数据
7   $data = isset($_GET['data']) ? $_GET['data'] : '';
8   //处理验证
9   if($action=='checkSn'){
10      if(in_array($data,$snArr)){
11          $result = array('flag'=>'error','message'=>'该编号已经存在');
12      }else{
13          $result = array('flag'=>'ok','message'=>'填写正确');
14      }
15      //输出 JSON 结果
16      if(isset($_GET["callback"])){
17          echo $_GET["callback"].'('.json_encode($result).');';
18      }else{
19          echo json_encode($result);
20      }
21  }
```

在上述代码中，第 10 行用于验证编号是否已经存在，验证后得到关联数组结果；第 16～20 行用于向浏览器返回验证结果，如果收到 GET 参数 "callback"，就以 JSONP 的形式返回，如果未收到，则以 JSON 的形式返回。

接下来，使用浏览器访问 "goods_4.html" 进行测试，程序运行结果如图 7-15 所示。

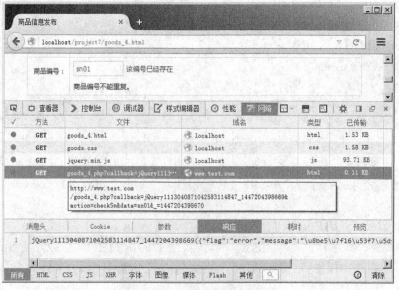

图 7-15　JSONP 跨域请求

从图 7-15 中可以看出，通过 jQuery 实现的 JSONP 跨域请求执行成功，在请求 URL 地址的 GET 参数中，不仅有指定的数据 "checkSn" 和 "data"，还有 "callback" 和 "_"。"callback" 用于保存回调函数的函数名；"_" 用于防止浏览器缓存相同的 URL 地址，该参数每次请求都会保存不同的数字。

任务五　在线编辑器

任务说明

在电子商务网站中，商品详情的描述直接影响着用户是否会进行消费。因此，在编辑商品详情时，就需要对文字和图片进行排版，对字体、字号、颜色等进行设置，同时可酌情添加简短的使用视频等，会给商品的展示增色不少。下面请完善商品的编辑，具体要求如下。

● 使用百度推出的在线编辑器 UEditor 完成商品详情的编辑。
● 使用 HTMLPurifier 对用户提交的内容进行富文本过滤。

知识引入

1. 在线编辑器

许多网站都为用户提供了在线编辑器。通过在线编辑器可以实现文字的排版，设置字体、字号、颜色等功能，甚至可以上传图片、附件等。而 UEditor 是百度推出的一款在线编辑器，其功能强大、开源免费，有详细的中文注释和文档，适合读者学习。

下面通过访问官方网站（http://ueditor.baidu.com/）即可获取该插件。在官方网站中进入下载页面，然后选择开发版，如图 7-16 所示。

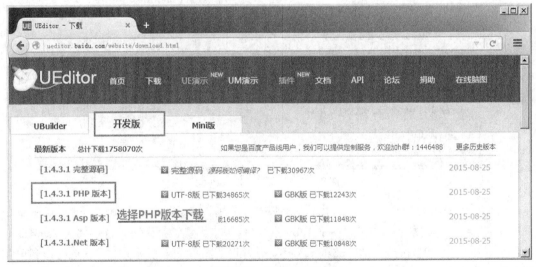

图 7-16　获取 UEditor

下载后，通过下载包中的示例文件 "index.html" 可以迅速了解 UEditor 的基本使用，如图 7-17 所示。

2. 富文本过滤

通过在线编辑器提交的内容是一段 HTML 代码。虽然编辑器本身可以过滤<script>等危险标签，但是编辑器是运行在浏览器端的，无法阻止用户绕过编辑器提交恶意代码，因此应该在服务器端进行过滤。目前网络中有许多开源的富文本过滤器。下面以 HTMLPurifier 为例，到官网（http://htmlpurifier.org/download）进行下载，如图 7-18 所示。

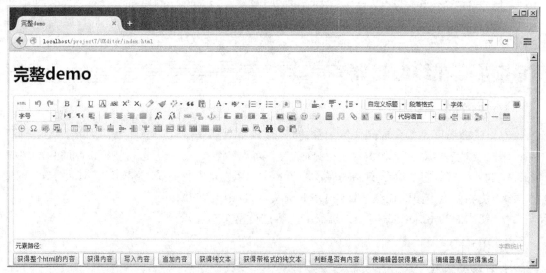

图 7-17　UEditor 示例文件

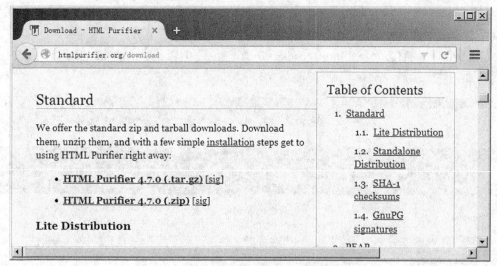

图 7-18　获取 HTMLPurifier

HTMLPurifier 在下载页面中提供了三个版本，分别为 Standard 标准版、Lite 精简版本和 Standalone 单文件版本。接下来以 Standalone 单文件版本为例进行讲解。将下载的 Standalone 压缩包解压到目录 "/project7/Standalone" 中，使用时，直接载入相关文件，并进行白名单配置即可。所谓白名单，就是允许存在的 HTML 标签选项，具体示例如下。

```php
<?php
//1.载入 HTMLPurifier 文件
require_once 'htmlpurifier/HTMLPurifier.standalone.php';
//2.先实例化配置类，设置配置选项
$config = HTMLPurifier_Config::createDefault();
```

```
//3.设置 HTML 允许的元素
$config->set('HTML.AllowedElements', array('div'=>true,'ul'=>true,'li'=>true));
//4.设置 HTML 文档类型（常设）
$config->set('HTML.Doctype', 'XHTML 1.0 Transitional');
//5.设置字符编码（常设）
$config->set('Core.Encoding', 'UTF-8');
//6.使用配置类对象生成 purifier 对象
$purifier = new HTMLPurifier($config);
//7.获取需要过滤的文本
$html = isset($_POST["content"])? $_POST["content"]: '';
//8.调用 purify()方法对需要过滤的文本进行过滤
$puri_html = $purifier->purify($html);
//9.输出过滤后的文本
echo $puri_html;
?>
```

在上述代码中，通过配置类的对象$config 调用 set()方法设置 HTML 允许的白名单，然后实例化 HTMLPurifier 类，同时传递配置对象$config，最后通过 HTMLPurifier 类的对象调用 purify()方法完成富文本的过滤。这里仅简单演示 HTMLPurifier 的使用，读者可以阅读 HTMLPurifier 的官方文档进行学习。

任务实现

1.编写 HTML 页面

在商品发布页面中，在线编辑器通常用于输入商品详情。这里将下载的"UEditor 1.4.3.1 PHP 版"编辑器部署到项目的"ueditor"目录下，然后创建商品发布页面"goods_5.html"，在页面中引入编辑器，其关键代码如下。

```
1   <div class="title">编辑商品信息</div>
2   <form method="post" action="goods_5.php">
3   <table>
4     <tr><th>商品名称：</th><td>
5       <input type="text" name="title" /><span class="tip"></span>
6       <p>商品名称长度在 3～50 个字符之间。</p>
7     </td></tr>
8     <tr><th>商品详情：</th><td>
9       <script id="editor" name="description" type="text/plain"></script>
10    </td></tr>
11  </table>
12  <input type="submit" value="发布" />
13  </form>
14  <!-- 优先引入 jQuery -->
15  <script src="./js/jquery.min.js"></script>
```

```
16  <!-- 引入编辑器配置文件 -->
17  <script src="./ueditor/ueditor.config.js"></script>
18  <!-- 引入编辑器 -->
19  <script src="./ueditor/ueditor.all.min.js"></script>
20  <script>
21  //载入编辑器
22  UE.getEditor("editor");
23  </script>
```

在上述代码中，第 9 行按照编辑器的示例代码使用了<script>标记；第 14～19 行引入了jQuery 和在线编辑器；第 22 行用于载入编辑器，参数 "editor" 表示将网页中 ID 为 "editor"的元素作为编辑器的载入目标。通过浏览器访问 "goods_5.html"，程序运行结果如图 7-19所示。

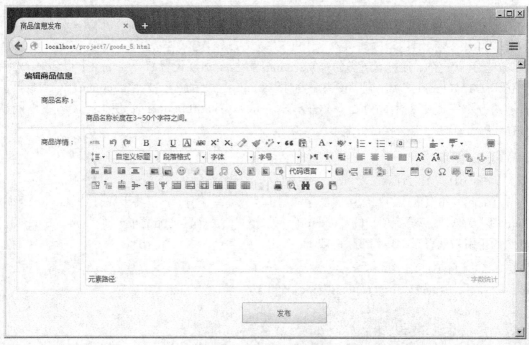

图 7-19   引入在线编辑器

2. 定制编辑器

UEditor 编辑器提供了灵活的定制功能，用户可以通过配置文件对编辑器进行定制，在配置文件中有详细的配置说明。接下来修改配置文件 "ueditor/ueditor.config.js"，修改常用的配置置，具体代码如下。

```
1  // (1) 宽高定制
2  ,initialFrameWidth:"100%"      //初始化编辑器宽度，默认为 1 000
3  ,initialFrameHeight:150        //初始化编辑器高度，默认为 320
4  // (2) 底部定制
5  ,elementPathEnabled:false      //是否启用元素路径，默认是显示
```

```
6    ,wordCount:false              //是否开启字数统计
7    //（3）工具栏按钮定制
8    ,toolbars:[['source', '|', 'undo', 'redo', '|', 'bold', 'italic', 'underline',
9    'strikethrough', '|', 'superscript', 'subscript', '|', 'forecolor', 'backcolor',
10   '|', 'removeformat', '|', 'insertorderedlist', 'insertunorderedlist', '|',
11   'selectall', 'cleardoc', 'paragraph', '|', 'fontfamily', 'fontsize' , '|',
12   'justifyleft', 'justifycenter', 'justifyright', 'justifyjustify', '|', 'link',
13   'unlink', '|', 'insertimage', 'insertvideo', 'fullscreen']]
```

上述代码是在配置文件中修改的内容，建议读者在修改前先备份原文件。经过上述修改后，使用浏览器访问"goods_5.html"，程序运行效果如图 7-20 所示。

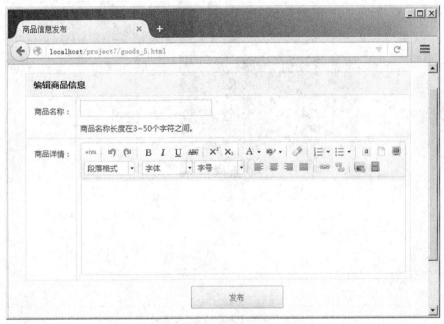

图 7-20　定制编辑器功能

3. 配置 PHP 接口

在编辑商品详情时，为了展示出商品的特色，商家通常会制作许多精美的宣传图片，以图文并茂的形式来介绍商品，因此在编辑器中添加图片是一个非常重要的功能。UEditor 编辑器支持图片上传，在配置文件中可以发现如下配置项。

```
//服务器统一请求接口路径
,serverUrl: URL + "php/controller.php"
```

上述配置用于指定服务器端的 PHP 接口，用于处理请求。可以在 UEditor 的目录中找到"php\controller.php"文件，阅读里面的代码，根据需要进行定制。

UEditor 还提供了用于前后端通信的配置文件，文件位于"php\config.json"。通过该文件可以更改在前后台通信中的一些配置，如上传文件大小限制、允许的文件类型、文件保存路径等。在上传图片时，UEditor 的文件保存位置为站点下的"ueditor"目录中。如果需要修改保存目录，可以进行如下配置。

```
//上传图片保存目录
"imagePathFormat": "/project7/uploads/{yyyy}{mm}{dd}/{time}{rand:6}",
```

上述配置表示将上传文件保存到"project7"项目目录下的"uploads"目录中，在该目录中将以年、月、日创建子目录，上传文件的文件名以"时间戳"连接"6位随机数"的形式保存。

接下来，使用浏览器访问"goods_5.html"进行上传图片测试，程序的运行效果如图7-21所示。

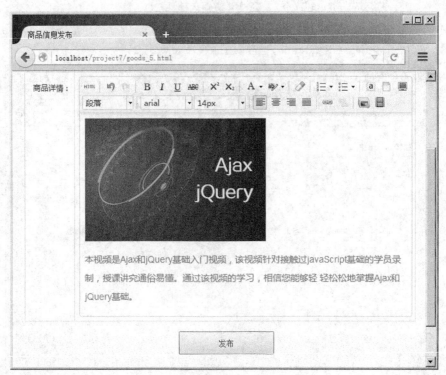

图 7-21　在线编辑器上传图片

4. 接收表单数据

由于表单商品详情字段使用了在线编辑器，则表单提交的是编辑器中的富文本内容。为了防止用户伪造表单提交恶意代码，接下来将为项目引入富文本过滤器，实现表单数据的过滤。在项目中编写用于接收表单的"goods_5.php"，具体代码如下。

```
1    <?php
2    header('Content-Type:text/html;charset=utf-8');
3    //载入富文本过滤器
4    require './HTMLPurifier/HTMLPurifier.standalone.php';
5    //实例化过滤器
6    $Purifier = new HTMLPurifier();
7    //获取提交的数据
8    $html = isset($_POST['description']) ? $_POST['description'] : '';
```

```
9      //输出过滤结果
10     echo $Purifier->purify($html);
```

上述代码为项目引入了富文本过滤器"HTMLPurifier"，并且使用了 standalone（独立）版本。在过滤数据时，调用 HTMLPurifier 对象的"purify()"方法即可完成数据的过滤。

在浏览器中访问"goods_5.html"，提交表单进行测试，程序运行结果如图 7-22 所示。

图 7-22　显示处理结果

动手实践

学习完前面的内容，下面来动手实践一下吧：

无刷新分页是 Ajax 技术的一个典型的应用。其原理是当用户在进行翻页操作时，并不刷新页面，而是通过 Ajax 请求下一页的数据，然后局部更新页面内容。请尝试使用学过的 jQuery、Ajax、JSON 等技术来实现无刷新分页。

扫描右方二维码，查看动手实践步骤！

PART 8 综合项目
电子商务网站（上）

项目描述

随着近年来 Internet 的不断发展，电子商务已关系到经济结构、产业升级和国家整体经济竞争力。其中，利用电子商务网站购物更是在日常生活中随处可见。在深入学习了前面章节的知识后，相信读者已经熟练掌握了 PHP 和 Ajax、jQuery 等技术。本章将通过电子商务网站的开发实战，将前面所学的知识融会贯通，使读者真正掌握 PHP 网站开发技术，积累开发经验。

任务一 项目准备

1.需求分析

在 Internet 不断发展的今天，网络使世界变得越来越小，信息传播得越来越快，内容越来越丰富。而电子商务的出现更是实现了人们对时尚和个性的追求，可以不受时间和空间的限制，随时随地在网上进行交易，同时减少了商品流通的中间环节，节省了大量的开支，从而也大大降低了商品流通和交易的成本。

通过实际情况的调查，要求电子商务网站"传智商城"具有以下功能。

- 界面设计美观大方、方便、快捷、操作灵活。
- 网站后台具有管理员登录、退出及验证码功能。
- 网站后台能够对商品信息、商品分类进行管理。
- 管理商品时，可以进行添加、修改及放入回收站操作。
- 对加入回收站的商品能够执行还原及删除操作。
- 网站前台可以进行用户注册和登录，能够保存用户收货地址。

2.功能结构

商城分为前台模块和后台模块。下面分别给出前、后台的功能结构图，如图 8-1 和图 8-2 所示。

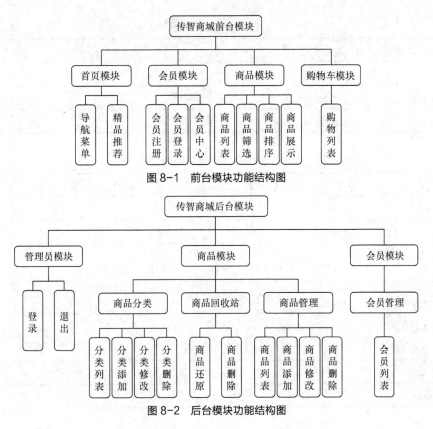

图 8-1 前台模块功能结构图

图 8-2 后台模块功能结构图

3. 数据库设计

数据库的设计对项目功能的实现起着至关重要的作用。接下来，根据之前的需求分析及功能结构划分，创建一个名为"itcast_shop"的数据库，为"传智商城"设计的数据表具体如下。

（1）shop_admin（管理员表）

管理员表用于保存网站后台的管理员账号。为了防止明文存储密码带来安全隐患，应对密码进行加密处理。其结构如表 8-1 所示。

表 8-1　管理员表结构

字　段　名	数据类型	描　　述
id	tinyint unsigned	主键 ID，自动增长
username	varchar(10)	用户名，唯一约束
password	char(32)	加密后的密码
salt	char(6)	密钥

（2）shop_category（商品分类表）

商品分类表用于保存商品的类别，并且可以有子分类，其结构如表 8-2 所示。

（3）shop_goods（商品表）

商品表用于保存商品的详细信息，如商品名称、价格等，其结构如表 8-3 所示。

（4）shop_user（会员信息表）

会员信息表主要用于管理传智商城会员注册的相关信息，其结构具体如表 8-4 所示。

表 8-2　商品分类表结构

字 段 名	数 据 类 型	描 述
id	int unsigned	主键 ID，自动增长
name	varchar(20)	商品分类名称
pid	int unsigned	上级分类 ID

表 8-3　商品表结构

字 段 名	数 据 类 型	描 述
id	int unsigned	主键 ID，自动增长
category_id	int unsigned	所属分类 ID
sn	varchar(10)	商品编号
name	varchar(40)	商品名称
price	decimal(10,2)	商品价格
stock	int unsigned	库存量
thumb	varchar(150)	商品预览图
album	text	商品相册
desc	text	商品描述
on_sale	enum('yes','no')	是否上架，默认为 yes
recommend	enum('yes','no')	是否为推荐商品，默认为 no
add_time	timestamp	商品添加时间，默认为当前时间
recycle	enum('yes','no')	是否删除，默认为 no

表 8-4　会员信息表结构

字 段 名	数 据 类 型	描 述
id	int unsigned	主键 ID，自动增长
username	varchar(20)	会员名称，唯一约束
password	char(32)	会员登录密码
salt	char(6)	密钥
reg_time	timestamp	注册时间，默认当前时间
phone	char(11)	联系电话，默认为空
email	varchar(30)	电子邮件地址，默认为空
consignee	varchar(20)	收件人，默认为空
address	varchar(255)	收货地址，默认为空

（5）shop_shopcart（购物车表）

购物车表主要用于保存会员添加到购物车中的商品信息，其结构具体如表 8-5 所示。

表 8-5　购物车表结构

字　段　名	数 据 类 型	描　　述
id	int unsigned	主键 ID，自动增长
user_id	int unsigned	购买者 ID，即会员 ID
add_time	timestamp	加入购物车时间
goods_id	int unsigned	购买的商品 ID
num	tinyint unsigned	购买的商品数量

（6）shop_order（订单表）

当用户进行购买商品的操作时，会为该购买请求生成一份订单，保存该用户所选择的商品、数量和收件地址等信息，订单表的结构如表 8-6 所示。

表 8-6　购物车表结构

字　段　名	数 据 类 型	描　　述
id	int unsigned	主键 ID，自动增长
user_id	int unsigned	购买者 ID，即会员 ID
goods	text	购买的商品信息
address	text	收件人信息
price	decimal(10,2)	订单价格
add_time	timestamp	下单时间，默认当前时间
cancel	enum('yes','no')	订单是否取消，默认为 no
payment	enum('yes','no')	订单是否支付，默认为 no

4. 开发环境

在对传智商城项目进行开发之前，需要先准备开发环境。根据用户的需求和实际的考察与分析，确定的开发环境具体如下。

（1）部署 Apache 虚拟主机

在项目开发环节，可能无法确定项目上线时使用的域名，因此要求项目本身能够支持任何域名的访问。接下来，在本地部署一个域名为"www.shop.com"的虚拟主机来进行开发工作。编辑 Apache 配置文件"httpd-vhosts.conf"，具体配置如下。

```
<VirtualHost *:80>
    DocumentRoot "c:/web/web/www.shop.com"
    ServerName www.shop.com
    <Directory "c:/web/web/www.shop.com">
        Require all granted
        AllowOverride All
    </Directory>
</VirtualHost>
```

上述配置为 Apache 添加了一个 www.shop.com 的虚拟主机，并配置为允许所有 IP 访问、启用分布式配置文件。然后编辑系统的 hosts 文件，添加域名解析记录。

127.0.0.1 www.shop.com

上述配置生效后，通过浏览器访问 www.shop.com，即可访问到"c:\web\web\www.shop.com"路径下的网页文件。

（2）准备开发工具

开发 PHP 项目所用到的工具主要有代码编辑器、数据库管理工具以及浏览器。本书选用的是 NetBeans IDE 8.0.2 编辑器、phpMyAdmin 4.4 在线数据库管理器以及 FireFox 42.0 浏览器。

（3）选择 PHP 版本

在目前 Web 服务器使用的软件中，主流的 PHP 版本有 5.3、5.4、5.5 版本。为了保证不同服务器的兼容性，要求代码最低兼容到 PHP 5.3 版本。

在使用 NetBeans 开发工具创建项目时，可以手动选择 PHP 版本，如图 8-3 所示。选择版本后，NetBeans 将按照该版本的语法规则对代码进行实时检查，帮助开发人员提高工作效率。

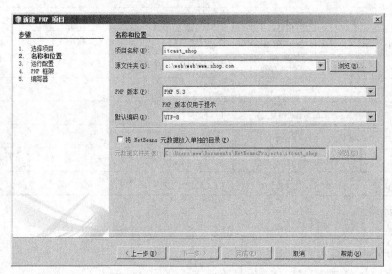

图 8-3　NetBeans 选择 PHP 版本

任务二　MVC 开发模式

1. 什么是 MVC

下面将基于 MVC 进行传智商城的开发。MVC 是目前广泛流行的一种软件开发模式。利用 MVC 可以将程序中的功能实现、数据处理和界面显示相分离，从而在开发复杂的应用程序时，开发者可以专注于其中的某个方面，提高开发效率和项目质量。

MVC 这个名称就是由 Model、View、Controller 这三个单词的首字母组成的。MVC 表示软件系统分成三个核心部件：模型（Model）、视图（View）、控制器（Controller）。它们各自处理任务。

在用 MVC 进行的 Web 程序开发中，模型是指处理数据的部分，视图是指显示在浏览器中的网页，控制器是指处理用户交互的程序。例如，提交表单时，由控制器负责读取用户提交的数据，然后向模型发送数据，再通过视图将处理结果显示给用户。MVC 的工作流程如图 8-4 所示。

从图 8-4 中可以看出，浏览器向服务器端的控制器发送了 HTTP 请求，控制器就会调用模型来取得数据，然后调用视图，将数据分配到网页模板中，再将最终结果的 HTML 网页返回给浏览器。

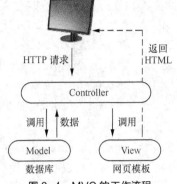

图 8-4　MVC 的工作流程

MVC 是优秀的设计思想，使开发团队能够更好地分工协作，显著提高工作效率。但是对于小型项目，如果严格遵循 MVC，会增加结构的复杂性，增加工作量，降低运行的效率，因此 MVC 不适用于小型项目。MVC 提倡模型和视图分离，这样也会给调试程序带来一定的困难，每个构件在使用之前都需要经过彻底的测试。尽管 MVC 有一些缺点，但其带来的好处远远超过了这些缺点。对于大型 Web 应用程序，MVC 开发模式可以发挥出巨大的优势。

2. MVC 典型实现

MVC 是应用在实际项目中的开发模式。为了使读者更好地学习这种模式，本节将结合传智商城的实际开发，讲解 MVC 项目的典型实现。

（1）数据库操作类

在面对复杂问题时，面向对象编程可以更好地描述现实中的业务逻辑，所以 MVC 程序也是通过面向对象方式实现的。接下来，为项目创建一个数据库操作类"MySQLPDO.class.php"，具体代码如下。

```php
1    <?php
2    //基于 PDO 扩展的 MySQL 数据库操作类
3    class MySQLPDO {
4        protected static $db = null;           //保存 PDO 实例
5        protected $data = array();             //保存操作数据
6        public function __construct(){
7            isset(self::$db) || self::_connect();  //PDO 单例模式
8        }
9        private function __clone() {}          //禁止克隆
10       //连接目标服务器（本方法只在构造方法中调用一次）
11       private static function _connect(){
12           $config = $GLOBALS['dbConfig'];    //通过全局变量获取数据库配置信息
13           //准备 PDO 的 DSN 连接信息
14           $dsn = "{$config['db']}:host={$config['host']};port={$config['port']};
                 dbname={$config['dbname']};charset={$config['charset']}";
15           try{                               //连接数据库
16               self::$db = new PDO($dsn,$config['user'],$config['pass']);
17           }catch (PDOException $e){
18               exit('数据库连接失败：'.$e->getMessage());
```

综合项目　电子商务网站（上）

```
19              }
20          }
21          /**
22           * 通过预处理方式执行 SQL
23           * @param string $sql 执行的 SQL 语句模板
24           * @param bool $batch 是否批量操作
25           * @return object PDOStatement
26           */
27          public function query($sql,$batch=false){
28              //取出成员属性中的数据并清空
29              $data = $batch ? $this->data : array($this->data);
30              $this->data = array();
31              //通过预处理方式执行 SQL
32              $stmt = self::$db->prepare($sql);
33              foreach($data as $v){
34                  if($stmt->execute($v)===false){
35                      exit('数据库操作失败：'.implode('-',$stmt->errorInfo()));
36                  }
37              }
38              return $stmt;
39          }
40          /**
41           * 保存操作数据
42           * @param array $data 需要保存的数据
43           * @return 返回对象自身用于链式调用
44           */
45          public function data($data){
46              $this->data = $data;
47              return $this;
48          }
49          //取得一行结果
50          public function fetchRow($sql){
51              return $this->query($sql)->fetch(PDO::FETCH_ASSOC);
52          }
53          //取得所有结果
54          public function fetchAll($sql){
55              return $this->query($sql)->fetchAll(PDO::FETCH_ASSOC);
56          }
57          //取得一列结果
58          public function fetchColumn($sql){
```

```
59          return $this->query($sql)->fetchColumn();
60      }
61      //获取最后插入的 ID
62      public function lastInsertId(){
63          return self::$db->lastInsertId();
64      }
65  }
```

上述代码是一个基于 PDO 扩展的 MySQL 数据库操作类，类中封装了 PHP 操作 MySQL 的一些基本操作。第 27~39 行代码实现了以 PDO 预处理的方式执行 SQL 语句，并且支持批量操作。

为了测试数据库操作类是否正确执行，接下来创建 "index.php" 进行测试，具体代码如下。

```
1   <?php
2   //载入数据库操作类
3   require './MySQLPDO.class.php';
4   //准备数据库连接信息
5   $dbConfig = array(
6       'db' => 'mysql',            //数据库类型
7       'host' => 'localhost',      //服务器地址
8       'port' => '3306',           //端口
9       'user' => 'root',           //用户名
10      'pass' => '123456',         //密码
11      'charset' => 'utf8',        //字符集
12      'dbname' => 'itcast_shop',  //默认数据库
13  );
14  //实例化数据库操作类
15  $db = new MySQLPDO();
16  //执行 SQL 语句并显示执行结果
17  echo '<pre>';
18  var_dump($db->fetchAll('show tables'));
19  echo '</pre>';
```

在浏览器中访问 "index.php"，运行结果如图 8-5 所示。从图中可以看出，数据库操作类成功执行 SQL 语句，返回了关联数组形式的查询结果。

（2）模型类

模型是处理数据的，而数据是存储在数据库中的。在项目中，所有对数据库的操作都是由模型类来完成的。MVC 中的模型，其实就是为项目中的每个表建立一个模型。

接下来以商品分类表为例，创建分类表的模型类 "Category Model.class.php"，具体代码如下。

图 8-5　数据库查询结果

```php
1   <?php
2   //商品分类表的模型类
3   class CategoryModel extends MySQLPDO {
4       //获取所有的分类数据
5       public function getData(){
6           return $this->fetchAll('select * from shop_category');
7       }
8       //添加一个分类, 返回添加分类的 ID
9       public function addData($name,$pid){
10          $this->data['name'] = $name;
11          $this->data['pid'] = $pid;
12          $this->query('insert into shop_category (name,pid) values(:name,:pid)');
13          return $this->lastInsertId();
14      }
15  }
```

上述代码创建了分类模型, 并实现了分类查询与分类添加两个方法。由于模型类继承了数据库操作类, 因此模型类可以直接调用数据库操作类的 fetchAll()、query()方法执行 SQL 语句。

接下来编写 "index.php" 测试模型类是否正确执行, 具体代码如下。

```php
1   <?php
2   //载入数据库操作类、模型类
3   require './MySQLPDO.class.php';
4   require './CategoryModel.class.php';
5   //准备数据库连接信息
6   //……
7   //实例化模型类
8   $Category = new CategoryModel();
9   //添加一个分类, 显示添加后的结果
10  $Category->addData('phone','0');
11  echo '<pre>';
12  var_dump($Category->getData());
13  echo '</pre>';
```

在浏览器中访问 "index.php", 运行结果如图 8-6 所示。从图中可以看出, 模型类成功完成数据库操作。

（3）控制器

控制器是 MVC 应用程序中的指挥官, 它接收用户的请求, 并决定需要调用哪些模型进行处理, 再用相应的视图显示从模型返回的数据, 最后通过浏览器呈现给用户。

如果用面向对象的方式实现控制器, 就需要先理解模块的概念。一个成熟的项目是由多个模块组成的, 每个模块又是一系列相关功能的集合。以传智商城后台的分类模块为例, 功

能划分如图 8-7 所示。

图 8-6　测试模型类

图 8-7　商品分类模块

　　正如模型是根据数据表创建的，控制器则是根据模块创建的，即每个模块对应一个控制器类，模块中的功能都在控制器类中完成。因此，控制器类中定义的方法，就是模块中的功能。

　　接下来为商品分类模块创建控制器类"CategoryController.class.php"，具体代码如下。

```php
1    <?php
2    //分类控制器
3    class CategoryController {
4        //分类列表
5        public function indexAction(){
6            $Category = new CategoryModel();    //实例化分类模型
7            $data = $Category->getData();       //查询分类数据
8            require './index.html';             //载入视图
9        }
10       //分类添加
11       public function addAction(){}
12       //分类修改
13       public function editAction(){}
14       //分类删除
15       public function delAction(){}
16   }
```

　　上述代码在分类控制器中定义了分类列表、分类添加、分类修改和分类删除四种方法，命名时使用 "Action" 后缀。其中分类列表从数据库中获取分类数据，然后载入视图模板文件进行页面显示。

　　（4）视图

　　视图是 MVC 中用于显示的网页。通常开发者编写的视图是一个 HTML 模板，在模板中输出来自数据库中的数据。接下来编写分类列表的视图模板"index.html"，其关键代码如下。

```html
1    <table>
2        <tr><th>ID</th><th>分类名</th></tr>
```

```
3        <?php foreach($data as $v){
4            echo "<tr><td>{$v['id']}</td><td>{$v['name']}</td></tr>";
5        } ?>
6    </table>
```

上述代码实现了将从数据库查询出的分类列表输出到网页的 table 表格中。由于分类控制器使用 "require" 加载了此视图文件，因此在视图中可以直接使用控制器中的变量$data。

（5）前端控制器

前端控制器是指项目的入口文件 "index.php"。使用 MVC 模式开发的是一种单一入口的应用程序。传统的 Web 程序是多入口的，即通过访问不同的 PHP 文件来完成用户请求。例如，管理商品时访问 "goods.php"，管理分类时访问 "category.php"。单入口程序只有一个 "index.php" 提供用户访问。

前端控制器又称请求分发器（dispather），通过 URL 参数判断用户请求了哪个功能，然后完成相关控制器的加载、实例化、方法调用等操作。接下来通过一个图例演示请求分发的流程，如图 8-8 所示。

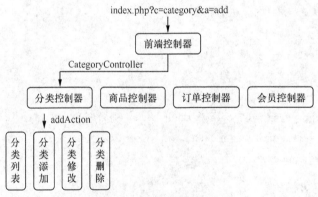

图 8-8　请求分发的流程

在图 8-8 中，前端控制器 "index.php" 接收到两个 GET 参数：c 和 a，c 代表 Controller（控制器），a 代表 Action（操作），所以 "c=category&a=add" 表示 category 控制器中的 addAction 方法。

接下来编写 "index.php" 实现前端控制器，具体代码如下。

```
1    <?php
2    //载入数据库操作类、模型类，准备数据库连接信息
3    //……
4    //获取控制器、操作名称
5    $c = isset($_GET['c']) ? $_GET['c'] : '';
6    $a = isset($_GET['a']) ? $_GET['a'] : '';
7    //为名称添加后缀
8    $c_name = ucwords($c).'Controller';
9    $a_name = $a.'Action';
10   //请求分发
```

```
11    require "./{$c_name}.class.php";        //载入控制器文件
12    $Controller = new $c_name();            //实例化控制器
13    $Controller->$a_name();                 //调用方法
```

上述代码通过 GET 参数实现了前端控制器的请求分发。为了测试程序是否正确运行，下面通过浏览器访问 "index.php?c=category&a=index"，运行结果如图 8-9 所示。从图中可以看出，浏览器访问到 category 控制器中的 indexAction 方法，并成功显示视图模板的输出结果。

至此，MVC 开发模式的典型实现已经完成。通过 MVC 开发模式，实现了模型、视图、控制器三者的分离，增强了代码的可维护性，有利于团队开发时的分工协作。

3. MVC 框架

框架在软件系统中是一个代码骨架，其作用是通过设计一个所有项目通用的底层代码，提高项目的开发效率。以盖房子来说，框架相当于已经盖好的房子，但是内部没有装修，当需要开一个水果店时，可以把这个房子装修成水果店，而不需要重新盖一个房子。

通过 MVC 开发模式，可以将整个项目分成应用（application）与框架（framework）两部分，在应用中处理与当前站点相关的业务逻辑，在框架中封装所有项目的底层代码。本节将针对 MVC 框架进行详细讲解。

（1）项目结构

前面创建的模型、控制器、视图文件都保存到一个目录中，在实际项目中显然不能这样做，需要一个合理的目录结构来管理这些文件。接下来演示一种常见的 MVC 目录划分方式，如图 8-10 所示。

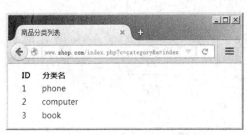

图 8-9　前端控制器运行结果

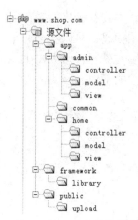

图 8-10　MVC 的目录划分

在图 8-10 中，项目主要划分成 app 和 framework 两个目录，app 表示应用（application），用于存放与当前站点业务逻辑相关的文件，framework 表示框架，存放项目的底层文件。app 下的 admin 和 home 目录代表网站的平台，其中 admin 表示后台，为管理员提供管理功能，home 表示前台，为用户提供服务。前台和后台下都有 controller、model 和 view 目录，用于存放与之相关的代码文件。

接下来，将前面创建的数据库操作类、模型类、控制器类、视图文件、入口文件以图 8-10 所示的目录结构进行分配，分配后的结果如表 8-7 所示。

表 8-7 传智商城项目结构

文 件 路 径	文 件 描 述
index.php	入口文件
app\common	应用公共文件目录
app\home\controller	前台控制器目录
app\home\model	前台模型目录
app\home\view	前台视图目录
app\home\controller\CategoryController.class.php	前台分类控制器类
app\home\model\CategoryModel.class.php	前台模型类
app\home\view\category\index.html	前台分类控制器下的视图文件
app\admin\controller	后台控制器目录
app\admin\model	后台模型目录
app\admin\view	后台视图目录
framework\library	框架类库目录
framework\library\MySQLPDO.class.php	数据库操作类
public	公开文件目录（如 css、images、js 文件）
public\upload	上传文件保存目录

（2）框架基础类

在程序的初始化阶段，需要完成设置常量、载入类库、请求分发等操作。这些都是项目中的底层代码，可以封装一个框架基础类来完成这些任务。下面通过一个图例来演示框架基础类的工作流程，如图 8-11 所示。从图中可看出，框架基础类封装了设置常量、载入类库和请求分发的工作，而入口文件只需要调用框架基础类即可完成任务。

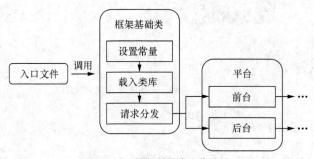

图 8-11　框架基础类工作流程

接下来开始编写框架基础类，在 framework 目录中创建文件"Framework.class.php"，编写代码如下。

```php
1    <?php
2    //框架基础类
3    class Framework{
```

```
4        //启动项目
5        public static function run(){
6            self::init();                                                    //初始化
7            self::registerAutoLoad();                                        //注册自动加载
8            self::dispatch();                                                //请求分发
9        }
10       //初始化
11       private static function init(){
12           //设置常量供项目内使用
13           define('DS', DIRECTORY_SEPARATOR);                               //路径分隔符
14           define('ROOT', getcwd().DS);                                     //项目根目录
15           define('APP_PATH', ROOT.'app'.DS);                               //应用目录
16           define('FRAMEWORK_PATH', ROOT.'framework'.DS);                   //框架目录
17           define('LIBRARY_PATH', FRAMEWORK_PATH.'library'.DS);             //类库目录
18           define('PUBLIC_PATH', ROOT.'public'.DS);                         //公开目录
19           define('COMMON_PATH', APP_PATH.'common'.DS);                     //公共目录
20           //获取 p、c、a 参数
21           list($p,$c,$a) = self::getParams();
22           define('PLATFORM', strtolower($p));
23           define('CONTROLLER', strtolower($c));
24           define('ACTION', strtolower($a));
25           //拼接平台、控制器、模型、视图路径
26           define('PLATFORM_PATH', APP_PATH.PLATFORM.DS);                   //平台目录
27           define('CONTROLLER_PATH', PLATFORM_PATH.'controller'.DS); //控制器目录
28           define('MODEL_PATH', PLATFORM_PATH.'model'.DS);                  //模型目录
29           define('VIEW_PATH', PLATFORM_PATH.'view'.DS);                    //视图目录
30           //视图路径
31           define('COMMON_VIEW', VIEW_PATH.'common'.DS);
32           define('ACTION_VIEW', VIEW_PATH.CONTROLLER.DS.ACTION.'.html');
33           //开启 session
34           session_start();
35       }
36       //注册自动加载
37       private static function registerAutoLoad(){
38           spl_autoload_register(function($class_name){
39               if(strpos($class_name, 'Controller')){
40                   $target = CONTROLLER_PATH."$class_name.class.php";
41                   if(is_file($target)){
42                       require $target;
43                   }else{
```

```
44                    exit('您的访问参数有误！');
45              }
46          }elseif(strpos($class_name, 'Model')){
47              require MODEL_PATH."$class_name.class.php";
48          }else{
49              require LIBRARY_PATH."$class_name.class.php";
50          }
51      });
52   }
53   //请求分发
54   private static function dispatch(){
55       $c = CONTROLLER.'Controller';
56       $a = ACTION.'Action';
57       //实现请求分发
58       $Controller = new $c();   //实例化控制器
59       $Controller->$a();        //调用操作
60   }
61   //获取请求参数
62   private static function getParams(){
63       //获取 URL 参数
64       $p = isset($_GET['p']) ? $_GET['p'] : 'home';
65       $c = isset($_GET['c']) ? $_GET['c'] : 'index';
66       $a = isset($_GET['a']) ? $_GET['a'] : 'index';
67       return array($p,$c,$a);
68   }
69 }
```

上述代码在类中封装了设置常量、载入类库、请求分发三大功能，并提供了一个 run()方法执行调用。自动加载使用了 spl_autoload_register()函数，该函数可以传递一个回调函数作为参数。请求分发实现了从 GET 参数中获取平台、控制器、方法三个请求参数，并支持默认参数。在加载类文件时，程序会先根据类名后缀在 app 目录中进行加载，如果没有匹配的后缀，则加载框架类库目录中的类文件。

在框架基础类完成常量设置后，当需要在控制器中载入视图时，可以直接通过常量"ACTION_VIEW"找到相应的视图文件。修改文件"app\controller\CategoryController.class.php"，代码如下。

```
1  <?php
2  //分类控制器
3  class CategoryController {
4      //分类列表
5      public function indexAction(){
6          //……
```

```
7          require ACTION_VIEW;          //载入视图
8      }
9  }
```

在上述代码中，第 7 行将载入视图的代码直接写为"require ACTION_VIEW"，即可自动载入位于"app\home\view\category\index.html"的视图文件。

在实现框架基础类后，下面在项目入口文件"index.php"中调用框架基础类，代码如下。

```php
1  <?php
2  //引入框架基础类
3  require './framework/Framework.class.php';
4  //运行项目
5  Framework::run();
```

经过上述修改后，MVC 框架已经搭建完成，项目中的"framework"目录可以用于开发任何一个 PHP 项目，由此增强了代码的可复用性。

（3）函数库与配置文件

在项目开发时，有许多常用的功能可以通过函数来完成，因此可以在 MVC 框架中编写一个函数库，用于保存项目中的常用函数。接下来在"framework"目录中创建函数库文件"function.php"，编写代码如下。

```php
1  <?php
2  //遇到致命错误时，输出错误信息并停止运行
3  function E($msg){
4      header('content-type:text/html;charset=utf-8');
5      die('<pre>'.htmlspecialchars($msg).'</pre>');
6  }
7  //配置文件操作
8  function C($name,$value=null){
9      static $config = null; //保存项目中的设置
10     if(!$config){ //函数首次被调用时载入配置文件
11         $config = require COMMON_PATH.'config.php';
12     }
13     if($value==null){ //省略 value 参数表示获取配置项，否则修改配置项
14         return isset($config[$name]) ? $config[$name] : '';
15     }else{
16         $config[$name] = $value;
17     }
18 }
```

上述代码定义了两个项目中的常用函数。为了在调用函数时书写方便，在为函数命名时使用了一个大写来表示，函数"E"取自"error"的首字母，表示程序出错，函数"C"取自"config"的首字母，表示访问程序的设置。

在创建函数库以后，还需要在框架基础类中载入才可以使用。接下来修改"framework\Framework.class.php"文件，在初始化的方法中实现函数库的载入，具体代码如下。

```
1   //初始化
2   private static function init(){
3       //……
4       //载入函数库
5       require FRAMEWORK_PATH.'function.php';
6   }
```

在完成函数库的载入后，接下来创建项目的配置文件"app\common\config.php"，在配置文件中保存项目的数据库连接信息，具体代码如下。

```
1   <?php
2   //项目配置文件
3   return array(
4       //数据库配置
5       'DB_CONFIG' => array(
6           'db'     => 'mysql',          //数据库类型
7           'host' => '127.0.0.1',        //服务器地址
8           'port' => '3306',             //端口
9           'user' => 'root',             //用户名
10          'pass' => '123456',           //密码
11          'charset' => 'utf8',          //字符集
12          'dbname' => 'itcast_shop',    //默认数据库
13      ),
14      'DB_PREFIX' => 'shop_',           //数据库表前缀
15  );
```

经过上述修改后，可以在项目中通过"C('DB_CONIG')"来获取数据库配置信息。接下来修改数据库操作类"MySQLPDO.class.php"，实现从配置文件中读取配置信息，具体代码如下。

```
1   <?php
2   class MySQLPDO {
3       //……
4       //连接目标服务器
5       private static function _connect(){
6           $config = C('DB_CONFIG'); //获取项目的数据库配置信息
7           //准备 PDO 的 DSN 连接信息
8           $dsn = "{$config['db']}:host={$config['host']};port={$config['port']};
            dbname={$config['dbname']};charset={$config['charset']}";
9           try{   //连接数据库
10              self::$db = new PDO($dsn,$config['user'],$config['pass']);
```

```
11          }catch (PDOException $e){
12              E('数据库连接失败：'.$e->getMessage()); //输出错误并停止
13          }
14      }
15      //……
16  }
```

在上述代码中，第 6 行将从全局变量获取设置的方式改为通过 C()函数来获取；第 12 行当程序发生错误时，通过 E()函数输出错误信息并停止程序。

（4）控制器基础类

在项目中，由于每一个模块都是一个控制器，多个控制器之间必然会有一些公共的代码，因此可以创建一个基础的控制器类，将公共的基础代码抽取出来。接下来在框架类库目录"framework\library"中创建控制器基础类"Controller.class.php"文件，编写代码如下。

```
1   <?php
2   //基础控制器
3   class Controller{
4       //方法不存在时报错退出
5       public function __call($name,$args){
6           E('您访问的操作不存在！');
7       }
8       //重定向
9       protected function redirect($url){
10          header("Location:$url");
11          exit;
12      }
13  }
```

上述代码在基础控制器类中添加了__call()魔术方法与 redirect()重定向方法。当调用控制器对象中无法访问或不存在的方法时，就会自动执行__call()方法。该方法会提示用户"您访问的操作不存在！"。redirect()方法主要用于页面跳转，通过参数$url 可以指定要跳转的目标地址。

在创建基础控制器类之后，各功能模块的控制器类都需要继承基础模型类，示例代码如下。

```
1   <?php
2   //分类控制器，继承基础控制器
3   class CategoryController extends Controller {
4       //……
5   }
```

（5）模型基础类

在项目中，每个数据表都对应一个模型，多个模型之间会有一些公共代码，可以通过基础模型类抽取这些公共代码。接下来，在框架类库目录"framework\library"中创建模型基础类"Model.class.php"文件，编写代码如下。

```
1   <?php
2   //基础模型类，继承数据库操作类
3   //模型中访问数据：$this->data['xxx'] ，控制器中访问数据：$Model->xxx
4   class Model extends MySQLPDO {
5       //通过模型对象取出数据
6       public function __get($name){
7           return isset($this->data[$name]) ? $this->data[$name] : null;
8       }
9       //通过模型对象赋值数据
10      public function __set($name,$value){
11          $this->data[$name] = $value;
12      }
13  }
```

上述代码在类中定义了__get()和__set()两个魔术方法，用于操作不存在或无法访问的成员属性。经过这两个魔术方法的处理后，如果要求所有的模型类都不允许出现访问权限为"public"的成员属性，就可以在控制器中直接访问模型对象的成员属性来访问数据。这种方式可以使程序代码更加快捷和直观。

在创建模型类之后，各数据表的模型类都需要继承基础模型类，示例代码如下。

```
1   <?php
2   //商品分类表的模型类，继承基础模型类
3   class CategoryModel extends Model {
4       //……
5   }
```

4. 强化模型类

在开发项目时，通常会有大量的数据库操作。为了避免重复的代码书写，可以将一些常见的功能代码抽取出来，提高开发效率。接下来修改基础模型类"framework\library\Model.class.php"，具体代码如下。

```
1   <?php
2   class Model extends MySQLPDO{
3       protected $table = '';   //保存本模型操作的数据表名
4       public function __construct($table=false){
5           parent::__construct();
6           $this->table = $table ? C('DB_PREFIX').$table : '';
7       }
8       //通过模型对象取出数据、赋值数据
9       //……
10      //执行 SQL-查询操作
```

```php
11      public function query($sql,$batch=false){
12          //SQL 语句模板语法替换（用于自动添加表前缀）
13          $prefix = C('DB_PREFIX');
14          $sql = preg_replace_callback('/__([A-Z0-9_-]+)__/sU',
15          function($match) use($prefix){
16              return '`'.$prefix.strtolower($match[1]).'`';
17          }, $sql);
18          //调用数据库操作类执行 SQL
19          return parent::query($sql,$batch);
20      }
21      //执行 SQL-写操作（返回受影响的行数）
22      public function exec($sql,$batch=false){
23          return $this->query($sql,$batch)->rowCount();
24      }
25      //自动化插入（支持批量插入）
26      public function add($batch=false){
27          //获取所有字段
28          $fields = $batch ? array_keys($this->data[0]) : array_keys($this->data);
29          //拼接 SQL 语句
30          $sql = "insert into `$this->table` (`".implode('`,`',$fields)."`)
                  values (:".implode(',:',$fields).")';
31          //调用数据库操作类执行 SQL，成功时返回最后插入的 ID，失败时返回 false
32          return parent::query($sql,$batch) ? $this->lastInsertId() : false;
33      }
34      //修改数据（参数$key 用于指定 where 查找的字段）
35      public function save($key='id'){
36          //获取所有字段，排除查找的字段，拼接 SQL 语句
37          $fields = array_keys($this->data);
38          unset($fields[$key]);
39          $each = array();
40          foreach($fields as $v){ $each[] = "`$v`=:$v"; }
41          $sql = "update `$this->table` set ".implode(',',$each)." where `$key`=:$key";
42          //执行 SQL
43          return $this->exec($sql);
44      }
45      //根据某个字段检查记录是否存在
46      public function exists($field,$value){
47          return (bool)$this->data(array($field=>$value))->fetchRow("select 1 from
     `$this->table` where `$field`=:$field");
48      }
49  }
```

上述代码实现了"为 SQL 语句自动添加表前缀""自动化插入数据""自动化修改数据"以及"检查记录是否存在"等方法。在 query()方法中进行 SQL 语句模板语法替换时，使用了基于回调函数的正则表达式替换函数，表示将正则表达式"/__([A-Z0-9_-]+)__/sU"的匹配结果按照回调函数的返回值进行替换。该正则表达式用于匹配以"__"开始和结束，中间只有一个或多个位于"A～Z、0～9、下划线"范围内的内容。

由于基础模型类本身并不知道待操作的数据表的名称，因此可以通过实例化传参的方式来设置表的名称。接下来在"framework\function.php"函数库文件中定义专门用于实例化模型类的方法，实现表名的参数传递，具体代码如下。

```
1    //实例化模型
2    function D($name){
3        static $Model = array();
4        $name = strtolower($name);          //统一转换为小写
5        if(!isset($Model[$name])){          //单例模式
6            $model_name = $name.'Model';
7            $Model[$name] = new $model_name($name);
8        }
9        return $Model[$name];
10   }
11   //实例化基类模型
12   function M($name=''){
13       static $Model = array();
14       $name = strtolower($name);          //统一转换为小写
15       if(!isset($Model[$name])){          //单例模式
16           $Model[$name] = new Model($name);
17       }
18       return $Model[$name];
19   }
```

上述代码定义了两种实例化模型的函数，其中 D()函数用于实例化已经定义好的模型类，M()函数用于实例化基础模型类。在调用函数时，可以传递数据表的名称作为参数，从而让基础模型类获知待操作的表名称。

在强化了基础模型类的功能后，下面给出一些示例代码，演示这些功能的使用。

```
//实例化模型类
$Category = M('category');
//查询分类数据
$data = $Category->fetchAll('select * from __CATEGORY__');
//判断某个分类是否存在
if($Category->exists('name', 'phone')){
    echo '分类名称  phone  已经存在！ ';
}
//自动插入一条分类数据
$Category->data(array('name'=>'books', 'pid'=>0))->add();
```

```
//自动插入多条分类数据
$Category->data(array(
    array('name'=>'computer', 'pid'=>0),
    array('name'=>'fruits', 'pid'=>0)
))->add(true);
//自动修改 id 为 1 的分类的名称为 foods
$Category->data(array('id'=>1, 'name'=>'foods'))->save();
```

从上述代码中可以看出，通过强化的模型类可以完成常见的数据库操作，甚至不需要为表单独创建模型类文件。在 SQL 语句中书写表名时，模型类会自动将"__CATEGORY__"转换为拼接前缀的真实表名"shop_category"，通过这种方式可以使开发者在编写 SQL 语句时无须考虑表前缀的问题。

任务三　商城后台开发

1. 后台管理员模块

后台管理员是登录商城后台进行管理的人员。出于安全方面考虑，在其登录商城后台时需要进行登录验证。接下来对后台管理员模块进行开发，具体步骤如下。

（1）为 shop_admin 表添加管理员数据。

假设管理员的用户名为"admin"，密码为"123456"，密钥（salt）为"ItcAst"，通过如下 SQL 语句可以为项目添加管理员数据。

```
insert into shop_admin (id, username, password, salt) values
(1, 'admin', md5(concat(md5('123456'), 'ItcAst')), 'ItcAst');
```

在上述 SQL 语句中，密码字段中的 concat() 用于连接两个字符串。此处的密码加密方式相当于 PHP 中的 md5(md5($password). $salt) 算法。其中 salt 字段用于提升密码安全，读者可以随意设置 salt 的值。

（2）创建 login 控制器，实现管理员登录、退出和验证码功能。

创建文件"app\admin\controller\LoginController.class.php"，具体代码如下。

```php
1    <?php
2    //后台管理员登录
3    class LoginController extends Controller{
4        //显示登录页面
5        public function indexAction(){
6            require ACTION_VIEW;
7        }
8        //显示验证码
9        public function captchaAction(){
10           $Captcha = new Captcha();
11           $Captcha->create();
12       }
```

```
13      //退出登录
14      public function logoutAction(){
15          unset($_SESSION['admin']);
16          empty($_SESSION) && session_destroy();
17          $this->redirect('/?p=admin&c=login');
18      }
19  }
```

上述代码在 login 控制器中定义了显示登录页面、显示验证码和退出登录的方法。在显示验证码时，实例化了 captcha() 验证码类。该类用于生成验证码，并输出验证码图片。读者可以通过本书配套源代码获取 captcha 验证码类的源代码。

（3）创建后台用户登录的视图页面，显示用户登录表单。

创建文件"app\admin\view\login\index.html"，其关键位置的代码如下。

```
1   <form method="post" id="loginForm" action="/?p=admin&c=login&a=loginExec">
2      用户名：<input type="text" name="username" required />
3      密　码：<input type="password" name="password" required />
4      验证码：<input type="text" name="captcha" required />
5      <img src="/?p=admin&c=login&a=captcha" />
6      <input type="submit" value="登录" />
7   </form>
```

上述代码创建了用户登录表单，表单中有 username、password、captcha 三个字段，验证码的图像地址通过访问 login 控制器 captcha 方法获取。在浏览器中访问后台管理员登录页面，运行效果如图 8-12 所示。

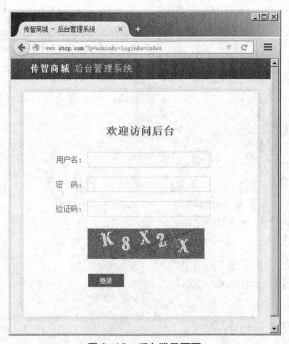

图 8-12　后台登录页面

（4）在项目中为 Ajax 请求提供 JSON 格式的返回信息。

修改文件"framework\library\Controller.class.php"，在类中添加返回 JSON 信息的方法，代码如下。

```php
1    <?php
2    class Controller{
3        //……
4        //Ajax-返回成功的 JSON 信息
5        protected function success($msg='',$target=''){
6            $this->ajaxReturn(array('ok'=>true,'msg'=>$msg,'target'=>$target));
7        }
8        //Ajax-返回失败的 JSON 信息
9        protected function error($msg='',$target=''){
10           $this->ajaxReturn(array('ok'=>false,'msg'=>$msg,'target'=>$target));
11       }
12       //Ajax-返回 JSON 信息
13       protected function ajaxReturn($data){
14           exit(json_encode($data));
15       }
16   }
```

添加上述方法后，如果 PHP 处理 Ajax 请求成功，就可以调用 success()方法返回成功信息；如果处理失败，可以调用 error()方法返回失败信息。success()和 error()方法的参数$msg 表示返回给浏览器端的提示信息，参数$target 表示需要跳转的目标地址。

（5）在项目中引入 jQuery，实现表单自动使用 Ajax 提交。

将 jQuery 放入项目的"public\common"目录中，然后在页面中引入 jQuery。为了加快开发效率，可以扩充 jQuery 的功能，实现自动收集表单数据并通过 Ajax 提交表单。接下来创建文件"public\common\ajaxForm.js"，编写代码如下。

```javascript
1    //Ajax 表单提交
2    (function($){
3        $.fn.ajaxForm = function(callback){
4            var thisObj = this;
5            thisObj.submit(function(e){
6                e.preventDefault();          //阻止表单默认提交动作
7                var data = thisObj.serialize();   //获取表单数据
8                $.ajaxPostData(thisObj.attr("action"),data,callback);
9            });
10       };
11       //Ajax 提交数据并自动处理
12       $.ajaxPostData = function(url,data,callback){
13           $.post(url,data,function(data){
```

```
14              //执行跳转
15              if(data.target!==""){location.href=data.target;}
16              //执行回调函数
17              if(callback!==undefined){callback(data);}
18              //显示信息提示
19              if (data.msg!==""){$.showTip(data.msg);}
20          },"JSON");
21      };
22      //显示提示
23      $.showTip = function(msg){
24          $(".tip").remove();                        //如果已经显示，则移除
25          var $obj = $('<div class="tip"><div class="tip-wrap">'+msg+'</div></div>');
26          $("body").append($obj);
27          //在屏幕中央显示
28          $obj.css("margin-left","-"+($obj.width()/2)+"px");
29          $obj.css("margin-top","-"+($obj.height()/2)+"px");
30          //单击后隐藏
31          $("body").one("click",function(){
32              $obj.fadeOut(200,function(){        //以淡出动画效果隐藏
33                  $obj.remove();                  //彻底隐藏后移除元素
34              });
35          });
36      };
37  })(jQuery);
```

在上述代码中，jQuery 为表单提供了自动收集表单数据的 serialize()方法。通过该方法可以实现自动收集表单数据。当需要在 Ajax 请求发送完成后继续执行其他操作时，可以通过回调函数的方式，在 Ajax 发送完成后自动调用函数。为了显示 Ajax 表单提交后的结果，上述第 24 行代码定义了显示提示的功能。通过该功能可以自动在页面中心显示一个提示信息条。关于信息条的 CSS 样式，请参考本书的配套源代码。

（6）为用户登录的表单添加 Ajax 表单提交功能。

编辑文件 "app\admin\view\login\index.html"，在页面中引入 "ajaxForm.js"，并在表单的后面添加如下代码。

```
1  <script>
2  //验证码单击刷新
3  $(function(){
4      var $img = $("#captcha");
5      var src = $img.attr("src")+"&_=";
6      $img.click(function(){
7          $img.attr("src",src+Math.random()); //添加随机数，防止浏览器缓存图片
8      });
```

```
9    });
10   //Ajax 表单提交
11   $("#loginForm").ajaxForm(function(data){
12       //登录失败，刷新验证码
13       data.ok || $("#captcha").click();
14   });
15   </script>
```

上述代码为表单添加了 Ajax 提交功能，并实现了验证码的单击刷新。需要注意的是，需要为验证码的 img 标签中添加 id，jQuery 选择器才可以找到它，参考代码如下。

```
<img src="/?p=admin&c=login&a=captcha" id="captcha" title="点击刷新验证码"/>
```

（7）在 login 控制器中添加处理登录表单的方法，实现用户登录。

编辑文件"app\admin\controller\LoginController.class.php"，新增代码如下。

```
1    //验证登录表单
2    public function loginExecAction(){
3        if(!$this->_checkCaptcha($_POST['captcha'])){
4            $this->error('登录失败，验证码输入有误');
5        }
6        //判断用户名和密码
7        $data = D('admin')->checkLogin($_POST['username'],$_POST['password']);
8        $data || $this->error('登录失败，用户名或密码错误');
9        //登录成功
10       $_SESSION['admin'] = $data;
11       $this->success('','/?p=admin');
12   }
13   //判断验证码
14   private function _checkCaptcha($captcha){
15       $Captcha = new Captcha();
16       return $Captcha->verify($captcha);
17   }
```

上述代码实现了验证码的判断和用户的登录，在判断用户名和密码时调用了模型类的 checkLogin()方法，该方法将在下一步进行实现。在接收表单时，这里没有进行过滤和验证。本书后面会针对输入过滤和表单验证进行专门的讲解。

（8）为管理员表创建管理员模型，实现判断用户登录信息的方法。

创建文件"app\admin\model\AdminModel.class.php"，编写代码如下。

```
1    <?php
2    //后台管理员模型
3    class AdminModel extends Model{
4        //验证用于登录的用户名和密码
```

```
5       public function checkLogin($username,$password){
6           $this->data['username'] = $username;
7           $data = $this->fetchRow('select `id`,`username`,`password`,`salt` from
                __ADMIN__ where `username`=:username');
8           if($data && $data['password']==password($password,$data['salt'])){
9               return array('id'=>$data['id'],'name'=>$data['username']);
10          }
11          return false;
12      }
13  }
```

在上述代码中，第 7 行用于根据用户名到数据库中查询数据。当返回数据时，说明用户名存在，再验证密码。由于数据库中存储管理员密码时进行了 md5 单向加密，因此需要对用户输入的密码进行同样的处理后再进行密码比对。接下来在 "framework\function.php" 函数库中添加用户密码加密的函数，代码如下。

```
1   //密码加密
2   function password($password,$salt){
3       return md5(md5($password).$salt);
4   }
```

至此，后台管理员登录的功能已经开发完成。当用户成功登录时，就会向 session 中保存信息并跳转到后台首页（admin 平台 index 控制器 index 方法），如果登录失败，则显示错误信息。接下来，还需要在其他控制器中验证用户是否登录。下面继续实现用户是否登录的验证。

（9）为后台创建公共控制器，实现自动检查用户是否登录。

创建文件 "app\admin\controller\CommonController.class.php"，编写代码如下。

```
1   <?php
2   //后台公共控制器
3   class CommonController extends Controller{
4       protected $user = array();     //保存用户信息
5       public function __construct(){
6           parent::__construct();
7           $this->_checkLogin();     //检查用户是否登录
8       }
9       private function _checkLogin(){
10          if(isset($_SESSION['admin'])){
11              $this->user = $_SESSION['admin'];
12          }else{
13              $this->redirect('/?p=admin&c=login');
14          }
```

```
15      }
16 }
```

上述代码在控制器实例化时调用_checkLogin()方法判断用户是否登录。如果$_SESSION 数组中存在 admin 元素，说明用户已经登录，否则跳转到 admin 平台 login 控制器 index 方法提示用户登录。

（10）创建后台首页控制器，实现后台首页功能。

当用户登录成功后，就会跳转到后台首页。网站的后台首页一般显示网站的基本信息、服务器环境等。因篇幅有限，这里不再进行代码展示，读者可通过本书配套源代码获取这部分内容。传智商城后台首页的运行效果如图 8-13 所示。

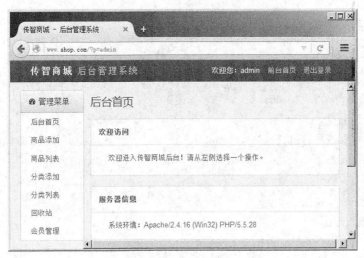

图 8-13　后台首页

2.商品分类模块

商品分类模块主要用于管理商品的分类，可以对商品分类进行添加、修改、删除，以及添加子分类。下面就对商品分类模块的实现进行详细讲解。

（1）在分类控制器中实现查看分类的功能。

编辑文件"app\admin\controller\CategoryController.class.php"，修改代码如下。

```
1    //查看所有的分类
2    public function indexAction(){
3        $data = D('category')->getData('_tree');  //查询分类数据
4        require ACTION_VIEW;              //显示视图
5    }
```

上述代码通过调用分类模型中的 getData()方法获取数据，该方法的参数"_tree"表示获取树形结构的数据。第 4 行载入了视图文件，在视图中将会输出$data。

（2）在分类模型类中实现 getData()方法和"_tree"格式数据的处理方法。

编辑文件"app\admin\controller\CategoryModel.class.php"，修改代码如下。

```
1    //查询分类数据
2    public function getData($callback=false){
```

```
3        static $data = null; //缓存数据库数据
4        $data || $data = $this->fetchAll('select * from __CATEGORY__');
5        //根据回调函数处理返回的数据
6        return $callback ? $this->$callback($data) : $data;
7    }
8    /**
9     * 查询树状数据
10    * @param array $arr 给定数据
11    * @param int $pid 指定从哪个节点开始找
12    * @return array 构造好的数组
13    */
14   private function _tree($arr,$pid=0,$level=0){
15       static $tree = array();
16       foreach($arr as $v){
17           if($v['pid'] == $pid){
18               $v['level'] = $level;                  //保存递归深度
19               $tree[$v['id']] = $v;                  //保存数据，并将 ID 设置为数组下标
20               $this->_tree($arr,$v['id'],$level+1);  //递归调用
21           }
22       }
23       return $tree;
24   }
```

在上述代码中，getData()方法用于查询分类数据并将数据缓存，然后根据$callback 参数传递的函数名进行调用处理。在控制器中为 getData()方法指定了"_tree"参数，因此这里就会调用_tree()方法对数据进行处理。_tree()方法用于将数据库查询出的数据转换为树状格式，以便于输出展示。

（3）创建商品分类视图页面，展示商品分类列表。

编辑文件"app\admin\view\category\index.html"，其关键位置的代码如下。

```
1    <table id="category"><tr><th>分类名称</th><th>操作</th></tr>
2    <?php foreach($data as $v){
3        echo '<tr><td>'.str_repeat('— ',$v['level']).$v['name'].'</td>';
4        echo '<td><a href="/?p=admin&c=category&a=edit&id='.$v['id'].'">修改</a>   ';
5        echo '<a href="#">删除</a></td></tr>';
6    } ?>
7    </table>
```

上述代码通过 foreach 语句输出了$data 数组的内容，第 3 行的 str_repeat()函数用于按照分类的层级在分类名前面填充"—"字符串。

（4）在浏览器中访问商品分类列表页面。

为了测试商品分类列表功能，读者需要先通过 SQL 语句为数据库添加商品分类数据，

然后通过浏览器访问"http://www.shop.com/?p=admin&c=category",其运行效果如图 8-14 所示。

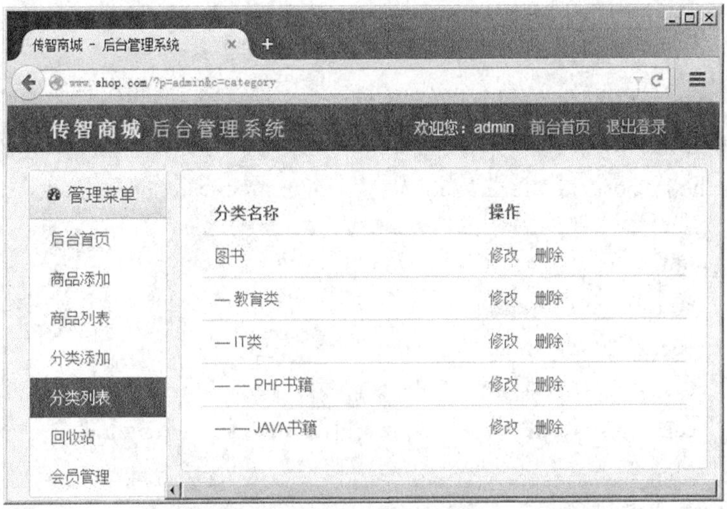

图 8-14　商品分类列表

从图 8-14 中可以看出，"图书"是顶级分类，该分类下有"教育""IT"两个分类，IT 分类下又有"PHP""JAVA"两个分类。子级分类显示在父级分类的下面，并且通过分类名前面的"—"表示层级关系。

（5）继续编写分类控制器，实现分类的添加功能。

编辑文件"app\admin\controller\CategoryController.class.php"，具体代码如下。

```
1   //显示添加分类表单
2   public function addAction(){
3       $id = isset($_GET['id']) ? $_GET['id']: 0;        //默认选中的 ID
4       $data = D('category')->getData('_tree');          //查询分类数据
5       require ACTION_VIEW;                              //显示视图
6   }
7   //执行添加分类操作
8   public function addExecAction(){
9       //接收变量
10      $pid = $_POST['pid'];
11      $name = $_POST['name'];
12      //添加数据
13      $id = M('category')->data(array('pid'=>$pid,'name'=>$name))->add();
14      if(isset($_POST['return'])){
15          $this->success('','/?p=admin&c=category');
16      }else{
17          $this->success('',"/?p=admin&c=category&a=add&id=$pid");
18      }
19  }
```

上述代码分别用于显示添加表单和执行添加操作，GET 参数中的$id 用于设置默认选中的父级分类。当添加成功后，可以根据有无"$_POST['return']"参数进行连续添加或返回列表的操作。

（6）创建分类添加功能的视图页面，展示分类添加表单。

创建文件"app\admin\view\category\add.html"，其关键位置的代码如下。

```
1    <?php if($tip){ echo '添加成功。'; } ?>
2    <form method="post" id="form" action="/?p=admin&c=category&a=addExec">
3        上级分类：<select name="pid">
4            <option value="0">顶级分类</option>
5            <?php foreach($data as $v){
6                echo '<option value="'.$v['id'].'"';
7                if($v['id']==$id){ echo 'selected'; }
8                echo '>'.str_repeat('— ', $v['level']).$v['name'].'</option>';
9            } ?>
10       </select>
11       分类名称：<input type="text" name="name" />
12       <input type="submit" value="添加分类" />
13       <input type="submit" value="添加并返回" id="add_return" />
14   </form>
15   <script>
16       $("#form").ajaxForm();                //Ajax 表单提交
17       $("#add_return").click(function(){ // "添加并返回"按钮的单击事件
18           $("#form").append('<input type="hidden" name="return" value="1" />');
19       });
20   </script>
```

上述代码是分类添加的表单，在添加时可以通过<select>下拉菜单选择新添加分类的上级分类。在实现"添加并返回"按钮时，通过单击事件向表单追加一个隐藏域，从而告知服务器执行后跳转页面。

接下来在浏览器中访问商品分类添加页面，其运行效果如图 8-15 所示。

图 8-15　商品分类添加

（7）继续编写分类控制器，实现分类修改功能。

编辑文件"app\admin\controller\CategoryController.class.php"，添加代码如下。

```
1   //显示分类修改的表单页面
2   public function editAction(){
3       $id = isset($_GET['id']) ? $_GET['id'] : 0; //待修改的分类ID
4       $data = D('category')->getData('_tree');   //查询分类数据
5       isset($data[$id]) || E('您修改的分类不存在');
6       require ACTION_VIEW;                //显示视图
7   }
8   //执行分类修改操作
9   public function editExecAction(){
10      $id = $_POST['id'];                 //接收待修改的分类ID
11      $pid = $_POST['pid'];               //接收修改后的上级分类ID
12      $name = $_POST['name'];             //接收修改后的分类名称
13      $Category = D('category');          //创建分类模型
14      //验证上级分类ID是否合法
15      if(in_array($pid,$Category->getSubIds($id))){
16          $this->error('修改失败：不允许将父分类修改为自身或子级分类');
17      }
18      //修改数据，返回结果
19      $Category->data(array('id'=>$id,'name'=>$name,'pid'=>$pid))->save();
20      if(isset($_POST['return'])){
21          $this->success('','/?p=admin&c=category');
22      }else{
23          $this->success('',"/?p=admin&c=category&a=edit&id=$id");
24      }
25  }
```

在上述代码中，第15~17行用于检查上级分类是否合法。合法是指当修改分类的上级分类时，如果上级分类的ID是该分类本身或该分类的子级分类，那么数据将会出错。在第15行代码中，分类模型的getSubIds方法用于查询某一分类ID的所有自己分类，返回的数组结果中包含本身的ID。

（8）继续编写商品分类模型类，实现getSubIds()方法。

编辑文件"app\admin\model\CategoryModel.class.php"，具体代码如下。

```
1   //查找所有子孙分类ID（返回结果中包含自身ID）
2   public function getSubIds($pid){
3       $data = $this->_tree($this->getData(),$pid);
4       $result = array($pid); //把自身放入数组
5       foreach ($data as $v){
6           $result[] = $v['id'];
```

```
7        }
8        return $result;
9    }
```

从上述代码中可以看出，在向子级查找分类时，调用_tree()方法并在第 2 个参数中传入自身 ID 即可。

（9）创建分类修改功能的视图页面，展示分类修改表单。

创建文件"app\admin\view\category\edit.html"，其关键位置的代码如下。

```
1    <form method="post" id="form" action="/?p=admin&c=category&a=editExec">
2        上级分类: <select name="pid">
3        <option value="0">顶级分类</option>
4        <?php foreach($data as $v){
5            echo '<option value="'.$v['id'].'"';
6            if($v['id']==$data[$id]['pid']){ echo 'selected'; }
7            echo '>'.str_repeat('— ', $v['level']).$v['name'].'</option>';
8        } ?>
9        </select>
10       分类名称: <input type="text" name="name" value="<?=$data[$id]['name']?>" />
11       <input type="hidden" name="id" value="<?=$id?>" />
12       <input type="submit" value="修改分类" />
13       <input type="submit" value="修改并返回" id="edit_return" />
14   </form>
15   <script>
16       $("#form").ajaxForm();              //Ajax 表单提交
17       $("#edit_return").click(function(){  //添加并返回按钮
18           $("#form").append('<input type="hidden" name="return" value="1" />');
19       });
20   </script>
```

从上述代码中可以看出，分类修改页面与分类添加页面相似，在修改页面中需要展示分类现有的数据到表单中。

（10）继续编写分类控制器，实现分类的删除功能。

编辑文件"app\admin\controller\CategoryController.class.php"，具体代码如下。

```
1    //分类删除
2    public function delExecAction(){
3        $id = $_POST['id'];
4        $Category = D('category');
5        //只允许删除最底层分类
6        if($Category->exists('pid',$id)){
7            $this->error('删除失败，只允许删除最底层分类。');
8        }
```

```
9        //将该分类下的商品设为未分类
10       M('goods')->data(array('id'=>$id,'category_id'=>0))->save();
11       //删除分类
12       $Category->delById($id);
13       $this->success();
14    }
```

在上述代码中，第 6～8 行用于判断待删除的商品是否为最底层分类，防止中间层的分类被删除后产生断层。第 10 行代码用于将该分类下的商品的分类 ID 修改为 0，表示未分类。

（11）修改商品分类列表页面，实现单击"删除"链接执行 Ajax 请求的功能。

编辑文件"app\admin\view\category\index.html"，为"删除"添加 data-id 属性，代码如下。

```
echo '<a href="#" class="act-del" data-id="'.$v['id'].'" >删除</a></td></tr>';
```

接下来，通过 jQuery 为 class 属性值为 act-del 的"删除"链接添加单击事件，实现单击发送 Ajax 请求，代码如下。

```
1     <script>
2     $(".act-del").click(function(){
3         if(!confirm("您确定删除这条分类？")){
4             return false;
5         }
6         var id = $(this).attr("data-id");
7         $.ajaxPostData("/?p=admin&c=category&a=delExec", "id="+id,
8         function(data){                        //回调函数
9             data.ok && location.reload();       //成功后刷新
10        });
11        return false;                           //阻止本身的操作
12    });
13    </script>
```

上述代码通过 ajaxForm.js 中为 jQuery 扩充的$.ajaxPostData()方法实现发送 Ajax 请求并处理结果。第 9 行用于当服务器返回成功信息时，自动刷新页面。

（12）在浏览器中访问分类列表页面，测试分类删除功能。

通过浏览器访问"http://www.shop.com/$p=admin&c=category"，然后选择某个分类进行删除，测试程序是否执行成功。

3.商品管理模块

商品管理模块用于管理商品，可以对商品进行添加、修改、删除、上下架等操作。接下来针对商品管理模块进行详细讲解。

（1）创建商品控制器，实现商品列表的展示功能。

创建文件"app\admin\controller\GoodsController.class.php"，具体代码如下。

```
1    //商品列表
2    public function indexAction(){
3        $cid = isset($_GET['cid']) ? $_GET['cid'] : -1;      //分类 ID
4        $page = isset($_GET['page']) ? $_GET['page'] : 1;//页码
5        $data = array();
6        //查询分类数据
7        $Category = D('category');
8        $data['category'] = $Category->getData('_tree');
9        //如果分类 ID 大于 0,则取出所有子分类 ID
10       $cids = ($cid>0) ? $Category->getSubIds($cid) : $cid;
11       //获取商品列表
12       $data['goods'] = D('goods')->getData('goods',$cids,$page);
13       //超出页码时自动返回 0
14       if(empty($data['goods']['data']) && $page>1){
15           $this->redirect("/?p=admin&c=goods&a=index&cid=$cid");
16       }
17       require ACTION_VIEW;
18   }
```

在上述代码中,第 8 行代码通过调用分类模型的 getData()方法获取分类数据,第 12 行代码通过调用商品模型的 getData()方法获取商品数据。在获取数据时,通过 cid 参数指定要显示的分类。当 cid 为 1 时,显示分类 ID 为 1 的所有商品及其子分类中的商品;当 cid 为 0 时,只显示未分类的商品;当 cid 为-1 时,显示全部商品。第 3 行代码将 cid 的默认值设置为-1,表示当 cid 参数不存在时,显示全部分类的商品。

(2)创建商品模型类,实现 getData()方法。

创建文件"app\admin\model\GoodsModel.class.php",在类中编写方法如下。

```
1    //获取数据(参数依次为获取类型、所属分类 ID、当前访问的页码)
2    public function getData($type='goods',$cids=0,$page=1){
3        //根据类型准备查询条件
4        if($type=='goods'){                    //商品列表页取数据时
5            $where = "g.recycle='no'";
6        }elseif($type=='recycle'){             //商品回收站取数据时
7            $where = "g.recycle='yes'";
8        }
9        //cids=0,查找未分类商品;cid<0,查找全部商品
10       if($cids == 0){                        //查找未分类的商品
11           $where .= ' and g.category_id = 0';
12       }elseif(is_array($cids)){              //查找分类 ID 数组
13           $where .= ' and g.category_id in('.implode(',',$cids).')';
14       }
15       //获取符合条件的商品总数
```

```
16    $total = $this->fetchColumn('select count(*) from __GOODS__ as g where '.$where);
17    //准备分页查询
18    $Page = new Page($total,10 ,$page);//参数依次为总页数、每页显示条数、当前页码
19    $limit = $Page->getLimit();
20    //查询数据
21    $data = $this->fetchAll("select c.name as category_name,g.category_id, g.id,g.name,g.on_
             sale,g.stock,g.recommend from __GOODS__ as g left join __CATEGORY__ as c on
             c.id=g.category_id where $where order by g.id desc limit $limit");
22    //返回结果
23    return array(
24        'data' => $data,                //商品列表数组
25        'pagelist' => $Page->show(),    //分页链接 HTML
26    );
27  }
```

在上述代码中，第 4～14 行代码用于准备查询条件，其中第 4～8 行代码考虑到了商品列表页和回收站列表页不同的查询条件，第 10～14 行代码根据 cid 的情况组合不同的 where 条件。第 15～19 行代码用于分页查询数据。读者可以通过本书配套源代码获取用于分页的 Page 类。第 21 行代码通过左连接（left join）的方式查询到商品信息和所属分类信息。

（3）创建商品列表视图页面，展示商品列表。

创建文件 "app\admin\view\goods\index.html"，其关键代码如下。

```
1   <table>
2     <tr><th>商品分类</th><th>商品名称</th><th>库存</th><th>上架</th>
3     <th>推荐</th><th>操作</th></tr>
4     <?php foreach($data['goods']['data'] as $v): ?>
5       <tr><td><a href="/?p=admin&c=goods&cid=<?=$v['category_id']?>">
6       <?=$v['category_name'] ? $v['category_name'] : '未分类'?></a></td>
7       <td><?=$v['name']?></td><td><?=$v['stock']?></td>
8       <td><a href="#"><?=($v['on_sale']=='yes')?'是':'否'?></a></td>
9       <td><a href="#"><?=($v['recommend']=='yes')?'是':'否'?></a></td><td>
10        <a href="/?p=admin&c=goods&a=edit&id=<?=$v['id']?>&cid=
          <?=$v['category_id']?>&page=<?=$page?>">修改</a><a href="#">删除</a>
11      </td></tr>
12    <?php endforeach; ?>
13  </table>
14  <div><?=$data['goods']['pagelist']?></div>
```

上述代码实现了将商品数组的循环输出，每个商品的分类名都会显示在列表中，当单击分类时查看该分类下的商品。第 14 行代码输出了商品列表的分页导航链接，当页数超过一页时就会显示。

（4）在浏览器中访问商品列表页面。

通过浏览器访问"http://www.shop.com/?p=admin&c=goods",其运行效果如图 8-16 所示。

图 8-16　商品列表

从图 8-16 中可以看出,商品列表功能成功展示了商品的列表。单击"选择商品分类"下拉列表,可以按照分类查找商品。当没有传递 cid 或 cid 小于 0 时,显示全部商品;当 cid 是 0 时,显示未分类的商品;当 cid 不是最底层分类时,显示该分类及其所有子分类中的商品。

（5）继续编写商品控制器,实现商品的添加功能。

编辑文件"app\admin\controller\GoodsController.class.php",新增代码如下。

```
1    //显示商品添加表单页面
2    public function addAction(){
3        //查询分类数据
4        $data = array();
5        $data['category'] = D('category')->getData('_tree');
6        require ACTION_VIEW;
7    }
8    //执行商品添加操作
9    public function addExecAction(){
10       $data = $_POST;                        //接收表单数据
11       $this->_createThumb($data['thumb']);   //为封面图创建缩略图
12       M('goods')->data($data)->add();        //保存数据
```

```
13      if(isset($_POST['return'])){          //返回处理结果
14          $this->success('','/?p=admin&c=goods&a=index');
15      }else{
16          $this->success('','/?p=admin&c=goods&a=add');
17      }
18  }
19  //为封面图创建缩略图
20  private function _createThumb($file){
21      $path = './public/upload';
22      $small = "$path/small/$file";
23      $file = "$path/$file";
24      //创建缩略图
25      is_file($small) || Image::thumb($file,220,220,$small);
26  }
```

上述代码实现了商品添加的功能，其中"_ceateThumb()"用于为商品封面图创建缩略图。在后面的开发中，商品相关的图片是通过 Ajax 提前进行上传的，因此此处只需接收图片路径，然后为图片创建缩略图即可。在访问图片文件时应注意过滤相对路径".."等危险字符，防止危害项目安全。读者可通过本书配套源代码获取用于生成缩略图的 Image 类。

（6）创建商品添加视图页面，展示商品添加表单。

创建文件"app\admin\view\goods\admin.html"，其关键代码如下。

```
1   <form method="post" action="/?p=admin&c=goods&a=addExec" id="goods">
2   <div class="tab"><i class="curr">商品信息</i><i>商品相册</i><i>商品详情</i></div>
3   <!--商品信息-->
4   <div class="tab-each">
5       商品分类：<select name="category_id">
6       <option value="0">未选择</option>
7       <?php foreach($data['category'] as $v){
8           echo '<option value="'.$v['id'].'">'.
                str_repeat('— ',$v['level']).$v['name'].'</option>';
9       } ?>
10      </select>
11      商品名称：<input type="text" name="name" />
12      商品编号：<input type="text" name="sn" />
13      商品价格：<input type="text" name="price" >
14      商品库存：<input type="text" name="stock" >
15      是否上架：<select name="on_sale"><option value="yes" selected>是</option>
16      <option value="no">否</option></select>
17      首页推荐：</th><td><select name="recommend"><option value="yes">是</option>
18      <option value="no" selected>否</option></select>
19  </div>
```

```
20    <!--商品相册-->
21    <div class="album tab-each">
22    <?php require COMMON_VIEW.'album.html' ?>
23    </div>
24    <!--商品详情-->
25    <div class="editor tab-each">
26        <?php require COMMON_VIEW.'editor.html'; ?>
27        <script type="text/plain" id="myEditor" name="desc">
          <p>请在此处输入商品详情。</p></script>
28    </div>
29    <input type="submit" value="添加商品" />
30    <input type="submit" value="添加并返回" name="return" />
31    </form>
32    <script>
33    $(".tab-each:first").show();          //默认显示第1个TAB栏下的内容
34    $(".tab i").click(function(){         //TAB切换
35        $(".tab-each").hide();
36        $(".tab-each").eq($(this).index()).show();
37        $(".tab i").removeClass("curr");
38        $(this).addClass("curr");
39    });
40    $("#goods").ajaxForm();               //Ajax提交表单
41    </script>
```

上述代码创建了添加商品的表单。其中第22行代码引入了"app\view\common"公共视图目录下的"album.html"商品相册视图文件，在该文件中使用了多文件上传uploadify插件；第26行代码引入了公共视图目录下的"editor.html"编辑器视图文件，该文件用于将umeditor编辑器引入项目中。读者可通过本书配套源代码查看这部分引入文件的代码。

（7）在浏览器中访问商品添加页面。

通过浏览器访问"http://www.shop.com/?p=admin&c=goods&a=add"，其运行效果如图8-17所示。

从图8-17中可以看出，当添加商品时，可以从下拉菜单中选择商品分类。用户可以在该页面编辑商品信息，并可以上传商品相册、编写图文并茂的商品详情。

（8）实现商品修改功能。

在开发商品修改功能时，其基本思路与商品分类修改类似，这里就不再展示代码了。需要注意的是，在商品修改时可以更换商品封面图，如果用户更换了封面图，则需要为新的封面图生成缩略图。

（9）实现商品"删除、上下架、推荐"的快捷修改功能。

在显示商品列表时，商品的上下架状态（是和否）、推荐状态、删除链接都可以做成可单击的快捷修改功能。这三种功能的特点都是修改某一个字段的状态值，因此可以编写一个控制器来实现这种需求。

图 8-17　商品添加页面

编辑文件"app\admin\controller\GoodsController.class.php"，新增代码如下。

```
1    //修改单个字段状态值
2    public function changeExecAction(){
3        $id = $_POST['id'];
4        $name = $_POST['name'];
5        $value = $_POST['value'];
6        $allow_name = array('recycle','on_sale','recommend'); //允许修改的字段
7        if(in_array($name,$allow_name)){            //判断请求的字段是否允许修改
8            D('goods')->change($id,$name,$value);    //修改字段
9            $this->success();
10       }else{
11           $this->error('修改失败，指定字段不允许修改。');
12       }
13   }
```

在上述代码中，第 8 行通过调用商品模型中的 change()方法实现单个字段的修改。接下来编写商品模型，在模型中定义 chang()方法实现具体操作，代码如下。

```
1    //修改指定字段（参数依次为主键 ID 值、待修改字段、修改后的值）
2    public function change($id,$name,$value='yes'){
3        $value=='yes' || $value = 'no'; //排除非法值
```

```
4       $this->data(array('id'=>$id,$name=>$value))->
        exec("update __GOODS__ set `$name`=:$name where `id`=:id");
5    }
```

在完成 PHP 程序的处理后，还需要在页面中通过 JavaScript 发送 Ajax 请求实现具体操作。接下来修改商品列表页面，在输出列表时为每个功能链接添加属性以保存修改参数，修改代码如下。

```
<!-- 是否上架的状态链接 -->
<a href="#" class="act" data-name="on_sale" data-id="<?=$v['id']?>"
data-status="<?=$v['on_sale']?>"><?=($v['on_sale']=='yes')?'是':'否'?></a>
<!-- 是否推荐的状态链接 -->
<a href="#" class="act" data-name="recommend" data-id="<?=$v['id']?>"
data-status="<?=$v['recommend']?>"><?=($v['recommend']=='yes')?'是':'否'?></a>
<!-- 删除的状态链接 -->
<a href="#" class="act" data-name="recycle" data-id="<?=$v['id']?>">删除</a>
```

从上述代码中可以看出，这三处用于快捷修改的链接都添加了 data-name、data-id、data-status 三个属性，分别表示修改的字段、主键 ID 和当前状态值。接下来继续编写该页面，添加 JavaScript 代码实现单击链接发送 Ajax 请求，具体代码如下。

```
1    <script>
2    $(".act").click(function(){
3        var name = $(this).attr("data-name");
4        if(name=="recycle" && !confirm('您确定将该商品删除到回收站吗？')){
5            return false;
6        }
7        $.ajaxPostData("/?p=admin&c=goods&a=changeExec",{
8            "id":$(this).attr("data-id"),
9            "name":name,
10           "value":$(this).attr("data-status")=="yes" ? "no" : "yes"
11       },function(data){
12           data.ok && location.reload(); //完成后刷新
13       }
14   );
15   });
16   </script>
```

在上述代码中，第 4~6 行用于判断待修改的字段是否为 "recycle" 字段，从而在执行删除操作前提示用户是否确认删除。第 7~14 行实现了发送 Ajax 请求，告知 PHP 具体修改的字段和值，其中第 10 行实现了获取原有的状态值后进行反转，从而实现状态值的改变。

4. 回收站模块

在开发商品管理模块时，商品的删除是通过更改 recycle 字段的值实现的。管理员可以通过该字段查看被放入回收站中的商品，并且可以对商品进行恢复或彻底删除等操作。下面讲解回收站模块的功能实现。

（1）查看回收站中的商品。

显示回收站商品列表的功能和商品管理模块显示商品列表的功能类似。在商品模型类中，定义的 getData()方法已经为回收站展示商品取好数据，在控制器中直接调用即可。其代码如下。

```
//获取商品列表
$data['goods'] = D('goods')->getData('recycle',-1,$page);
```

上述代码中，getData()的第 1 个参数表示取出回收站商品列表，第 2 个参数表示取出全部分类下的商品，第 3 个参数是当前页码。

（2）创建商品回收站视图页面，展示回收站商品列表。

商品回收站视图页面与商品列表页面类似，这里就不再展示代码。

（3）在浏览器中访问商品回收站页面。

通过浏览器访问"http://www.shop.com/?p=admin&c=recycle"，其运行效果如图 8-18 所示。

图 8-18　商品回收站

（4）实现商品恢复功能。

商品恢复功能的实现非常简单，将指定 ID 商品的 recycle 字段设置为 no 即可，关键代码如下。

```
1    //恢复商品
2    public function recExecAction(){
3        $id = $_POST['id'];
4        D('goods')->change($id,'recycle','no');
5        $this->success();
6    }
```

（5）实现商品彻底删除功能。

在回收站中执行的删除操作，就是将商品彻底删除。在回收站控制器中接收待删除的商品 ID，然后调用模型执行删除操作，具体代码如下。

```
1    //彻底删除商品
2    public function delExecAction(){
3        $id = $_POST['id'];
4        D('goods')->delete($id);
5        $this->success();
6    }
```

接下来在商品模型中添加 delete()方法，实现根据 ID 删除回收站中的商品记录，具体代码如下。

```
1    //彻底删除商品
2    public function delete($id){
3        $this->data['id'] = $id;
4        $this->exec("delete from __GOODS__ where `id`=:id and `recycle`='yes'");
5    }
```

上述代码中，第 4 行是通过执行 SQL 语句实现数据的删除。考虑到程序的严谨性，在删除时通过 where 条件限制只允许删除已经在回收站中的商品。

动手实践

学习完前面的内容，下面来动手实践一下吧：

在开发项目时，通常会在项目中设置一个调试开关。在开发阶段打开调试，网页中会提示错误信息，方便开发人员及时发现错误。当项目开发完成上线后，关闭调试，网页将不会显示任何错误信息。请为传智商城添加调试开关的功能，通过调试的开关控制 PHP 错误信息的显示与隐藏。

扫描右方二维码，查看动手实践步骤！

PART 9 综合项目 电子商务网站（下）

学习目标

- 掌握分类导航的原理，学会导航菜单功能的实现
- 熟悉会员管理，能够实现会员注册及登录验证功能
- 理解商品筛选原理，能够实现商品属性筛选功能
- 掌握购物车的实现，学会购物车商品的添加与查看

项目描述

上一章中实现了 MVC 框架的搭建，以及传智商城后台的功能开发。本章将围绕电子商务网站前台商品展示、购物以及会员注册登录功能进行详细讲解，同时会注意提高项目安全性，对用户的输入、提交的表单进行严格的验证，防御一些常见的网站攻击。

任务一　项目安全加固

1. 输入过滤

在多数情况下，网站系统的漏洞主要来自于对用户输入内容的检查不严格，所以对输入数据的过滤势在必行。在 PHP 中，来自$\_GET、$_POST、$\_COOKIE 和$_SERVER 等超全局变量的数据都是不可信任的。当 PHP 与 HTML、JavaScript、SQL、文件路径等数据内容配合使用时，如果不对数据进行过滤，就会产生严重的后果，危害网站的安全。

接下来在 "framework" 目录中创建 "function.php" 文件，为接收用户输入数据定义一个统一的函数，具体代码如下。

```
1    //接收变量（参数依次为变量名、接收方法、数据类型、默认值）
2    function I($var,$method='post',$type='text',$def=''){
3        switch($method){
4            case 'get':     $method = &$_GET;     break;
5            case 'post':    $method = &$_POST;    break;
6            case 'cookie': $method = &$_COOKIE; break;
7            case 'server': $method = &$_SERVER; break;
8        }
```

```
9        $value = isset($method[$var]) ? $method[$var] : $def;
10       switch($type){
11           case 'string': //字符串，不进行过滤
12               $value = is_string($value) ? $value : '';
13           break;
14           case 'text': //字符串，进行 HTML 转义
15               $value = is_string($value) ? trim(htmlspecialchars($value)) : '';
16           break;
17           case 'int': //整数
18               $value = (int)$value;
19           break;
20           case 'id': //无符号整数
21               $value = max((int)$value,0);
22           break;
23           case 'float': //浮点数
24               $value = (float)$value;
25           break;
26           case 'bool': //布尔型
27               $value = (bool)$value;
28           break;
29       }
30       return $value;
31   }
```

上述代码定义了一个 I 函数，I 是 input 的缩写，表示接收用户的输入。在接收时，可以指定要接受的字段、接收方法、数据类型和默认值。通过这样严格的过滤，可以将用户输入的数据限制在可控制的范围内。

在定义好 I 函数后，应对项目中所有接收用户输入的代码换成 I 函数来接收。下面演示一些 I 函数的常见用法，示例代码如下。

```
//接收$_POST['id']，要求 id 是一个不小于 0 的整数
$id = I('id', 'post', 'id');
//接收$_GET['num']，要求 num 是一个整数，当省略时默认值为 0
$num = I('num', 'get', 'int', 0);
//接收$_POST['title']，必须是字符串类型，过滤 HTML 标记和前后空白内容
$title = I('title', 'post', 'text');
//接收$_POST['desc']，必须是字符串类型，不进行任何过滤
$desc = I('desc', 'post', 'string');
//接收$_POST['cids']，cids 是一个数组，不进行任何过滤
$cids = I('cid', 'post', 'array');
```

从上述代码中可以看出，通过 I 函数可以很方便地接收数据，并且可以防止用户填写一

些非法数据。

在项目开发时，还应阻止用户上传可被服务器执行的文件，如扩展名为".php"的文件；在访问文件时，应阻止用户使用相对路径（如"../"）导致 PHP 到上级目录中读取文件；不要将来自用户输入的数据保存到".php"后缀的文件中。总之，项目开发的安全原则就是不信任一切来自外部的数据，当需要使用这些数据时，一定要做好严谨的验证处理，防止绕过验证的情况发生。

2. 表单验证

表单验证分为浏览器端验证和服务器端验证。浏览器端的表单验证可以增强用户体验，减轻服务器端的负担；而服务器端的验证是为了保证最终数据的合法性。对于服务器而言，并不知道来源的数据是否已经经过浏览器端的验证，因为任何程序都可以通过 HTTP 协议向服务器发送数据，因此服务器端的表单验证是必需的。

接下来以后台的商品添加功能为例，讲解如何在项目中实现表单数据的验证。编辑文件"app\admin\controller\GoodsController.class.php"，添加代码如下。

```
1    //接收表单并进行验证
2    private function _input($name){
3        switch($name){
4            case 'category_id': //分类 ID
5                $value = I('category_id','post','id');
6                break;
7            case 'name': //商品名称
8                $value = I('name','post','text');
9                ($value=="" || isset($value[40])) &&
                 $this->error('商品名称不合法（1~40 个字符）。');
10               break;
11           case 'sn': //商品编号
12               $value = I('sn','post','text');
13               preg_match('/^[0-9A-Za-z]{1,10}$/',$value) ||
                 $this->error('商品编号不合法（1~10 个字符）。');
14               break;
15           case 'price': //商品价格
16               $value = I('price','post','float');
17               ($value<0.01 || $value>100000) &&
                 $this->error('商品价格输入不合法（0.01~100000）');
18               break;
19           case 'stock': //商品库存
20               $value = I('stock','post','int');
21               ($value<0 || $value>900000) && $this->error('商品库存输入不合法（0~
900000）');
22               break;
23           case 'on_sale': //商品上架
```

```
24          $value = I('on_sale','post','text');
25          in_array($value,array('yes','no')) || $this->error('商品上架字段填写错误');
26          break;
27      case 'recommend': //商品推荐
28          $value = I('recommend','post','text');
29          in_array($value,array('yes','no')) || $this->error('商品推荐字段填写错误');
30          break;
31      case 'desc': //商品描述
32          $value = I('desc','post','string');
33          $value = HTMLPurifier($value); //富文本过滤
34              isset($value[65535]) && $this->error('商品描述内容过多');
35          break;
36      case 'album': //商品相册
37          $value = I('album','post','');
38          $value = htmlspecialchars(is_array($value) ? implode('|',$value) : '');
39          isset($value[65535]) && $this->error('商品相册内容过多');
40          break;
41      case 'thumb': //商品封面图
42          $value = I('thumb','post','text');
43          isset($value[65535]) && $this->error('商品封面图内容过多');
44          break;
45      }
46      return $value;
47  }
```

在上述代码中，对数据的验证主要包括长度范围验证、大小范围验证、正则表达式验证。其中针对商品描述调用 HTMLPurifier 函数进行了富文本过滤，读者可通过本书配套源代码查看相关内容。

在定义好用于接收并验证数据的方法后，接下来在商品添加操作的方法中使用，代码如下。

```
1   public function addExecAction(){
2       $fields = array('category_id','name','sn','price','stock','on_sale',
        'recommend','desc','album','thumb');
3       $data = array();
4       foreach($fields as $v){
5           $data[$v] = $this->_input($v);   //接收表单数据
6       }
7       //……
8   }
```

经过上述代码的处理后，$data 数组中保存的就是经过过滤和验证后的数据结果。

3. 防御 SQL 注入

SQL 注入是网站开发中常见的安全漏洞之一，其产生的原因是开发人员未对用户输入的数据进行过滤就拼接到 SQL 语句中执行，导致用户输入的一些特殊字符破坏了原有 SQL 语句的逻辑，造成数据被泄露、篡改、删除等危险的后果。

在本项目中，操作数据库使用了 PDO 扩展，并且通过 PDO 的预处理机制将 SQL 语句和数据分离，从本质上避免了 SQL 注入问题的发生。需要注意的是，如果开发人员仍然使用拼接 SQL 语句的方式，则 SQL 注入问题依然会发生，如下列代码所示。

```
//下列代码存在 SQL 注入问题
$name = $_POST['name'];
M()->query("select * from __ADMIN__ where `name`='$name'");
```

上述代码将来自外部的 name 数据直接拼接到 SQL 语句中，如果用户输入单引号，则会将原有 SQL 语句中的单引号闭合，然后用户就可以将自己输入的内容当成 SQL 执行，如下所示。

```
//假设用户输入 " ' onclick='alert(document.cookie) "，输出结果为
<input type='text' value=" onclick='alert(document.cookie)' />
```

将用户输入的攻击代码拼接到 SQL 语句后，原有的逻辑就被破坏了，此时通过 or 条件查询出 admin 表中所有的记录，这就造成了数据的泄露。

接下来改进上述代码，先通过 data() 方法传递数据，再传递 SQL 语句模板，如下所示。

```
//解决 SQL 注入问题
$data = array('name' => $_POST['name']);
M()->data($data)->query('select * from __ADMIN__ where `name`=:name');
```

经过上述修改后，即可防御 SQL 注入的问题。

4. 防御 XSS 攻击

XSS（Cross Site Scripting，跨站脚本攻击）产生的原因是将来自用户输入的数据未经过滤就拼接到 HTML 页面中，造成攻击者可以输入 JavaScript 代码来盗取网站用户 Cookie。由于 Cookie 在网站中承载着保存用户登录信息的作用，一旦 Cookie 被盗取，攻击者就得到了受害用户登录后的权限，造成一系列危险的后果。

在防御 XSS 攻击时，对于普通的文本数据，使用 htmlspecialchars() 是最好的方法。该函数可以转义字符串中的双引号、尖括号等特殊字符，但需要注意的是，默认情况下，单引号不会被转义。例如，以下代码存在 XSS 漏洞。

```
//接收来自用户输入的数据
$name = htmlspecialchars($_POST['name']);
//拼接到 HTML 中
echo "<input type='text' value='$name' />";
```

在上述代码中，由于用户可以输入单引号，因此可以通过单引号闭合原有的 value 属性，然后在后面可以添加事件属性如 onclick，通过这种方式来注入 JavaScript 代码，如下所示。

```
//假设用户输入 "' onclick='alert("test")"，输出结果为
<input type='text' value=" onclick='alert("test")' />
```

当上述代码被浏览器执行后，攻击者注入的 JavaScript 代码就会运行，这将威胁网站和用户的安全。

由于 XSS 攻击的主要目的是盗取 Cookie，可以为项目中最关键的 PHPSESSID 这个 Cookie 设置 HttpOnly 属性。通过该属性可以阻止 JavaScript 访问该 Cookie。接下来在项目配置文件中添加是否设置 HttpOnly 的配置项，编辑文件"app\common\config.php"，新增代码如下。

```php
1    <?php
2    return array(
3        //……
4        //保存在 Cookie 中的 PHPSESSID 是否使用 HttpOnly
5        'PHPSESSID_HTTPONLY' => true,
6    );
```

然后在框架的初始化方法中设置 HttpOnly。编辑文件"framwork\Framework.class.php"，新增代码如下。

```php
1    private static function init(){
2        //……
3        //设置 HttpOnly
4        C('PHPSESSID_HTTPONLY') && ini_set('session.cookie_httponly', 1);
5        //开启 session
6        session_start();
7    }
```

上述代码在开启 Session 前通过 ini_set() 函数动态修改 PHP 的环境配置，此修改只对本项目的运行周期内有效，并不影响"php.ini"中的原有设置。

任务二　前台模块开发

1. 前台首页模块

前台首页模块就是网站的首页。在传智商城项目中，网站的首页效果如图 9-1 所示。

从图 9-1 中可以看出，商城首页共分为顶部菜单、主导航、商品分类列表、焦点图、新闻动态、精品推荐等模块。接下来针对其中最具有代表性的商品分类列表和精品推荐功能进行讲解。

（1）编辑前台首页控制器，取出用于首页显示的数据。

编辑文件"app\home\controller\IndexController.class.php"，具体代码如下。

```php
1    <?php
2    //前台首页控制器
3    class IndexController extends CommonController{
4        //显示前台首页
5        public function indexAction(){
```

```
6        $data = array();
7        //获得分类列表
8        $data['category'] = D('category')->getData('_childList');
9        //查询推荐商品
10       $data['best'] = D('goods')->getBest();
11       //视图
12       $this->title = '传智商城首页';
13       require ACTION_VIEW;
14    }
15  }
```

图 9-1　传智商城首页

在上述代码中，第 8 行通过调用分类模型的 getData()方法获取分类列表，第 10 行用于取出在首页的"精品推荐"中显示的推荐商品。该控制器还继承了前台的公共控制器"Common Controller.class.php"，参考后台公共控制器创建即可。

（2）创建前台分类模型，实现 getData()和_childList()方法。

创建文件 app\home\model\CategoryModel.class.php，具体代码如下。

```
1   <?php
2   class CategoryModel extends Model{
3       //查询分类数据
4       public function getData($callback=false){
5           //与后台分类模型的 getData()方法代码相同
```

```
6           //……
7       }
8       //查询多维数组
9       private function _childList($arr,$pid=0){
10          $list = array();
11          foreach ($arr as $v){
12              if ($v['pid'] == $pid){
13                  $child = $this->_childList($arr,$v['id']);
14                  $v['child'] = $child;
15                  $list[] = $v;
16              }
17          }
18          return $list;
19      }
20  }
```

在上述代码中，_childList()函数用于将从数据库查询出的数组转换为多维数组的形式，子级分类将放到父级分类的"child"元素中。

（3）创建前台商品模型，实现获取推荐商品的 getBest()方法。

创建文件"app\home\model\GoodsModel.class.php"，具体代码如下。

```
1   <?php
2   class GoodsModel extends Model{
3       //查询前台首页推荐的商品
4       public function getBest(){
5           //取出商品 id、商品名、商品价格、商品图片
6           return $this->fetchAll("select `id`,`name`,`price`,`thumb` from __GOODS__
                where `recommend`='yes' and `on_sale`='yes' and `recycle`='no' limit 0,6");
7       }
8   }
```

上述代码用于在商品表中查询前 6 个推荐商品，查询条件限制了只查询已经上架且没有删除到回收站中的商品。

（4）创建前台首页视图页面，用于展示分类列表和精品推荐商品。

创建文件"app\home\view\index\index.html"，其关键代码如下。

```
1   <!--分类左栏-->
2   <?php foreach($data['category'] as $k=>$v1): if($k<8): ?>
3   <div class="cate">
4       <div class="subcate left"><a href="/?a=find&cid=<?=$v1['id']?>">
            <?=$v1['name']?></a></div>
5       <div class="subitem" style="display:none;">
```

```
6          <?php if(isset($v1['child'])): foreach($v1['child'] as $v2):?>
7              <dl><dt><a href="/?a=find&cid=<?=$v2['id']?>"><?=$v2['name']?>
               </a></dt><dd>
8                  <?php if(isset($v2['child'])): foreach($v2['child'] as $v3): ?>
9                      <a href="/?a=find&cid=<?=$v3['id']?>"><?=$v3['name']?></a>
10                 <?php endforeach; endif; ?>
11             </dd></dl>
12         <?php endforeach; endif;?>
13     </div>
14 </div>
15 <?php endif; endforeach; ?>
16 <!--推荐商品-->
17 <div class="best-title">精品推荐</div>
18 <?php foreach($data['best'] as $v): ?>
19 <ul class="item left">
20     <li><a href="/?a=goods&id=<?=$v['id']?>" target="_blank">
21     <?php if(empty($v['thumb'])):?>
22         <img src="/public/home/images/preview.jpg">
23     <?php else: ?>
24         <img src="/public/upload/small/<?=$v['thumb']?>">
25     <?php endif; ?>
26     </a></li>
27     <li class="goods"><a href="/?a=goods&id=<?=$v['id']?>" target="_blank">
       <?=$v['name']?></a></li>
28     <li class="price">￥<?=$v['price']?></li>
29 </ul>
30 <?php endforeach ?>
```

在上述代码中，第 2～15 行实现了分类列表的输出，层级最多到三维数组。第 18～30 行实现了推荐商品的输出，当商品预览图存在时显示预览图，否则显示默认图片。

（5）在浏览器中访问网站首页。

通过浏览器访问"http://www.shop.com"，将鼠标指针放到某个分类上，其运行效果如图 9-2 所示。

从图 9-2 中可以看出，前台首页模块成功展示出商品分类三级数组。

2.商品列表模块

当浏览网站的用户在首页的分类列表中单击某个分类时，可以访问指定分类下的商品列表。其实现效果如图 9-3 所示。

从图 9-3 中可以看出，商品列表页面包括"商品列表"和"相关推荐"两部分，其中商品列表是按照顶部的筛选条件查询到的，而相关推荐则是显示该分类下的推荐商品。在筛选商品时，可以进行分类筛选、价格筛选，还可以按照价格高低进行排序。

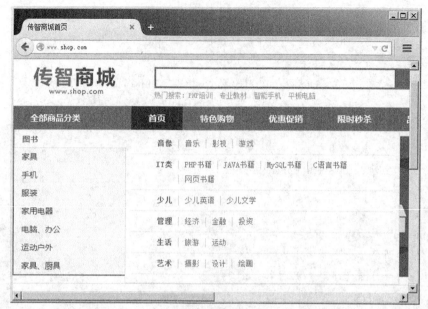

图 9-2　分类展示效果

图 9-3　商品列表页面

（1）在前台首页控制器中新增 find()方法，用于展示商品列表。

编辑文件"app\home\controller\IndexController.class.php"，新增代码如下。

```
1    //查找商品
2    public function findAction(){
3        //获取参数
```

```
4        $page = I('page','get','id',1); //当前页码
5        $cid = I('cid','get','id',-1); //分类 ID
6        //实例化模型
7        $Category = D('Category');
8        //如果分类 ID 大于 0，则取出所有子分类 ID
9        $cids = ($cid>0) ? $Category->getSubIds($cid) : $cid;
10       //获取商品列表
11       $data['goods'] = D('Goods')->getData($cids,$page);
12       //防止空页被访问
13       if(empty($data['goods']['data']) && $page > 1){
14           $this->redirect("/?a=find&cid=$cid");
15       }
16       //查询分类列表
17       $data['category'] = $Category->getFamily($cid);
18       $this->title = '商品列表 - 传智商城';
19       require ACTION_VIEW;
20   }
```

上述代码和后台商品列表的代码类似，其中第 9 行调用了 getSubIds()方法查询子分类 ID（代码与后台相同），第 17 行调用了分类模型的 getFamily()方法，用于查询作为筛选条件的商品分类。

（2）在分类模型中编写 getFamily()方法，实现根据某一个分类 ID 查找该分类的相关分类。

编辑文件"app\home\model\CategoryModel.class.php"，新增代码如下。

```
1    //查找分类的家谱
2    public function getFamily($id){
3        $data = $this->getData(); //获取数据
4        $rst = $this->getParent($id);
5        foreach(array_reverse($rst['pids']) as $v){
6            foreach($data as $vv){
7                ($vv['pid']==$v) && $rst['parent'][$v][] = $vv;
8            }
9        }
10       return $rst;
11   }
12   //根据任意分类 ID 查找父分类（包括自己）
13   public function getParent($id=0){
14       $data = $this->getData(); //获取数据
15       $rst = array('pcat'=>array(),'pids'=>array($id));
16       for($i=0;$id && $i<10;++$i){    //限制最多取出的层级
17           foreach($data as $v){
18               if($v['id']==$id){
```

```
19              $rst['pcat'][] = $v;    //父分类
20              $rst['pids'][] = $id = (int)$v['pid']; //父分类 ID
21          }
22        }
23      }
24      return $rst;
25    }
26    //查找子孙分类 ID（包括自己）
27    public function getSubIds($pid){
28        //与后台分类模型代码相同……
29    }
30    //查询树状数据
31    private function _tree($arr,$pid=0,$level=0){
32        //与后台分类模型代码相同……
33    }
```

在上述代码中，getFamily()函数用于根据某一分类 ID 查找该分类的所有同级和父级分类，在函数中调用了 getParent ()函数，该函数用于取出所有父级分类的数据。

（3）编写商品模型，实现 getData()方法，实现根据条件筛选商品的功能。

编辑文件 "app\home\model\GoodsModel.class.php"，新增代码如下。

```
1    //获取商品列表
2    public function getData($cids,$page){
3        $where = "`recycle`='no' and `on_sale`='yes'"; //准备查询条件
4        if(is_array($cids)){ //查找分类 ID 数组
5            $where .= ' and `category_id` in ('.implode(',',$cids).')';
6        }
7        //获取最大价格
8        $price_max = $this->fetchColumn('select max(`price`) from __GOODS__');
9        $recommend = $this->getRecommend($where); //获取推荐商品
10       //处理排序条件
11       $order = 'id desc';
12       $allow_order = array(
13           'price-desc' => 'price desc',
14           'price-asc' => 'price asc',
15       );
16       $input_order = I('order','get','string');
17       if(isset($allow_order[$input_order])){
18           $order = $allow_order[$input_order];
19       }
20       //处理价格条件
21       $price = explode('-',I('price','get','int'));
```

```
22      if(isset($price[1])){
23          //价格区间查询
24          $where .= ' and `price`>='.(int)$price[0].' and `price`<='.(int)$price[1];
25      }
26      //准备分页查询，获取符合条件的商品总数
27      $total = $this->fetchColumn("select count(*) from __GOODS__ where $where");
28      $Page = new Page($total,10,$page); //实例化分页类
29      $limit = $Page->getLimit();
30      //查询商品数据
31      $data = $this->fetchAll("select `category_id`,`id`,`name`,`price`,`thumb`
            from __GOODS__ where $where order by $order limit $limit");
32      //返回结果
33      return array(
34          'data' => $data,                    //商品列表数组
35          'price' => $this->_getPriceDist($price_max), //计算商品价格
36          'recommend' => $recommend,          //被推荐的商品
37          'pagelist' => $Page->show(),    //分页链接 HTML
38      );
39  }
40  //根据 where 条件取出推荐商品
41  public function getRecommend($where='1=1'){
42      //查询被推荐的商品
43      $where .= " and `recommend`='yes'";
44      //取出商品 id、商品名、商品价格、商品预览图
45      return $this->fetchAll("select `id`,`name`,`price`,`thumb` from
            __GOODS__ where $where limit 0,6");
46  }
47  //动态计算价格（$max 为最大价格，$sum 为分配个数）
48  private function _getPriceDist($max, $sum=5){
49      if($max<=0) return false;
50      $end = $size = ceil($max / $sum);
51      $start = 0;
52      $rst = array();
53      for ($i = 0; $i < $sum; $i++) {
54          $rst[] = "$start-$end";
55          $start = $end + 1;
56          $end += $size;
57      }
58      return $rst;
59  }
```

上述代码实现了根据筛选条件查找商品的功能。其中第 9 行用于根据 where 条件查询被推荐的商品，第 11～19 行代码通过 GET 参数实现商品的排序，第 21～25 行代码通过 GET 参数实现商品的价格区间筛选，第 48～59 行代码用于动态计算当前分类下的价格区间（从 0 到最大价格之间的 5 个区间的分配）。

（4）创建商品列表视图页面，实现输出商品列表、商品筛选和商品推荐功能。

创建文件"app\home\view\index\find.html"，其关键代码如下。

```
1   <!-- 相关商品推荐 -->
2   <?php foreach($data['goods']['recommend'] as $v): ?>
3   <a href="/?a=goods&id=<?=$v['id']?>" target="_blank">
4       <?php if($v['thumb']): ?>
5           <img src="/public/upload/small/<?=$v['thumb']?>" />
6       <?php else: ?>
7           <img src="/public/home/images/preview.jpg" />
8       <?php endif; ?></a>
9   <a href="/?a=goods&id=<?=$v['id']?>" target="_blank"><?=$v['name']?></a>
10  ￥<?=$v['price']?>
11  <?php endforeach; ?>
12  <!-- 商品列表 -->
13  <?php if($data['category']['parent']):$i=0;
14  foreach($data['category']['parent'] as $v): ?>
15      分类<?=++$i?>：
16      <?php foreach($v as $vv):?>
17          <a href="/?<?=view::mkFilterURL('cid',$vv['id'])?>"
            class="cid-<?=$vv['id']?>" ><?=$vv['name']?></a>
18      <?php endforeach;?>
19  <?php endforeach; endif; ?>
20  价格：<a href="/?<?=view::mkFilterURL('price')?>" class="price-0">全部</a>
21  <?php foreach($data['goods']['price'] as $v): ?>
22      <a href="/?<?=view::mkFilterURL('price',$v)?>"
        class="price-<?=$v?>"><?=$v?></a>
23  <?php endforeach; ?>
24  <a href="/?<?=view::mkFilterURL('order')?>" class="order-0">最新上架</a>
25  <a href="/?<?=view::mkFilterURL('order','price-asc')?>"
    class="order-price-asc">价格升序</a>
26  <a href="/?<?=view::mkFilterURL('order','price-desc')?>"
    class="order-price-desc">价格降序</a>
27  <?php if($data['goods']['data']): foreach($data['goods']['data'] as $v): ?>
28      <a href="/?a=goods&id=<?=$v['id']?>" target="_blank">
29          <?php if($v['thumb']):?>
30              <img src="/public/upload/small/<?=$v['thumb']?>">
```

```
31        <?php else: ?>
32            <img src="/public/home/images/preview.jpg" />
33        <?php endif;?></a>
34        <a href="/?a=goods&id=<?=$v['id']?>" target="_blank"><?=$v['name']?></a>
35        ¥<?=$v['price']?>
36    <?php endforeach; ?>
37    <?=$data['goods']['pagelist']?>
38    <?php else: ?>没有找到您需要的商品。<?php endif; ?>
39    <script>
40    //筛选列表、分类的当前选中效果
41     (function(){
42         var cids = <?=json_encode($data['category']['pids'])?>;
43         for(var i in cids){
44             $(".cid-"+cids[i]).addClass("curr");
45         }
46    }());
47    //商品价格的选中效果
48    <?php if(isset($_GET['price'])):?>
49        $(".price-<?=$_GET['price']?>").addClass("curr");
50    <?php else: ?>
51        $(".price-0").addClass("curr");
52    <?php endif; ?>
53    //商品排序的选中效果
54    <?php if(isset($_GET['order'])): ?>
55        $(".order-<?=$_GET['order']?>").addClass("curr");
56    <?php else: ?>
57        $(".order-0").addClass("curr");
58    <?php endif; ?>
59    </script>
```

上述代码实现了推荐商品的展示、商品多级分类的展示、商品价格和商品排序的展示，其中在模板中调用的 view 类中的静态方法 mkFilterURL() 用于根据不同查询需求生成 URL。

（5）编写 view 类和 mkFilterURL() 方法，用于实现 URL 生成。

创建文件"framework\library\View.class.php"，具体代码如下。

```
1    <?php
2    class View {
3        /**
4         * 商品列表过滤项的 URL 生成
5         * @param $type  生成的 URL 类型（cid, price, order）
6         * @parma $data  相应的数据当前的值（为空表示清除该参数）
7         * @return string  生成好的携带正确参数的 URL
```

```
8            */
9       public static function mkFilterURL($type, $data='') {
10          $params = $_GET;              //先取出所有参数
11          unset($params['page']);    //清除分页
12          if($type=='cid') unset($params['price']); //切换分类时清除价格
13          if($data){    //添加到参数
14              $params[$type] = $data;
15          }else{              //$data 为空时清除参数
16              unset($params[$type]);
17          }
18          return http_build_query($params);
19      }
20  }
```

上述方法通过参数$type 和$data 生成 URL。该方法先清除当前页码（将页面重置为1），然后判断当$type 为 cid 时清空价格参数，最后将$type 和$data 保存到 URL 参数中。如果$data 为空，表示清除该参数。

（6）在浏览器中访问商品列表页面。

通过浏览器访问"http://www.shop.com/?a=find"，其运行效果与图 9-3 相同。

3. 商品展示模块

当用户在商品列表中单击某一件商品时，就可以查看该商品的详情，并且可以单击购买或添加到购物车。该功能的实现效果如图 9-4 所示。

图 9-4 商品展示页面

从图 9-4 中可以看出，商城前台成功展示出商品，包括商品名称、商品图片、商品详情、库存等信息。在商品图片的上方还有"当前位置"一栏，显示了该商品所属的各级分类。

（1）在前台首页控制器中实现 goods() 方法，用于展示商品详情。

编辑文件"app\home\controller\IndexController.class.php"，新增代码如下。

```
1    //查看商品
2    public function goodsAction(){
3        $id = I('id','get','id'); //要查看的商品 ID
4        $Goods = D('Goods');
5        $Category = D('Category');
6        //查找当前商品
7        $data['goods'] = $Goods->getGoods($id);
8        if(empty($data['goods'])){
9            exit('您访问的商品不存在，已下架或删除！');
10       }
11       //查找推荐商品
12       $cids = $Category->getSubIds($data['goods']['category_id']);
13       $data['recommend'] = $Goods->getRecommendByCids($cids);
14       //查找分类导航
15       $data['path'] = $Category->getPath($data['goods']['category_id']);
16       $this->title = $data['goods']['name'].' - 传智商城';
17       require ACTION_VIEW;
18   }
```

在上述代码中，第 7 行通过调用商品模型的 getGoods() 方法，根据 ID 查找商品；第 12~13 行用于查找当前商品所属分类下的推荐商品；第 15 行通过调用模型的 getPath() 方法查询"当前位置"导航；第 16 行将商品名称拼接到模板变量 title 中，用于在网页标题 <title> 中显示当前查看的商品名称。

（2）在商品模型中实现 getGoods() 和 getRecommendByCids() 方法。

编辑文件"app\home\model\GoodsModel.class.php"，新增代码如下。

```
1    //查询指定商品数据
2    public function getGoods($id){
3        return  $this->data(array('id'=>$id))->fetchRow("select `id`,`category_id`,`sn`,`name`,
`price`,`thumb`,`album`,`stock`,`desc` from __GOODS__ where `recycle`='no' and `on_sale`='yes'
and `id`=:id");
4    }
5    //根据分类获取推荐商品
6    public function getRecommendByCids($cids){
7        $where = "`recycle`='no' and `on_sale`='yes' and `category_id` in (".implode(',',$cids).")";
8        return $this->getRecommend($where);
9    }
```

上述代码通过构造 where 查询条件，实现根据需求查询指定的商品数据。

（3）在商品分类模型中实现 getPath() 方法。

编辑文件"app\home\model\CategoryModel.class.php"，新增代码如下。

```
1   //查找分类面包屑导航
2   public function getPath($id){
3       $data = $this->getParent($id);
4       return array_reverse($data['pcat']);
5   }
```

上述代码通过调用之前写好的 getParent() 方法获取指定 ID 的所有父级分类。由于数据是向上查找取出的，因此查找完成后需要通过 array_reverse() 函数将数组元素顺序反转。

（4）创建商品展示功能的视图页面，将商品信息展示到页面中。

创建文件"app\home\view\index\goods.html"，其关键位置的代码如下。

```
1   当前位置：
2   <?php foreach($data['path'] as $v): ?>
3       <a href="/?a=find&cid=<?=$v['id']?>"><?=$v['name']?></a> &gt;
4   <?php endforeach; ?>
5   <?=$data['goods']['name']?>
6   <!-- 引入商品相册 -->
7   <?php require COMMON_VIEW.'album.html'; ?>
8   <?=$data['goods']['name']?>
9   售 价： <span class="price">￥<?=$data['goods']['price']?></span>
10  商品编号：<?=$data['goods']['sn']?>
11  累计销量： 1000
12  评 价： 1000
13  配送至：北京（免运费）
14  购买数量：<input type="button" value="-" class="cnt-btn" />
15          <input type="text" value="1" id="num" class="num-btn" />
16          <input type="button" value="+" class="cnt-btn" />
17          （库存：<?=$data['goods']['stock']?>）
18          <a href="#" id="buy">立即购买</a>
19          <a href="#" id="addCart">加入购物车</a>
20  相关商品推荐
21  <?php foreach($data['recommend'] as $v): ?>
22      <a href="/?a=goods&id=<?=$v['id']?>" target="_blank">
23      <?php if($v['thumb']): ?>
24          <img src="/public/upload/small/<?=$v['thumb']?>" />
25      <?php else: ?>
26          <img src="/public/home/images/preview.jpg" />
27      <?php endif; ?>
```

```
28      </a>
29      <a href="/?a=goods&id=<?=$v['id']?>" target="_blank"><?=$v['name']?></a>
30      ￥<?=$v['price']?>
31   <?php endforeach; ?>
32   商品详情 <?=$data['goods']['desc']?>
33   </div>
```

上述代码实现了商品信息的输出。其中商品图片引入公共视图目录下的"album.html"，该视图用于实现商品相册展示、图片切换和鼠标滑过放大显示的效果。读者可通过本书配套源代码查看这方面的内容。

（5）在浏览器中访问商品列表页面。

通过浏览器访问"http://www.shop.com/?a=find"，其运行效果与图 9-4 相同。

4. 会员中心模块

会员中心模块包括用户注册、登录、管理收货地址等功能。接下来将针对这些功能进行讲解。

（1）在前台公共控制器中，判断用户是否已经登录。

编辑文件"app\home\controller\CommonController.class.php"，修改代码如下。

```
1    <?php
2    //前台公共控制器
3    class CommonController extends Controller{
4        protected $user = array(); //保存用户信息
5        public function __construct() {
6            parent::__construct();
7            $this->_checkLogin(); //判断用户是否登录
8        }
9        private function _checkLogin(){
10           if(isset($_SESSION['user'])){
11               $this->user = $_SESSION['user'];
12               define('IS_LOGIN',true);   //设置常量保持判断结果
13           }else{
14               define('IS_LOGIN',false);
15           }
16       }
17   }
```

上述代码通过判断$_SESSION 中有无 user 这个元素来确定用户是否登录，然后通过常量"IS_LOGIN"保存判断结果，用于项目中其他功能的登录判断。

（2）创建用户控制器，实现用户注册功能。

创建文件"app\home\controller\UserController.class.php"，具体代码如下。

```
1    <?php
2    //前台用户控制器
```

```php
3    class UserController extends CommonController{
4        public function __construct() {
5            parent::__construct();
6            $allow_action = array( //指定不需要检查登录的方法列表
7                'login','loginexec','captcha','register','registerexec'
8            );
9            if(!IS_LOGIN && !in_array(ACTION,$allow_action)){
10               $this->redirect('/?c=user&a=login');
11           }
12       }
13       //显示用户注册页面
14       public function registerAction(){
15           require ACTION_VIEW;
16       }
17       //处理注册请求
18       public function registerExecAction(){
19           $this->_input('captcha'); //检查验证码
20           $username = $this->_input('username'); //获取用户名
21           $password = $this->_input('password'); //获取密码
22           $User = M('user');
23           //验证用户名是否已经存在
24           if($User->exists('username',$username)){
25               $this->error('注册失败：用户名已经存在。');
26           }
27           //添加数据并取出新用户 ID
28           $salt = salt(); //生成密钥
29           $id = $User->data(array(
30               'username' => $username,
31               'password' => password($password,$salt),
32               'salt' => $salt,
33           ))->add();
34           //注册成功后自动登录
35           $_SESSION['user'] = array('id'=>$id,'name'=>$username);
36           $this->success('','/');
37       }
38       //接收表单并进行验证
39       private function _input($name){
40           switch($name){
41               case 'captcha': //验证码
42                   $value = I('captcha','post','string');
```

```
43              $this->_checkCaptcha($value) || $this->error('登录失败，验证码输入有误');
44          break;
45      case 'username'://用户名
46              $value = I('username','post','string');
47              preg_match('/^[\w\x{4e00}-\x{9fa5}]{2,20}$/u',$value) ||
                $this->error('用户名不合法（2~20位，汉字、英文、数字、下划线）');
48          break;
49      case 'password'://密码
50              $value = I('password','post','string');
51              preg_match('/^\w{6,20}$/',$value) ||
                $this->error('密码不合法（6-20位，英文、数字、下划线）。');
52          break;
53      }
54      return $value;
55  }
56  //显示验证码
57  public function captchaAction(){
58      $Captcha = new captcha();
59      $Captcha->create();
60  }
61  //检查验证码
62  private function _checkCaptcha($captcha) {
63      $Captcha = new captcha();
64      return $Captcha->verify($captcha);
65  }
66 }
```

　　在上述代码中，第 4～12 行通过构造方法检查用户是否已经登录。第 18～37 行定义了用户注册方法。该方法首先检查用户名是否已经存在，如果不存在，则可以注册，注册成功后将用户名和用户的 ID 保存到 Session 中。第 28 行调用了生成密钥的 salt() 函数。在 function.php 中，该函数的定义代码如下。

```
1   //生成密钥
2   function salt(){
3       return substr(uniqid(), -6);
4   }
```

　　上述代码是一种常见的密钥生成方式，程序先通过 uniqid 生成唯一 ID，然后通过 substr() 函数截取出后 6 位的字符串，从而得到固定 6 位长度的密钥。

　　（3）创建用户注册视图文件，展示用户注册表单。

　　创建文件"app\home\view\user\register.html"，其关键位置的代码如下。

```
1    <form method="post" action="/?c=user&a=registerExec" id="regForm" >
2        用户名：<input type="text" name="username" required />
3        密码：<input type="password" id="pwd" name="password" required />
4        确认密码：<input type="password" id="pwd2" required />
5        验证码：<input type="text" name="captcha" required />
6        <img src="/?c=user&a=captcha" id="captcha" title="点击刷新验证码" />
7        <input type="submit" id="regBtn" value="注册" />
8        <a href="/?c=user&a=login">返回登录</a><a href="/">返回首页</a>
9    </form>
10   <script>
11   //验证码单击刷新
12   //……（代码略，参考后台的验证码单击刷新即可）
13   //失去焦点时验证表单
14   $("#pwd2").blur(function(){
15       if($(this).val() !== $("#pwd").val()){
16           $(this).addClass('error');
17       }else{
18           $(this).removeClass('error');
19       }
20   });
21   //Ajax 表单提交
22   $("#regForm").ajaxForm(function(data){
23       //注册失败，刷新验证码
24       data.ok || $("#captcha").click();
25   });
26   //表单提交时验证表单
27   $("#regBtn").click(function(){
28       if($("#pwd2").val() !== $("#pwd").val()){
29           $.showTip("两次输入密码不一致！");
30           return false;
31       }
32   });
33   </script>
```

上述代码是一个用户注册表单，表单中有 username、password 和 captcha 三个字段，分别表示用户名、密码和验证码。密码两次输入的验证已经通过 JavaScript 实现。

（4）在浏览器中访问用户注册页面。

通过浏览器访问 "http://www.shop.com/?c=user&a=register"，其运行效果如图 9-5 所示。

当输入合法的用户名、密码、验证码后，即可注册成功，程序会自动跳转到网站首页，并将用户的登录信息保存到 Session 中，实现了注册后自动登录。

图 9-5　用户注册页面

（5）修改网站顶部菜单，实现根据用户是否登录显示不同的信息。

编辑文件"app\home\view\common\header.html"，实现该功能的代码如下。

```
1    <?php if(IS_LOGIN): ?>
2        <?=$this->user['name']?>，欢迎来到传智商城!
3        [<a href="/?c=user&a=logout">退出</a>]
4    <?php else: ?>
5        您好，欢迎来到传智商城! [<a href="/?c=user&a=login">登录</a>]
6        [<a href="/?c=user&a=register">免费注册</a>]</li>
7    <?php endif; ?>
```

上述代码通过判断常量 IS_LOGIN 来显示不同的内容。当判断用户已经登录后，显示用户名和退出链接。

（6）继续编写用户控制器，实现用户登录与退出功能。

编辑文件"app\home\controller\UserController.class.php"，新增代码如下。

```
1    //用户登录
2    public function loginAction(){
3        require ACTION_VIEW;
4    }
5    //处理登录请求
6    public function loginExecAction(){
7        $this->_input('captcha'); //检查验证码
8        $username = $this->_input('username'); //获取用户名
9        $password = $this->_input('password'); //获取密码
10       //判断用户名和密码
11       $data = D('user')->checkLogin($username,$password);
12       $data || $this->error('登录失败，用户名或密码错误');
```

```
13      //登录成功
14      $_SESSION['user'] = $data; //将登录信息保存到 Session
15      $this->success('','/');
16   }
17   //退出登录
18   public function logoutAction(){
19      unset($_SESSION['user']);
20      empty($_SESSION) && session_destroy();
21      $this->redirect('/');
22   }
```

上述代码与后台实现用户登录时的代码类似，其区别是前台用户保存在 User 表中，后台用户保存在 Admin 表中。

（7）创建用户模型，编写 checkLogin() 方法实现检查用户名和密码。

创建文件"app\home\model\UserModel.class.php"，新增代码如下。

```
1    <?php
2    class UserModel extends Model {
3        //判断用户名和密码
4        public function checkLogin($username,$password){
5            $this->data['username'] = $username;
6            $data = $this->fetchRow('select `id`,`username`,`password`,`salt` from __USER__ where `username`=:username');
7            if($data && $data['password']==password($password,$data['salt'])){
8                return array ('id'=>$data['id'],'name'=>$data['username']);
9            }
10           return false;
11       }
12   }
```

上述代码首先通过用户名取出了用户的密码，然后将用户输入的密码加密后进行判断，如果相同，说明密码正确，然后返回用户的 ID 和用户名，最后由用户控制器将其保存到 Session 中。

（8）创建用户登录视图页面，展示用户登录表单。

创建文件"app\home\view\user\login.html"，具体代码如下。

```
1    <form method="post" action="/?c=user&a=loginExec" id="loginForm">
2        用户名：<input type="text" name="username" required />
3        密码：<input type="password" name="password" required />
4        验证码：<input type="text" name="captcha" required   />
5        <img src="/?c=user&a=captcha" id="captcha" title="点击刷新验证码"/>
6        <input type="submit" value="登录" />
7        <a href="/?c=user&a=register">立即注册</a><a href="/">返回首页</a>
```

```
8    </form>
9    <script>
10   //验证码单击刷新
11   //……（代码略，参考后台的验证码单击刷新即可）
12   //Ajax 表单提交
13   $("#loginForm").ajaxForm(function(data){
14       //登录失败，刷新验证码
15       data.ok || $("#captcha").click();
16   });
17   </script>
```

（9）在浏览器中访问用户登录页面。

通过浏览器访问"http://www.shop.com/?c=user&a=login"，其运行效果如图 9-6 所示。

图 9-6　用户登录页面

当输入正确的用户名和密码后即可登录成功，然后就可以访问用户中心，管理收货地址等。

（10）继续编写用户控制器，实现查看用户中心、管理收货地址功能。

编辑文件"app\home\controller\UserController.class.php"，新增代码如下。

```
1    //用户中心
2    public function indexAction(){
3        require ACTION_VIEW;
4    }
5    //查看收货地址
6    public function addrAction(){
7        $id = $this->user['id'];
8        $data = D('user')->getAddr($id);
```

```php
9          require ACTION_VIEW;
10    }
11    //修改收货地址
12    public function addrEditAction(){
13        $this->addrAction();
14    }
15    public function addrEditExecAction(){
16        //接收表单数据
17        $fields = array('address','consignee','phone','email');
18        $data = array();
19        foreach($fields as $v){
20            $data[$v] = $this->_input($v);
21        }
22        $data['id'] = $this->user['id'];
23        M('user')->data($data)->save();
24        $this->success('','/?c=user&a=addr');
25    }
26    //接收表单并进行验证
27    private function _input($name){
28        switch($name){
29            //……
30            case 'email': //邮箱地址
31                $value = I('email','post','text');
32                ($value=="" || isset($value[30])) && $this->error('邮箱格式不正确（1-30 个
字符）。');
33                preg_match('/^\w+([-+.]\w+)*@\w+([-.]\w+)*\.\w+([-.]\w+)*$/',$value) || $this->error
('邮箱格式不正确');
34                break;
35            case 'consignee': //收件人
36                $value = I('consignee','post','text');
37                ($value=="" || isset($value[20])) &&
                   $this->error('收件人填写有误（1-20 个字符）。');
38                break;
39            case 'phone': //手机号码
40                $value = I('phone','post','text');
41                preg_match('/^1[0-9]{10}$/',$value) || $this->error('手机号码填写有误（11
位数字）');
                   break;
42            case 'address': //收货地址
43                $value = I('address','post','text');
44                ($value=="" || isset($value[255])) &&
```

```
                    $this->error('收货地址填写有误（1～255 个字符）。');
45          break;
46      }
47      return $value;
48  }
```

上述代码实现了收货地址的查看与修改，其中第 8 行通过调用用户模型的 getAddr()方法查询收货地址。该方法接收用户 ID，返回查询结果。用户 ID 是来自 Session 中保存的数据。

（11）在用户模型中编写 getAddr()方法，实现查询收件地址功能。

编辑文件"app\home\model\UserModel.class.php"，具体代码如下。

```
1   //获取收件地址
2   public function getAddr($id){
3       //取出数据（收件人、收件地址、邮箱、手机号码）
4       $data = $this->data(array('id'=>$id))->fetchRow('select `consignee`,`address`,`email`,`phone`
from __USER__ where id=:id');
5       //分隔"收件地址"字符串
6       $data['area'] = explode(',',$data['address'],4); //最多分隔 4 次
7       return $data;
8   }
```

在上述代码中，第 6 行将收件地址数组进行了字符串分割数组，以便于在模板中展示数据。

（12）创建会员中心收货地址视图页面，实现收货地址的展示与修改。

创建文件"app\home\view\user\addr.html"，其关键代码如下。

```
1   管理收货地址 <a href="/?c=user&a=addrEdit">修改地址</a>
2   收件人：<?=$data['consignee']?>
3   详细地址：<?=$data['address']?>
4   手机：<?=$data['phone']?>
5   邮箱：<?=$data['email']?>
```

创建文件"app\home\view\user\addredit.html"，其关键代码如下。

```
1   管理收货地址
2   <form method="post" action="/?c=user&a=addrEditExec" id="addrForm">
3       <input id="address" type="hidden" name="address" />
4       收件人：<input type="text" value="<?=$data['consignee']?>" name="consignee" />
5       收件地区：<select id="province"></select><select id="city"></select><select id="area">
</select>
6       详细地址：<input id="addr" type="text" />
7       手机：<input type="text" value="<?=$data['phone']?>" name="phone" />
8       邮箱：<input type="text" value="<?=$data['email']?>" name="email" />
9       <input typc="submit" value="保存" id="submit" />
```

```
10      <input type="button" value="取消" onclick="location.href='/?c=user&a=addr'" />
11  </form>
12  <script src="/public/home/chinaArea.js"></script>
13  <script>
14  //填充地区三级下拉菜单
15  (function(){
16      var data = chinaArea(); //载入 JSON 地区数据
17      var $province = $("#province");
18      var $city = $("#city");
19      var $area = $("#area");
20      //1 级下拉菜单的 change 事件
21      $province.change(function(){
22          var id = $(this).val();
23          if(id==="0" || $(this).find('option:selected').text()==="其他"){
24              $city.hide();
25              $area.hide();
26          }else{
27              fillSelect($city,data[id].sub);
28              $city.show();
29              $area.hide();
30          }
31      });
32      //2 级下拉菜单的 change 事件
33      $city.change(function(){
34          var id = $(this).val();
35          var pid = $province.val();
36          if(id==="0" || $(this).find('option:selected').text()==="其他"){
37              $area.hide();
38          }else if(data[pid].sub[id].sub!==undefined){
39              fillSelect($area,data[pid].sub[id].sub);
40              $area.show();
41          }
42      });
43      fillSelect($province,data); //自动填充 1 级菜单
44      $province.change(); //自动载入第 1 个下拉菜单
45      //自动填充下拉菜单
46      function fillSelect($select,data){
47          $select.html(""); //清空原有的数据
48          for(var i in data){
49              $select.append('<option value="'+i+'">'+data[i].name+'</option>');
```

```
50          }
51      }
52  })();
53  //自动填写收货地址
54  (function(){
55      var auto = <?=json_encode($data['area'])?>; //自动切换到修改前填写的数据
56      if(auto.length>3){
57          $("#province").find('option:contains("'+auto[0]+'")').
                attr("selected","selected").change();
58          $("#city").find('option:contains("'+auto[1]+'")').
                attr("selected","selected").change();
59          $("#area").find('option:contains("'+auto[2]+'")').
                attr("selected","selected");
60          $("#addr").val(auto[3]);
61      }
62  })();
63  //提交表单时检查并拼接完整地址
64  $("#submit").click(function(){
65      var pro_val = $("#province:visible").find("option:selected").text();
66      var city_val = $("#city:visible").find("option:selected").text();
67      var area_val = $("#area:visible").find("option:selected").text();
68      var addr = $("#addr").val();
69      if(pro_val === '请选择' || city_val === '请选择' || area_val === '请选择' ||
          $.trim(addr)===""){
70          $.showTip("请输入正确的地址");
71          return false;
72      }
73      $("#address").val(pro_val+','+city_val+','+area_val+','+addr);
74  });
75  $("#addrForm").ajaxForm();
76  </script>
```

上述代码实现了收货地址的编辑，其中第 3 行的隐藏域用于保存用户填写的收件地址，该页面将通过 JavaScript 在提交表单前对收件地区和详细地址进行拼接，形成一个用逗号分隔的字符串赋值给隐藏域。

（13）通过浏览器访问会员中心修改收货地址功能。

通过浏览器访问"http://www.shop.com/?c=user&a=addr"，单击"修改地址"，运行效果如图 9-7 所示。

5.购物车模块

购物车模块用于管理用户加入购物车的商品。当用户选择一款商品添加到购物车时，购物车就会为用户保存这件商品。接下来，对购物车模块进行开发，具体实现步骤如下。

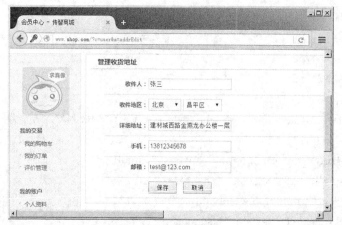

图 9-7　编辑收货地址

（1）创建购物车控制器，实现添加到购物车的方法。

创建文件"app\home\controller\CartController.class.php"，具体代码如下。

```
1   <?php
2   //购物车控制器
3   class CartController extends CommonController{
4       public function __construct() {
5           parent::__construct();
6           IS_LOGIN || $this->redirect('?c=user&a=login'); //检查登录
7       }
8       //添加到购物车
9       public function addExecAction(){
10          $id = I('id','post','id');
11          $num = I('num','post','id');
12          //添加到购物车
13          D('Shopcart')->addCart($id,$this->user['id'],$num);
14          $this->success('添加购物车成功');
15      }
16  }
```

在上述代码中，第 4~7 行用于检查用户是否登录，只有已登录用户可以添加购物车。第 9~15 行实现了添加购物车功能，其中第 13 行通过调用购物车模型的 addCart()方法实现了购物车商品的添加。

（2）创建购物车模型，实现 addCart()方法。

创建文件"app\home\model\ShopcartModel.class.php"，具体代码如下。

```
1   //添加到购物车
2   public function addCart($gid,$uid,$num){
3       $rst = $this->data(array('goods_id'=>$gid,'user_id'=>$uid))->
        fetchRow('select `id`,`goods_id`,`num` from __SHOPCART__ where
        `goods_id`=:goods_id and `user_id`=:user_id');
```

```
4      if(empty($rst)){ //不存在时，添加到购物车
5          $this->data(array('user_id'=>$uid,'goods_id'=>$gid,'num'=>$num))->add();
6      }else{   //存在商品时，增加购买数量
7          $num += $rst['num'];
8          $this->data(array('id'=>$rst['id'],'num'=>$num))->save();
9      }
10  }
```

在上述代码中，程序首先判断待添加的商品是否已经在该用户的购物车中存在，如果存在，则增加该商品的数量，如果不存在，则添加一条新的记录。

（3）继续编写购物车控制器，实现购物车商品的查看和删除功能。

编辑文件"app\home\controller\CartController.class.php"，具体代码如下。

```
1   //购物车列表
2   public function indexAction(){
3       $data = D('shopcart')->getData($this->user['id']);
4       require ACTION_VIEW;
5   }
6   //从购物车删除
7   public function delExecAction(){
8       $id = I('id','post','id');
9       D('shopcart')->delete($id,$this->user['id']);
10      $this->success();
11  }
```

在上述代码中，第3行通过调用购物车模型的getData()方法实现购物车商品的查看，第7~11行实现了指定商品的删除。

（4）在购物车模型中实现getData()和delete()方法，用于查找、删除购物车中的商品。

编辑文件"app\home\model\ShopcartModel.class.php"，具体代码如下。

```
1   //从购物车获得商品信息
2   public function getData($user_id){
3       $this->data['user_id'] = $user_id;
4       return = $this->fetchAll("select g.name,g.price,c.id,c.add_time,c.goods_id,
        c.num from __SHOPCART__ as c left join __GOODS__ AS g ON g.id=c.goods_id
        where `user_id`=:user_id");
5   }
6   //删除购物车中的商品
7   public function delete($id,$user_id){
8       $this->data['id'] = $id;
9       $this->data['user_id'] = $user_id;
10      return $this->exec('delete from __SHOPCART__ where `id`=:id and `user_id`=:user_id');
11  }
```

在上述代码中，getData()方法通过连接购物车和商品两张表，实现了购物车商品的查询；delete()方法通过接收要删除的 ID 和用户 ID，实现了用户删除自己购物车中的商品。

（5）创建购物车的视图页面，将购物车中的商品和购买数量展示到页面中。

创建文件"app\home\view\cart\index.html"，其关键代码如下。

```
1   <form method="post" action="/?c=order&a=buy&cart=<?=$data['id']?>">
2   <table>
3       <tr><th><a href="#">全选</a></th>
4       <th>商品</th><th>单价</th><th>数量</th><th>操作</th></tr>
5       <?php foreach($data as $v): ?>
6       <tr><td><input type="checkbox" name="id[]" value="<?=$v['goods_id']?>" /></td>
7       <td><a href="/?a=goods&id=<?=$v['goods_id']?>" target="_blank">
        <?=$v['name']?></a></td><td><?=$v['price']?> </td>
8       <td><input type="button" value="-" />
        <input type="text" value="<?=$v['num']?>" name="num[]"/>
        <input type="button" value="+" /></td>
9       <td><a href="#" data-id="<?=$v['id']?>" class="del" />删除</a></td></tr>
10      <?php endforeach; ?>
11      <tr><th><a>全选</a></th><td>删除选中的商品 继续购物 共<span id="num"> </span>
件商品
        总计：¥<span id="monery"></span>
12      <input type="submit" value="提交订单" />
13      </td></tr>
14  </table>
15  </form>
16  <script>
17  //单击"+" "-"按钮可调整购买数量
18  //购买数量的文本框在输入时自动纠正非法值
19  //默认情况下，设置为全选状态
20  //单击"全选"链接时，自动选中全部商品；再次单击时，全部取消选中
21  //根据选中状态和购买数量，自动计算购物车的商品总价
22  //……（以上代码略。这些功能的实现较为简单，读者可参考本书配套源代码）
23  //通过 Ajax 实现购物车商品删除
24  $(".del").click(function(){
25      var id = $(this).attr('data-id');
26      $.ajaxPostData("/?c=cart&a=delExec",{"id":id},function(data){
27          data.ok && location.reload();
28      });
29      return false;
30  });
31  </script>
```

上述代码实现了用户的购物车商品展示。用户可以在购物车中进行商品删除或提交订单操作。其中商品总价格的计算可以通过 JavaScript 实现。当提交订单时，只提交购买商品的 ID 和数量，由 PHP 程序重新获取商品价格，并检查商品是否存在、是否没有被删除、是否没有下架、库存是否足够。

（6）在浏览器中访问购物车页面。

通过浏览器访问"http://www.shop.com/?c=cart"，其运行效果如图 9-8 所示。

图 9-8　购物车页面

从图 9-8 中可以看出，购物车功能已经实现。至此，传智商城前台和后台的基本功能已经开发完成。

动手实践

学习完前面的内容，下面来动手实践一下吧：

基于 MVC 框架开发的传智商城还可以继续添加更多功能，如商品评价、修改密码、生成订单、在线支付等。请动手尝试开发生成订单的功能。当用户在购物车中单击提交订单后，为用户生成订单，用户可以在会员中心中查看订单。

扫描右方二维码，查看动手实践步骤！